高等院校"互联网+"系列精品教材

省级精品
在线开放课程
配套教材

传感器与机器视觉

主编　杨利　谢永超

副主编　吴海波　高赢　杨述　陈柳松

电子工业出版社

Publishing House of Electronics Industry

北京·BEIJING

内 容 简 介

本书根据高等职业教育教学改革成果，引入源自企业现场的实际应用案例，结合学生个性化学习需求和高等职业院校复合型高素质技术技能人才培养需要，以温度、力、速度、位移和视觉五大物理量的测量为主线，针对温度、力、速度、位移和视觉中每一种物理量的测量需要，介绍不同传感器的结构、原理、类型、选型及应用方法，进而突出传感器选型与应用能力的培养。同时，充分考虑与前续、后续课程的统一性，将电工基础、模拟电子技术、数字电子技术等前续课程的放大、滤波等单元电路应用于本书的实例中，并重点阐述传感器的输出信号与单片机技术、PLC 技术等后续小系统类课程的连接性。

本书主要内容共 6 章：认识传感器、温度传感器、力传感器、速度传感器、位移传感器、机器视觉。针对每一种传感器，本书主要简述其外形和结构、工作原理，重点阐述传感器的使用方法和应用案例，特别介绍传感器的特性参数和选型技巧。机器视觉是用机器人代替人眼进行测量和判断的技术，其作为人工智能快速发展的一个分支，已被广泛应用于电子、汽车、冶金、食品饮料、零配件装配及制造等行业。本书创新地引入机器视觉这一新技术，围绕"什么是机器视觉""机器视觉的核心""机器视觉应用实例"三大主题对机器视觉的相关内容进行介绍。本书每章配有丰富的实例、小结和习题。

本书为高等职业本专科院校电气自动化、工业机器人、应用电子技术、电子信息工程技术、机电一体化技术等相关专业的教材，也可作为开放大学、成人教育、自学考试、中职学校及培训班的教材，以及工程技术人员的参考书。

本书还配有微课视频、电子教学课件、习题参考答案等多媒体资源，通过扫一扫二维码后阅看或下载相应资源，有助于开展信息化教学，提高本课程的教学质量与效果，详见前言。

图书在版编目（CIP）数据

传感器与机器视觉 / 杨利，谢永超主编. —北京：电子工业出版社，2021.6
ISBN 978-7-121-41277-6

Ⅰ．①传…　Ⅱ．①杨…　②谢…　Ⅲ．①计算机视觉②传感器　Ⅳ．①TP302.7②TP212

中国版本图书馆 CIP 数据核字（2021）第 105850 号

责任编辑：陈健德（E-mail:chenjd@phei.com.cn）
特约编辑：田学清
印　　刷：北京盛通数码印刷有限公司
装　　订：北京盛通数码印刷有限公司
出版发行：电子工业出版社
　　　　　北京市海淀区万寿路 173 信箱　邮编：100036
开　　本：787×1 092　1/16　印张：15　字数：384 千字
版　　次：2021 年 6 月第 1 版
印　　次：2025 年 1 月第 7 次印刷
定　　价：55.00 元

凡所购买电子工业出版社图书有缺损问题，请向购买书店调换。若书店售缺，请与本社发行部联系，联系及邮购电话：（010）88254888，88258888。

质量投诉请发邮件至 zlts@phei.com.cn，盗版侵权举报请发邮件至 dbqq@phei.com.cn。

本书咨询联系方式：chenjd@phei.com.cn。

前 言

为适应高等职业教育不断发展的需求，紧跟传感器技术发展的步伐，编者在广泛吸取与借鉴近年来高等职业院校传感器及检测技术课程教学改革成果的基础上编写了本书。

本书力求精简理论知识，丰富实际应用，选用新颖的内容、丰富的应用案例，体现以职业能力为本位，以应用为核心，以够用、实用为尺度的编写原则，重点培养学生的传感器选用技能，以适应我国高等职业教育的发展和高素质技术技能人才培养的需要。

全书共 6 章。第 1 章主要介绍了传感器的外形和作用，传感器的结构、分类和命名，传感器的测量误差，传感器的特性指标，传感器的选用原则等；第 2 章至第 5 章分别介绍了温度传感器、力传感器、速度传感器、位移传感器的外形及结构、工作原理、使用方法、选择原则等。第 6 章主要介绍了机器视觉系统的构成、机器视觉软件、机器视觉检测实验等。

本书由湖南铁道职业技术学院的杨利和谢永超担任主编，湖南铁道职业技术学院的吴海波和高赢、长沙民政职业技术学院的杨述、中车株洲电力机车研究所有限公司的陈柳松担任副主编。杨利编写第 1 章至第 3 章；谢永超编写第 4 章；吴海波、高赢、杨述和陈柳松编写第 5 章和第 6 章；陈柳松编写附录。

由于传感器技术的快速发展和编者水平的局限性，书中难免存在不足之处，敬请广大读者批评指正。

为了方便教师教学，本书还配有免费的 45 个微课视频、19 个电子教学课件、习题参考答案等多媒体资源，通过扫一扫二维码后阅看或下载相应资源，有助于开展信息化教学，提高本课程的教学质量与效果。本书提供的电子教学课件、习题参考答案等资源，还可登录华信教育资源网 (http://www.hxedu.com.cn) 免费注册后进行下载，当有问题时请在网站留言板留言或与电子工业出版社联系 (E-mail:hxedu@phei.com.cn)。

编 者

目　录

第 **1** 章

认识传感器

随着科学技术的飞速发展，人们的生活和工作都变得越来越智能。在常见的智能产品或系统中，传感器的作用就是信号检测，将系统中的温度、速度、压力、位移等信号转换为电信号，供智能系统决策。因此传感器在智能产品或系统中发挥着不可替代的作用——无传感不智能。

【知识目标】

认识常见传感器的外形；

掌握传感器的作用；

了解传感器的结构、分类及命名。

【技能目标】

学会计算传感器的测量误差；

能读懂传感器特性参数表；

学会如何选择传感器。

 扫一扫看什
么是传感器
教学课件

1.1 传感器的外形和作用

扫一扫看什么是传感器微课视频

在日常生产生活中，我们在大量使用传感器。毫不夸张地说，现代人的生活完全离不开传感器。

1.1.1 无传感不智能

如图 1-1 所示，手机中的温度传感器，作用是检测手机温度来判断手机是否过热；超市电子秤中的压力传感器，作用是检测物体的质量；智能眼镜中的微型摄像头，可以自动摄影、拍照，本质上就是一个光电传感器。

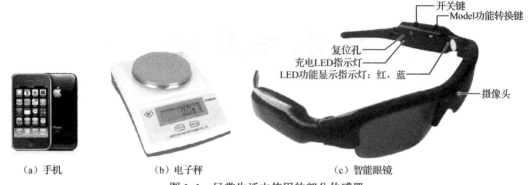

（a）手机　　　　　　　　（b）电子秤　　　　　　　　（c）智能眼镜

图 1-1　日常生活中使用的部分传感器

传感器在现代科学技术、工农业生产和日常生活中都起着不可替代的作用，是衡量一个国家科学技术发展水平的重要标志，有着极其重要的地位。

在自动控制系统中，传感器技术对系统各项功能的实现起着至关重要的作用，系统的自动化程度越高，对传感器的依赖性就越强。据统计：大型发电机组中约有 3000 个传感器及其配套检测仪表；大型石油工厂中约有 6000 个传感器及其配套检测仪表；钢铁厂中约有 20 000 个传感器及其配套检测仪表；电站中约有 5000 个传感器及其配套检测仪表；一架飞机上约有 3600 个传感器及其配套检测仪表；一辆汽车上有 30～100 个传感器及其配套检测仪表。

机器人是自动控制系统的高级表现形式。如今机器人发展的特点可概括为：横向上，应用面越来越宽，由 95%的工业应用扩展到更多领域的非工业应用，如做手术、采摘水果、剪枝、巷道掘进、侦察、排雷，还有空间机器人、潜海机器人。机器人应用没有限制，只要能想到的，就可以去创造实现。纵向上，机器人的种类越来越多，像进入人体的微型机器人，已成为一个新方向，可以像米粒般大小；机器人智能化得到加强，机器人更加聪明。机器人的这些发展离不开传感器技术的不断进步。

如图 1-2 所示，传感器遍布机器人全身，发挥着"电五官"的作用：机器人的视觉系统（视觉传感器）相当于机器人的眼睛；机器人的听觉传感器相当于机器人的耳朵；机器人的触觉传感器相当于机器人的皮肤或触觉；机器人的嗅觉传感器相当于机器人的鼻子；机器人的语音传感器相当于机器人的语言系统。例如，为了使机器人的手具有触觉，在机器人手掌和手指上都装有传感器（由带有弹性触点的触敏元件和热敏元件组成），当触及物体时，触敏元件发出接触信息；在各指节的连接轴上装有精巧的电位器（一种通过转动来改变电路的电阻从而输出电流信号的元件），它能把手指的弯曲角度转换为"外形弯曲信息"。机器人的大脑（总控制器）接收"外形弯曲信息"和各指节产生的"接触信息"，再通过计算就能迅速判断机械手抓取的物体的形状和大小。机器人用传感器的分类和作用如表 1-1 所示。

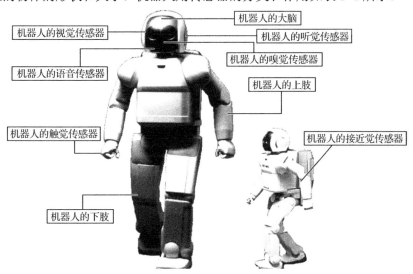

图 1-2　机器人身上的传感器

表 1-1　机器人用传感器的分类和作用

传　感　器	检测内容	检测器件	作　　用
视觉	平面位置	ITV 摄像机，位置传感器	位置决定、控制
	距离	测距器	移动控制
	形状	线图像传感器	物体识别、判别
	缺陷	面图像传感器	检查、异常检测
触觉	接触	限制开关	动作顺序控制
	把握力	应变计、半导体感压元件	把握力控制
	荷重	弹簧变位测量器	张力控制、指压控制
	分布压力	导电橡胶、感压高分子材料	姿势、形状判别
	多压力	应变片、半导体感压元件	装配力控制
	力矩	压阻元件、马达电流计	协调控制
	滑动	光学旋转检测器	滑动判定、力控制
接近觉	接近	光电开关、LED、激光	动作顺序控制
	间隔	光电晶体管、光电二极管	障碍物躲避
	倾斜	电磁线圈、超声波传感器	轨迹移动控制、探索
听觉	声音	麦克风	语音控制（人机接口）
	超声波	超声波传感器	移动控制
嗅觉	气体成分	气体传感器、射线传感器	化学成分探测
味觉	味道	离子敏感器、pH 计	化学成分探测

1.1.2　传感器的外形

传感器的种类繁多，从外观上看更是千差万别，部分传感器的外形如图 1-3 所示，这

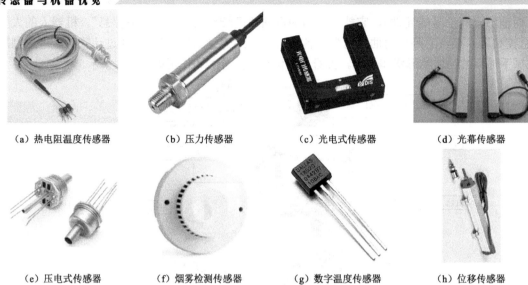

（a）热电阻温度传感器　　　（b）压力传感器　　　（c）光电式传感器　　　（d）光幕传感器

（e）压电式传感器　　　（f）烟雾检测传感器　　　（g）数字温度传感器　　　（h）位移传感器

图 1-3　部分传感器的外形

些只是成千上万种传感器中的极小一部分。

1.1.3　传感器的作用

传感器的英文名是 sensor，意思是"感知""感觉"。传感器的输入量通常是非电量，如物理量、化学量、生物量等；输出量是便于传输、转换、处理、显示的物理量，主要是电量。通常来说，传感器就是将被测量转换为电量的器件或装置，GB/T 7665—2005 将其定义为"能感受被测量并按照一定的规律转换成可用输出信号的器件或装置，通常由敏感元件和转换元件组成"。传感器处于检测系统的最前端，起获取检测信息与转换信息的作用，是实现自动检测和自动控制的首要环节。

如图 1-4 所示，人体系统通过感官从外界对象获取刺激，再将刺激输入大脑进行分析判断，由大脑指挥肢体做出相应的动作。传感器在机器系统或自动控制系统中的作用就相当于感官在人体系统中的作用，负责信息的收集、转换和控制信息的采集。例如，空调中温度传感器的作用就是接收外界温度信息，并将其传送给空调的主控中心，实现温度调节的目的。

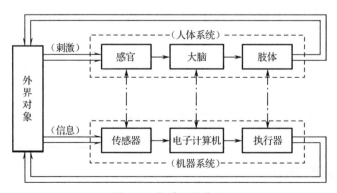

图 1-4　传感器的作用

1.2 传感器的结构、分类和命名

本节将介绍传感器的结构、分类，并根据国家标准介绍传感器的命名及代号。

1.2.1 传感器的结构

传感器一般由敏感元件、转换元件和测量转换电路三部分组成，如图 1-5 所示。

图 1-5 传感器的结构

1. 敏感元件

敏感元件是传感器中能直接感受被测量的部分，直接感受被测量并输出与被测量成确定关系的某一物理或化学量。例如，电阻应变式压力传感器中的弹性敏感元件就是敏感元件，它将压力信号转换为位移信号，并且压力信号与位移信号之间保持一定的函数关系。

2. 转换元件

转换元件是传感器中将敏感元件感受或响应的被测量转换为适合传输和测量的电量的部分。例如，电阻应变式压力传感器中的电阻应变片就是转换元件，它将敏感元件输出的位移信号转换成电阻信号。

3. 测量转换电路

测量转换电路将电量转换成便于测量的电压、电流、频率等电量信号。例如，电阻应变式压力传感器中的测量电桥就是测量转换电路，它将转换元件输出的电阻信号转换为电压信号。

关于传感器的结构有以下几个说明。

（1）并不是所有的传感器都必须同时包括敏感元件和转换元件。例如，热电偶温度传感器，因为其敏感元件直接输出的是电量，所以它就同时为转换元件。又如，压电式传感器，因为其转换元件能直接感受被测量并输出与之成一定关系的电量，所以其就没有敏感元件。

（2）并不是所有的传感器都能明显分出敏感元件、转换元件和测量转换电路，传感器的三部分也可能是三者合一的，随着半导体器件与集成技术在传感器中的应用，传感器的各部分可以集成在同一块芯片上。例如，数字温度传感器，它们一般是将感受到的被测量直接转换为电信号，没有中间环节，从外表上看就是一块小芯片，如图 1-3（g）所示。

（3）并不是所有的传感器都只包含敏感元件、转换元件和测量转换电路这三部分。例如，微机电系统（Micro-Electro Mechanical Systems，MEMS）是当今高科技发展的热点之一。微机电系统主要包括微型传感器、执行器和相应的处理电路三部分。微机电系统的主要特征之一就是它的微型化结构尺寸，典型尺寸仅为几毫米甚至更小，但它并不是传统传感器按比例缩小的产物，它的功能更加强大。

1.2.2 传感器的分类

从量值变化这个观点出发，对每一种（物理）效应都可在理论上或原理上构成一类传感器，因此传感器种类繁多。对同一物理量的测量可用不同的传感器，同一传感器可测不同的物理量。传感器的分类方法也不尽相同，常用的分类方法有如下几种。

1. 按被测物理量分类

按被测物理量分类也就是按测量对象分类。传感器按被测物理量可分为温度传感器、压力传感器、速度传感器、物位传感器、加速度传感器、磁场强度传感器、位移传感器等。这种分类方法表明了传感器的测量对象，说明了测量用途，便于选用。例如，压力传感器用于测量压力信号。本章就是按被测物理量来分类的。

2. 按工作原理分类

传感器按工作原理可分为电阻式传感器、电感式传感器、电容式传感器、热敏式传感器、光敏式传感器、磁电式传感器、超声波式传感器等，这种分类方法表明了传感器的工作原理，有利于传感器的设计和应用。例如，电感式传感器就是将被测量转换成电感值变化的器件，可用于测量位移、压力等物理量。

3. 按转换能量供给形式分类

传感器按转换能量供给形式可分为有源型（发电型）和无源型（参量型）两种。

有源型传感器在进行信号转换时不需要另外提供能量就可将输入信号能量转换为另一种形式的能量输出，如热电偶温度传感器、压电式传感器等。

无源型传感器工作时必须有外加电源，如电阻式传感器、电感式传感器、电容式传感器、霍尔传感器等。大多数传感器属于无源型传感器。

4. 按工作机理分类

传感器按工作机理可分为结构型传感器和物性型传感器。

结构型传感器是指被测量变化时引起传感器结构发生改变，从而引起输出电量变化的传感器。例如，在用电容式压力传感器测量压力时，外加压力会使电容极板发生位移而使结构改变，从而引起电容值变化，最后使输出电压发生变化。

物性型传感器利用物质的物理或化学特性随被测量变化而改变的原理工作，一般没有可动的结构部分，体积较小，如各种半导体传感器。

5. 按输出信号形式分类

传感器按输出信号形式可分为模拟量传感器和数字量传感器。例如，电阻应变式压力传感器输出的是电阻信号，是模拟量；光电编码器传感器输出的是数字编码信号，是数字量。

1.2.3 传感器的命名

根据国家标准 GB/T 7666—2005，传感器的名称由主题词加四级修饰语构成。

（1）第一级修饰语——被测量，包括修饰被测量的定语。

（2）第二级修饰语——转换原理，一般可后续以"式"字。

（3）第三级修饰语——特征描述，指必须强调的传感器结构、性能、材料特征以及其他必要的性能特征，一般可后续以"型"字。

（4）第四级修饰语——主要技术指标（量程、测量范围、精度等）。

例如，100～160 dB 电容式声压传感器，"传感器"是主题词，"声压"是被测量，"电容式"是转换原理，100～160 dB 是主要技术指标，指传感器的量程是 100～160 dB。

典型传感器名称构成及各级修饰语举例如表 1-2 所示。

表 1-2　典型传感器名称构成及各级修饰语举例

主题词	第一级修饰语——被测量	第二级修饰语——转换原理	第三级修饰语——特征描述	第四级修饰语——主要技术指标	
				范围（量程、测量范围、精度等）	单位
传感器	压力	压阻式	[单晶]硅	0～2.5	MPa
	力	应变式	柱式[结构]	0～100	kN
	重量（称重）	应变式	悬臂梁式[结构]	0～10	kN
	力矩	应变式	静扭式[结构]	0～500	N·m
	速度	磁电式	—	600	cm/s
	加速度	电容式	[单晶]硅	±5	g
	振动	磁电式	—	5～1000	Hz
	流量	电磁[式]	插入式[结构]	0.5～10	m²/h
	位移	电涡流[式]	非接触式[结构]	25	mm
	液位	压阻式	投入式[结构]	0～100	m
	厚度	超声（波）[式]	—	1.5～99.99	mm
	角度	伺服式	—	±1～±90	（度）°
	密度	谐振式	—	0.3～3.0	g/mL
	温度	光纤[式]	—	800～2500	℃
	（红外）光	光纤[式]	—	20	mA
	磁场强度	霍尔[式]	砷化镓	0～2	T
	电流	霍尔[式]	砷化镓或锑化铟	0～1200	A
	电压	电感式	—	0～1000	V
	（噪）声	—	—	40～120	dB
	气体	电化学	—	0～25	%VOL
	湿度	电容式	高分子薄膜	10～90	%RH
	结露	—	—	94～100	%RH
	pH	—	参比电极型	-2～+16	（pH）

注：（）内的词为可换用词，即同义词。

为了记录方便，传感器的名称可以用代号表示。传感器的代号由四部分组成：a 是主称，用字母"C"表示，即"传"的汉语拼音首字母；b 是被测量，用国际通用标志或其一个或两个汉字汉语拼音首字母（大写）表示；c 是转换原理，用其一个或两个汉字汉语拼音首字母（大写）表示；d 是序号，用大写汉语拼音字母（其中 I、O 两个字母不用）和阿拉伯数字表示，一般由企业自行定义。四部分代号格式如图 1-6 所示。

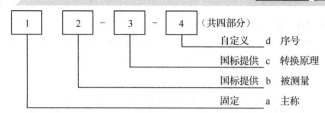

图 1-6　四部分代号格式

例如，C Y-YZ-ST1 100：C 是主称（传感器），Y 是压力（被测量），YZ 是压阻（转换原理），ST1 100 是序号。C ZS-HE-SPR KE10000：C 是主称（传感器），ZS 是转速（被测量），HE 是霍尔（转换原理），SPR KE10000 是序号。

常见的被测量和转换原理代号如表 1-3 所示。

表 1-3　常见的被测量和转换原理代号

被　测　量	代　号	转　换　原　理	代　号
压力	Y	电容	DR
真空度	ZK	电位器	DW
力	L	电磁	DC
应力	YL	电感	DG
角速度	JS	磁阻	CZ
线加速度	XA	磁电	CD
角加速度	JA	差压	CY
流量	LL	热释电	RH
物位	WW	伺服	SF
密度	M	光栅	GS

当然由于该国标不是强制性标准，而是推荐性标准，因此有时候不会严格按照国家标准来命名，而是采用习惯命名方法。

习惯上常把工作原理和用途结合起来命名传感器，如电容式压力传感器，"电容式"是工作原理，"压力"是被测量也是用途；光栅位移传感器，"光栅"是工作原理，"位移"是被测量，同时是用途，有时候简称光栅传感器。

国外传感器厂商也有各自的传感器命名规则，进入各厂商的官方网站可浏览详细信息。

1.3　传感器的测量误差

扫一扫看如何使用传感器教学课件

有测量就会有误差，只要误差在允许范围内即可认为符合标准。传感器是测量器件或装置，不可避免地存在测量误差，即传感器的实际输出值与理论输出值有偏差。因此，在使用传感器测量时，允许有误差，但误差必须在规定的范围内。

1.3.1　测量误差的表示方式

被测物理量客观存在的实际值称为真值，真值是一个理想的概念，一般是测量不出来的，因此通常取多次测量的平均值或上级标准仪器的测量值来代替真值，称作实际真值，它与真值之间的差可以忽略不计。

在实际测量时，由于实验方法和实验设备的不完善、周围环境的影响及人们辨识能力有限等因素，测量值与真值之间不可避免地存在差异。测量值与真值之间的差值称为测量误差。测量误差可用绝对误差、相对误差和引用误差表示。

1. 绝对误差

绝对误差Δx是指测量值x与真值L_0之间的差值，即

$$\Delta x = x - L_0 \tag{1-1}$$

用实际真值L代替真值L_0，得

$$\Delta x = x - L \tag{1-2}$$

绝对误差不是取绝对值。绝对误差是一个有符号、大小、量纲的物理量，表示测量值与真值之间的偏离程度和方向。

2. 相对误差

针对绝对误差有时不足以反映示值偏离约定真值的大小而设定相对误差。相对误差常用百分比来表示。相对误差有下列表示形式。

（1）实际相对误差γ：实际相对误差用测量值的绝对误差Δx与其实际真值L的百分比来表示，即

$$\gamma = \pm \frac{\Delta x}{L} \times 100\% \tag{1-3}$$

（2）示值（或标称）相对误差γ_x：示值相对误差用测量值的绝对误差Δx与测量值x的百分比来表示，即

$$\gamma_x = \pm \frac{\Delta x}{x} \times 100\% \tag{1-4}$$

在检测技术中，相对误差由于能够反映测量技术水平的高低，因此更具有实用性。例如，当两地距离为 1000 km 时，若测量结果为 1001 km，则绝对误差是 1 km，示值相对误差约为 0.1%；当两地距离为 100 km 时，若测量结果为 101 km，则绝对误差仍然是 1 km，但示值相对误差约为 1%，是前者 0.1% 的 10 倍，充分说明后者的测量技术水平较低。

（3）引用（或满度）相对误差γ_m：引用相对误差是指测量值的绝对误差Δx与仪器量程A_m的百分比，即

$$\gamma_m = \pm \frac{|\Delta x|}{A_m} \times 100\% \tag{1-5}$$

当分子绝对误差Δx取最大值Δx_m时，引用（或满度）相对误差称为最大引用（或满度）误差或仪表的基本误差，即

$$\gamma_{max} = \frac{|\Delta x_m|}{A_m} \times 100\% \tag{1-6}$$

将γ_{max}的百分分号去掉，即得到精度等级S。在工业测量中，通常用仪表的精度等级S来表示仪表的质量和性能。当仪表显示值下限不为零时，式（1-6）可表示为

$$\gamma_{max} = \frac{|\Delta x_m|}{A_{max} - A_{min}} \times 100\% \tag{1-7}$$

我国工业仪表精度等级有 0.005、0.02、0.05、0.1、0.2、0.35、0.4、0.5、1.0、1.5、2.5、4.0 等。级数越小，精度等级就越高，仪表价格也就越贵。根据国家标准 GB/T 13283—2008，工业过程测量和控制用检测仪表和显示仪表精确度等级有 0.01、0.02、（0.03）、0.05、0.1、0.2、（0.25）、（0.3）、（0.4）、0.5、1.0、1.5、（2.0）、2.5、4.0、5.0（共 16 个，其中括号里的 5 个不推荐使用）。如表 1-4 所示，精度等级为 1.0 的仪表，使用时产生的最大引用相对误差在±1%之间。

表 1-4　仪表的精度等级和引用相对误差

精度等级	0.01	0.02	0.05	0.1	0.2	0.5	1.0	1.5	2.5	4.0	5.0
引用相对误差/%	±0.01	±0.02	±0.05	±0.1	±0.2	±0.5	±1.0	±1.5	±2.5	±4.0	±5.0

【实例 1】 某温度计的量程为 0～400 ℃，校验时该温度计的最大绝对误差为 5 ℃，试确定其精度等级。

解：依据已知条件得到 $|\Delta x_m| = 5$ ℃，$A_{max} = 400$ ℃，$A_{min} = 0$ ℃，将其代入式（1-7），得

$$\gamma_{max} = \frac{|\Delta x_m|}{A_{max} - A_{min}} \times 100\% = \frac{5\text{℃}}{400\text{℃} - 0\text{℃}} \times 100\% \approx 1.25\%$$

计算得到引用相对误差为 1.25%，处于 1.0%～1.5%，根据表 1-4 可知，该温度计的精度等级为 1.5；若反过来，要求测量得到的引用相对误差小于 1.25%，则应该选择 1.0 精度等级的温度计。

1.3.2　测量误差的来源及分类

在测量过程中，由于被测量千差万别，影响测量工作的因素非常多，测量误差的表现形式也多种多样，因此测量误差有不同的分类方法，可以按误差的来源、误差与被测量的关系、误差出现的规律等来分类。

（1）测量误差按误差的来源分为测量装置误差、环境误差、方法误差、理论误差和人身误差等。

测量装置误差是指测量装置本身及附件引起的误差，如示波器的探头性能不够好引起的误差；环境误差是指各种环境因素与要求不一致引起的误差，如温度变化引起的误差；方法误差是指测量方法不对引起的误差，如观察量杯刻度时俯视观察引起的误差；理论误差是指测量原理近似，用近似公式或近似值计算引起的误差；人身误差是指测量者的分辨能力有限、不良习惯等引起的误差。总之，在测量过程中，我们必须仔细分析误差的来源，找到相应的措施来减小误差。

（2）测量误差按误差与被测量的关系分为定值误差和累积误差。

定值误差是指对被测量来说是一个定值，不随被测量变化而变化的误差，这类误差可以是系统误差或随机误差。累积误差是指在整个测量范围内与被测量成比例变化的误差。定值误差和累积误差经常用来分析仪表的性能。

（3）测量误差按误差出现的规律分为系统误差、随机误差、粗大误差和缓变误差。

① 系统误差是指当对同一被测量进行多次重复测量时，测量值中含有的固定不变或按照一定规律变化的误差。系统误差主要是由使用的仪器仪表误差、测量方法不完善、各种环境因素波动及测量者个体差异等造成的。系统误差表明了一个测量结果偏离真值或实际

真值的程度。系统误差越小，测量越准确。系统误差是有规律的，它可以通过实验方法或引入修正值的方法予以修正。

② 随机误差是指当对同一被测量进行多次重复测量时，测量值的大小和方向随机变化的误差。随机误差的特点是具有随机性，时大时小、时正时负，不可预知。由于随机误差具有偶然的性质，不能预先知道，因此无法在测量过程中予以修正或消除。但是随机误差在多次重复测量中服从统计规律，在一定条件下，可以从理论上估计它对测量结果的影响。在很多情况下，当测量次数无限增加时，测量误差出现的概率密度服从正态分布。

③ 粗大误差是指测量结果明显偏离其实际真值时对应的误差。含有粗大误差的测量值称为坏值。产生粗大误差的原因有测量者的粗心大意、过度疲劳、操作不当等。正确的测量结果中不应包含粗大误差，在测量中如果发现某次测量结果的误差特别大，或者个别数据与其他数据有明显差距，则应认真判断该误差是否属于粗大误差，如果属于粗大误差，则该数据应该被剔除。

④ 缓变误差是指数值随时间缓慢变化的误差，一般是由测量仪表零件老化、失效、变形等造成的。这种误差在短时间内不易被察觉，但在较长时间后会显露出来。因此传感器需要定期校准来及时修正缓变误差。

1.4 传感器的特性指标

扫一扫看如何使用传感器微课视频

传感器的特性是衡量传感器好坏的标准，也是选择和使用传感器的重要依据。传感器的基本特性是指传感器的输出与输入之间的关系。传感器测量的参数一种是不随时间变化（或变化极其缓慢）的稳态信号，另一种是随时间变化的动态信号。因此，传感器的特性分为静态特性和动态特性。

1.4.1 传感器的静态特性指标

传感器的静态特性是指当传感器输入信号处于稳定状态时，其输出与输入之间呈现的关系。传感器的静态特性指标主要有测量范围、精度、稳定性、灵敏度、线性度、迟滞、重复性和可靠性等。

1. 测量范围、量程和满量程输出

测量范围是指按规定精度对被测量进行测量的允许范围，测量范围的最小值和最大值分别称为测量下限和测量上限；量程等于测量上限与测量下限之差的绝对值；满量程输出为测量上限的输出值与测量下限的输出值之差的绝对值，满量程输出的英文名是 full scale，经常用符号 Y_{FS} 或 y_{FS} 表示。注意不要混淆这几个概念。

【实例2】 某压力传感器的测压范围为-100～100 kPa，当压力为-100 kPa 时，输出电信号为-1.0 mV；当压力为 100 kPa 时，输出电信号为 1.0 mV，求测量范围、量程和满量程输出。

解： 测量范围为-100～100 kPa。

量程为 100 kPa-（-100 kPa）=200 kPa。

满量程输出为 1.0 mV-（-1.0 mV）=2.0 mV。

2．精度

精度可细分为精密度、准确度和精确度。

（1）精密度反映测量系统指示值的分散程度，精密度高则随机误差小。

（2）准确度反映测量系统的输出值偏离真值的程度，准确度高则系统误差小。

（3）精确度是反映测量系统中系统误差和随机误差的综合评定指标。图 1-7 中的射击例子有助于我们对精密度、准确度和精确度三个概念的理解。图 1-7（a）表示准确度高而精密度低；图 1-7（b）表示精密度高而准确度低；图 1-7（c）表示准确度和精密度都高，即精确度高。

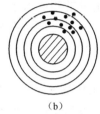

（a）　　　　　　　　（b）　　　　　　　　（c）

图 1-7　用射击点表示精度

精确度是准确度与精密度两者的总和，常用仪表的精度等级表示（参考 1.3 节中精度等级的定义）。在实际测量中，精密度高的传感器，准确度不一定高，准确度高的传感器，精密度不一定高，但精确度高的传感器，精密度和准确度都高。

传感器的精确度是反映传感器能否真实反映被测量的一个重要指标，关系到整个测量系统的性能，精确度越高，说明测量值与其真值越接近。但并不是在任何情况下都必须选择高精确度的传感器。这是因为传感器的精确度越高，其价格就越高。如果一味追求高精确度，必然会造成不必要的浪费。因此在选用传感器时，首先应明确测试目的。若属于相对比较的定性试验研究，只需获得相对比较值，就不必选用高精确度的传感器；若要求获得精确值或对测量精度有特别要求，则应选用高精确度的传感器。

3．稳定性

传感器的稳定性是指输出结果的稳定程度，常用稳定度、影响系数来表示。

（1）稳定度是指在规定工作条件范围和规定时间内，传感器性能保持不变的能力。稳定度一般用精密度与观测时间之比来表示。例如，某传感器输出电压值每小时变化0.5 mV，可写成稳定度为 0.5 mV/h。

（2）影响系数是指由于外界环境变化引起传感器输出值变化的量。外界环境包括环境温度、相对湿度、大气压力、电源电压、尘埃、油剂、振动等。影响系数=输出值的变化量/影响量的变化量。例如，某压力表的温度影响系数为 200 Pa/℃，表示环境温度变化 1 ℃时，压力表的示值变化 200 Pa。

4．灵敏度

灵敏度 k 是指传感器在稳态下输出变化量 Δy 与输入变化量 Δx 的比值，为输入-输出特性曲线的斜率：

$$k = \frac{\mathrm{d}y}{\mathrm{d}x} = \frac{\Delta y}{\Delta x} \tag{1-8}$$

线性传感器的灵敏度为常数，非线性传感器的灵敏度随着输入量的变化而变化。线性测量系统和非线性测量系统的灵敏度如图 1-8 所示。

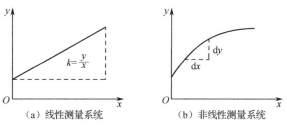

（a）线性测量系统　　　　　　　（b）非线性测量系统

图 1-8　线性测量系统和非线性测量系统的灵敏度

灵敏度的量纲取决于传感器输入、输出信号的量纲。例如，压力传感器灵敏度的量纲可表示为 mV/Pa。数字式仪表的灵敏度用分辨力表示。所谓分辨力是指数字式仪表最后一位数字代表的值，表示传感器可能感受到的被测量最小变化量的能力，简单来说，当输入量的变化未超过分辨力时，传感器的输出不会发生改变。

实际测量时，一般希望传感器的灵敏度高，且在满量程范围内保持恒定值，即传感器的静态特性曲线为直线。

一般来讲，传感器的灵敏度越高越好。但是传感器在采集有用信号的同时，其自身内部或周围存在着各种与测量信号无关的噪声，若传感器的灵敏度很高，即使是很微弱的干扰信号也很容易被混入，并且会随着有用信号一起被电子放大系统放大，显然这不是采集有用信号时希望出现的。因此，这时更要注重的是选择高信噪比的传感器，既要求传感器本身噪声小，又要求其不易从外界引进干扰噪声。

传感器的量程与灵敏度有关。当输入量增大时，除非有专门的非线性校正措施，否则传感器是不应当进入非线性区域的，更不能进入饱和区。当传感器工作在既有被测量又有较强干扰量时，过高的灵敏度反而会缩小传感器适用的测量范围。

【实例3】　某线性位移测量仪，当被测位移由 4.5 mm 变到 5.0 mm 时，位移测量仪的输出电压由 2.5 V 增至 3.5 V，求该仪器的灵敏度。

解：
$$k = \frac{dy}{dx} = \frac{\Delta y}{\Delta x} = \frac{3.5\text{ V} - 2.5\text{ V}}{5\text{ mm} - 4.5\text{ mm}} = 2\text{ V/mm}$$

5. 线性度和线性范围

线性度 γ_L 又称非线性误差，是指传感器实际特性曲线（校准曲线）和其理论拟合直线之间的最大偏差 ΔL_{max} 与传感器满量程输出 y_{FS} 的百分比，即

$$\gamma_L = \frac{\Delta L_{max}}{y_{FS}} \times 100\% \qquad （1-9）$$

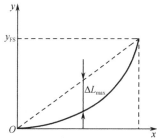

理论拟合直线的选取方法不同，线性度的数值就不同。一般并不要求理论拟合直线必须通过所有的检测点，只要找到一条能反映校准数据的一般趋势且误差绝对值最小的直线就行。如图 1-9 所示，理论拟合直线过实际特性曲线的起点和满量程点，这样的理论拟合直线称为端基直线，相应的线

图 1-9　传感器线性度示意图

性度称为端基线性度。此外，还有独立线性度拟合直线、零基线性度拟合直线等。

线性度越小越好，即传感器的静态特性曲线接近于理论拟合直线，这时传感器的刻度是均匀的，读数方便且不易引起误差，容易标定。检测系统的线性度多采用计算机来纠正。

线性范围：传感器在线性工作时的正常范围。传感器理想的静态特性是在很大测量范围内输出与输入之间保持好的线性关系。但实际上，传感器只能在一定范围内保持线性关系。线性范围越宽，表明传感器的工作量程越大。传感器工作在线性范围内是保证测量精确度的基本条件，否则就会产生非线性误差。在实际中，传感器绝对工作在线性范围是很难保证的，也就是说，在许可的限度内，其也可以工作在近似的线性范围内。因此，在选用传感器时必须考虑被测量的变化范围，使其线性度在允许范围之内。

6. 迟滞

迟滞 ε_H 是指传感器在正（输入量增大）、反（输入量减小）行程中输出曲线不重合的现象，也叫回程误差，如图 1-10 所示。

迟滞用正、反行程输出值间的最大差值 h_{max} 与满量程输出 y_{FS} 的百分比表示，即

$$\varepsilon_H = \pm \frac{h_{max}}{y_{FS}} \times 100\% \qquad （1-10）$$

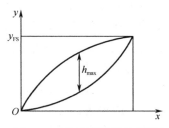

图 1-10　传感器迟滞示意图

造成迟滞的原因有很多，如轴承摩擦、间隙、螺钉松动、电路元件老化、工作点漂移、积尘等。迟滞会引起分辨力变差或造成测量盲区，因此一般迟滞越小越好。迟滞越小，越不需要考虑输入量的变化方向。

7. 重复性

重复性表示传感器在输入量按同一方向（同为正行程或同为反行程）做全量程连续多次变动时所得特性曲线不一致的程度。

简单来说，沿着 x 轴正方向（或反方向），慢慢增大（或减小）输入量，得到一条特性曲线 A。在同样的条件下再做一次实验，得到特性曲线 B，如图 1-11 所示。理论上 A 和 B 应该完全重合，但是由于传感器的误差或温度等环境因素的波动，A 和 B 不完全重合，它们之间的不一致程度就是重复性。

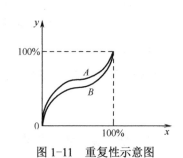

图 1-11　重复性示意图

8. 可靠性

可靠性是指传感器或检测系统在规定工作条件和规定时间内具有正常工作性能的能力。它是一种综合性的质量指标，可用平均无故障时间或平均故障率来表示。平均无故障工作时间（MTBF）是指相邻 2 次故障期间传感器正常工作时间的平均值。

MTBF=检测系统运行时间÷运行时间内故障次数

例如，某检测系统在 90 000 h 的运行时间内发生了 12 次故障，则 MTBF=90 000 h/12=7500 h，说明平均发生 1 次故障的时间间隔为 7500 h。

MTBF 的倒数为平均故障率，是指单位时间内发生故障的平均次数。

工程上，为了检验产品的可靠性，在产品出厂前通常会反复测试和试验，如环境试验、寿命试验、筛选试验、鉴定试验和现场使用试验。

环境试验考验产品在各种条件（温度、低气压、振动、冲击、离心、潮热、盐雾等）下的适应能力，是评价产品可靠性的重要试验方法之一。

寿命试验是研究产品寿命特征的方法，可以在实验室模拟各种使用条件进行试验。寿命试验将产品放在特定的实验条件下考察其失效（损坏）随时间变化的规律。为了缩短试验时间，可以在不改变失效机理的条件下加大应力进行试验，这就是加速寿命试验。通过寿命试验可以对产品的可靠性水平进行评价，并通过质量反馈来提高新产品的可靠性水平。

筛选试验是对产品进行全数检验的非破坏性试验，其目的是选择具有一定特征的产品或剔除早期失效的产品，以提高产品的使用可靠性。

鉴定试验是对产品的可靠性水平进行评价时而做的试验，是根据抽样理论制定出来的抽样方案。

1.4.2　传感器的动态特性指标

传感器要检测的输入信号是随时间而变化的，传感器的特性应能跟踪输入信号而变化，这样才可以获得准确的输出信号。如果输入信号变化太快，传感器就可能跟踪不上，通俗来说就是来不及反应。传感器这种跟踪输入信号变化的特性就是动态特性，它是传感器的重要特性之一。

传感器的动态特性指标主要有频率特性和阶跃特性。

频率特性主要是指频率响应时间、幅频特性、临界频率等。工程上常用正弦信号作为标准输入信号，在频率上来分析传感器的频率特性。

阶跃特性主要是指上升时间、响应时间、超调量、衰减率、临界速度、稳态误差等。工程上常用单位阶跃函数作为标准输入信号，在时域上来分析传感器的阶跃特性。

1.4.3　传感器的标定

任何一种传感器在装配完成后都必须按设计指标进行严格的性能鉴定，即标定。传感器使用一段时间或经过修理后，也必须对主要性能指标进行校准试验，以便确保传感器还能正常使用，即校准。

传感器的标定是利用精度高一级的标准设备对传感器进行定度的过程，从而确定传感器的输出和输入之间的对应关系。传感器的标定分为静态标定和动态标定。

1. 静态标定

静态标定是为了确定传感器的静态特性指标，如精度、灵敏度、稳定度等。

标定时要注意：

（1）标定设备的精度至少要比被标定的传感器及其系统高一个精度等级，如用游标卡尺标定卷尺的精度。

（2）标定设备的量程与被标定传感器的量程相适应，性能稳定可靠，使用方便。

（3）工程测试中传感器的标定，应在传感器规定的标准环境状态下进行，并将传感器配用的滤波器、放大器及电缆等和传感器连接后一起标定。

标定的具体步骤为：

（1）将传感器的测量范围分成若干个等间距的点。

（2）根据传感器测量范围分点情况，以从小到大等间距递增的方式输入相应的标准量，并记录与各输入值相对应的输出值。

（3）将输入值从大到小一点一点地递减，同时记录与各输入值相对应的输出值。

（4）按照（2）和（3）步骤，对传感器进行正、反行程往复循环多次测试，将得到的输出/输入测试数据用表格列出或绘制成曲线。

（5）对测试数据进行必要的整理，根据处理结果就可以计算出传感器的线性度、灵敏度、迟滞和重复性等静态特性指标。

传感器的静态标定设备有力标定设备（如测力砝码、拉压式测力计）、压力标定设备（如活塞式压力计、水银压力计、麦氏真空计）、位移标定设备（如量块、直尺等）、温度标定设备（如铂电阻温度计、基准光电高温比较仪）等。

2. 动态标定

在对传感器进行动态标定时，为便于比较和评价，通常采用正弦变化和阶跃变化的输入信号。在采用阶跃输入信号研究传感器时域动态性能时，常用上升时间、响应时间和超调量等参数来描述；在采用正弦输入信号研究传感器频域动态性能时，常采用幅频特性和相频特性来描述。

动态标定的设备更复杂，常用的动态激励设备有激振器（如电磁振动台、低频回转台、机械振动台等）、激波管、周期与非周期函数压力发生器等。其中激振器可以用于加速度传感器、速度传感器、位移传感器、力传感器、压力传感器的动态标定。

3. 校准

传感器的校准是指通过定期检测传感器的基本性能参数，确定其是否可以继续使用的过程。若传感器能继续使用，则应对其有变化的主要性能指标进行数据修正，以确保传感器的测量精度。传感器的校准与标定的内容基本相同。

1.5 传感器的选用原则

 扫一扫看如何选择传感器教学课件

 扫一扫看如何选择传感器微课视频

传感器处于检测系统的输入端。保证一个检测系统的性能，关键在于正确、合理地选用传感器，而传感器的种类繁多，性能又千差万别，对某一被测量通常会有多种不同工作原理的传感器可供选用。如何根据测试目的和实际条件合理地选用最适宜的传感器，是人们经常会遇到的问题。

1.5.1 传感器的选用依据

通常传感器的选用依据是根据测量条件、目的和传感器使用环境，判断传感器性能是否满足要求，在满足指标参数要求的情况下，选用成本低廉、工作可靠、容易维修且性价比高的传感器。

针对这些原则，具体考虑的因素有很多。

（1）分析测量条件和目的。根据测量目的选择合适的被测量，考虑测量范围要多大、测量的精度要多高、测量时间要多快等。

（2）考虑传感器的使用条件，需要考虑传感器的安装方式和安装环境、与后续电路或设备的连接方式、信号传输距离、日后维护便捷性等问题。

（3）选择满足设计要求的传感器，也就是查看传感器的性能。如前所述，常见的性能有灵敏度、线性范围、响应特性、稳定性、精确度等。在选用传感器时，不应只片面地追求某一个性能指标而忽略其他性能指标，如只追求线性度好、灵敏度高、迟滞小、重复性优、分辨率强等，而应根据检测的具体要求，首先保证主要性能指标。

（4）测试方式也很重要。传感器在实际条件下的工作方式也是选用传感器时应考虑的重要因素。例如，考虑是接触测量还是非接触测量，是在线测试还是非在线测试，是破坏性测试还是非破坏性测试等。在线测试是一种与实际情况更接近一致的测试方式，尤其在许多自动化过程的检测与控制中，通常更要求真实性和可靠性，而且必须在现场条件下才能达到检测要求。实现在线测试是比较困难的，对传感器与检测系统都有一定的特殊要求，因此应选用适合用于在线测试的传感器，这类传感器也正在不断被研制。

以上是传感器选用时应考虑的一些主要因素。此外，在选用传感器时应尽可能兼顾结构简单、体积小、重量轻、价格便宜、易于维护、易于更换等特点。

【实例 4】　现有 0.5 级的量程为 0～300 ℃和 1.0 级的量程为 0～100 ℃的两个温度计，欲测量 80 ℃的温度，选用哪一个温度计好？为什么？

解：用 0.5 级温度计测量时可能出现的最大绝对误差、测量 80 ℃可能出现的最大示值相对误差分别为

$$|\Delta x_{m1}| = \gamma_{m1} \cdot A_{m1} = 0.5\% \times (300\,℃ - 0\,℃) = 1.5\,℃$$

$$\gamma_{x1} = \frac{|\Delta x_{m1}|}{x} \times 100\% = \frac{1.5\,℃}{80\,℃} \times 100\% = 1.875\%$$

用 1.0 级温度计测量时可能出现的最大绝对误差、测量 80 ℃时可能出现的最大示值相对误差分别为

$$|\Delta x_{m2}| = \gamma_{m2} \cdot A_{m2} = 1.0\% \times (100\,℃ - 0\,℃) = 1\,℃$$

$$\gamma_{x2} = \frac{|\Delta x_{m2}|}{x} \times 100\% = \frac{1\,℃}{80\,℃} \times 100\% = 1.25\%$$

计算结果 $\gamma_{x1} > \gamma_{x2}$，显然用 1.0 级温度计比用 0.5 级温度计测量示值相对误差小。因此在选用仪表时，不能单纯追求高精度，而应兼顾精度等级和量程，最好使测量值落在仪表满度值的 2/3 以上区域内。

1.5.2　传感器的特性参数表

前面了解了传感器的特性指标，把传感器的特性指标汇集到一起便形成了传感器的特性参数表。工程上，传感器的特性参数表中的性能指标（参数）种类较多，表现形式也不尽相同。一般传感器公司的官网或产品销售处都提供传感器的特性参数表，供工程人员使用。

下面以欧姆龙公司某款数字式压力传感器为例介绍传感器的特性参数表。

如表 1-5 所示，特性参数表中有很多参数，首先要知道每个参数代表什么意思，然后要知道这个参数是越大越好还是越小越好，或者是适中好。下面分析表 1-5 中典型的特性参数。

"型号"表示该传感器的不同型号，不同型号有不同的功率或输出形式。

"电源电压"表示工作电源为直流 12～24 V，并且电源要稳定，波动要在±10%以内。

"消耗电流"表明其消耗的电流在 70 mA 以下。

"压力种类"是计示压力，表明传感器测得的是相对压力。绝对压力=相对压力+标准大气压。如果要将其转为绝对压力，则需要加上标准大气压。

"压力范围"是 0～100 kPa，表示传感器的测量范围。

"耐压力"是 400 kPa，也就是说当压力超过 400 kPa 时，传感器可能就不能正常工作了。

"重复精确度"是±1%FS 以下，指重复性的误差＜±1%×满量程输出（FS）。重复精确度即重复性，如前所述，重复性越小越好。

"直线性（线性输出）"是±1%FS 以下，即表示线性度＜±1%×满量程输出。

"响应时间"体现传感器的反应快慢。

"振动（耐久）"和"冲击（耐久）"是传感器可靠性的表现形式。

传感器不同，特性参数表也有细微的差别，在选择和使用传感器前，请务必仔细阅读传感器的特性参数表。

表 1-5 传感器的特性参数表示例

特 性 参 数	型 号		
	E8F2-A01C	E8F2-B01C	E8F2-AN0C
	E8F2-A01B	E8F2-B01B	E8F2-AN0B
电源电压	DC 12～24（1±10%）V		
消耗电流	70mA 以下		
压力种类	计示压力		
压力范围	0～100 kPa	0～1 MPa	−101～0 kPa
压力设定范围	0～100 kPa	0～1 MPa	−101～0 kPa
耐压力	400 kPa	1.5 MPa	400 kPa
适用环境	非腐蚀性气体、不可燃烧气体		
动作模式	磁滞状态、窗口状态、自动示教状态		
重复精确度	±1%FS 以下		
直线性（线性输出）	±1%FS 以下		
响应时间	5 ms 以下		
线性输出	1～5 V，±5%FS（输出阻抗：1 kΩ，允许负载电阻：500 kΩ 以上）		
输出形式	集电极开路输出（NO/NC）（NPN/PNP 输出，因形式而异）		
负载电流	30 mA 以下		

特性参数	型号		
	E8F2-A01C	E8F2-B01C	E8F2-AN0C
	E8F2-A01B	E8F2-B01B	E8F2-AN0B
输出施加电压	DC 30 V 以下		
残留电压	NPN 集电极开路输出型 1 V 以下（负载电流为 30 mA 时） PNP 集电极开路输出型 2 V 以下（负载电流为 30 mA 时）		
显示方式	LED3.5 位显示数字（红色）；输出晶体管 ON 时，橙色 LED 灯		
显示精度	±3%FS 以下		
保护回路	逆接、负载短路保护		
环境温度范围	工作时：0～+55 ℃。保存时：-10～+60 ℃（无结冰）		
温度的影响	±3%FS 以下		
电压的影响	±1.5%FS 以下		
绝缘电阻	100 MΩ 以上（充电部整体与外壳之间）		
耐电压	AC 1000 V，1 min		
振动（耐久）	10～500 Hz、双振幅 1 mm 150 m/s²、X、Y、Z 每个方向 11 min×3 次扫描		
冲击（耐久）	300 m/s²，X、Y、Z 每个方向 3 次		
保护结构	IEC 标准 IP50		
压力孔	R（PT）1/8 锥形螺钉、M5 螺母		
连接方式	导线引出型（标准导线长 2 m）		

知识梳理与总结 1

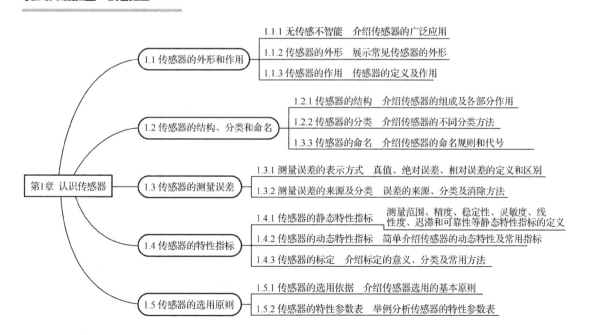

习题 1

扫一扫看习题1参考答案

1. 手机中都有哪些传感器？它们的被测量和测量原理分别是什么？

2. 测量误差有几种表示方法？

3. 传感器的选用原则有哪些？

4. 传感器的命名规则是什么？

5. 传感器静态标定的步骤有哪些？

6. 通过查阅资料，说说传感器的发展趋势。

7. 通过查阅资料，将课本中表 1-5 传感器的特性参数表示例中未解释的特性参数，逐条解释说明。

8. 有一温度计，它的检测范围为 0～200 ℃，精度为 0.5 级，求：

（1）该温度计可能出现的最大绝对误差；

（2）当示值分别为 20 ℃、100 ℃时的示值相对误差。

9. 被测温度为 400 ℃，现有量程为 0～500 ℃、精度为 1.5 级和量程为 0～1000 ℃、精度为 1.0 级的温度仪表各一块，选用哪一块仪表测量更好？请说明原因。

10. 通过某超声波传感器测距离实验，测得如表 1-6 所示的实验数据，请先计算误差，再分析数据的好坏。

表 1-6 实验数据

实际距离/cm	10	20	30	40	50	60	70	80	90	100
测量距离/cm	18.6	20.1	29.9	40.2	50.2	59.8	69.7	80.2	90.3	95.0
实际相对误差										
示值相对误差										

11. 有台体重计测量结果比实际值偏轻 2.5 kg，一个 100 kg 的人称重时的测量误差和一个 40 kg 的人称重时的测量误差哪个更大？为什么？

第2章

温度传感器

温度传感器是目前使用最广泛的传感器之一。温度传感器被广泛应用于空调、干燥器、冰箱、微波炉等各种家电设备中，还被应用于检测化工厂的溶液和气体的温度，如盐浴炉温度的检测。温度传感器种类繁多，使用时应根据测量原理、测量条件等选择合适的温度传感器。

【知识目标】

掌握热电偶温度传感器的工作原理、应用范围；

掌握热电阻温度传感器的工作原理、应用范围；

了解集成温度传感器的工作原理、应用范围；

了解红外传感器的工作原理、应用范围。

【技能目标】

学会热电偶温度传感器、热电阻温度传感器、集成温度传感器、红外温度传感器的使用方法；

学会选择合适的温度传感器。

2.1 温标与温度传感器类型

扫一扫看
热电偶教
学课件

温度是国际单位制中的基本物理量之一，是工农业生产和科学试验中需要经常测量和控制的主要参数，也是与人们日常生活紧密相关的一个重要物理量。从热平衡的观点看，温度标志着物质内部大量分子无规则运动的剧烈程度。温度越高，表示物体内部分子热运动越剧烈。

扫一扫看
热电偶微
课视频

2.1.1 温标

温度数值的表示方法称为温标。目前国际上规定的温标有摄氏温标、华氏温标、热力学温标（绝对温标）等。

1. 摄氏温标

摄氏温标是根据液体（水银）受热后体积膨胀的性质建立起来的。摄氏温标规定在标准大气压下冰的熔点为 0 ℃，水的沸点为 100 ℃。将 0~100 ℃ 分为 100 等份，每 1 等份为 1 ℃。摄氏温标符号为 t，单位为℃。日常生活中用的就是摄氏温标。

2. 华氏温标

华氏温标也是根据液体（水银）受热后体积膨胀的性质建立起来的。华氏温标规定在标准大气压下冰的熔点为 32 ℉，水的沸点为 212 ℉。将 32~212 ℉ 分为 180 等份，每 1 等份为 1 ℉。华氏温标符号为 θ，单位为℉。

用摄氏温标和华氏温标表示的温度数值与采用物体的物理性质及玻璃管材料等因素有关，因此不能保证各国采用的基本测温单位完全一致。

3. 热力学温标

热力学温标又称开氏温标，以热力学第二定律为理论依据，与物体的任何物理性质无关，是国际统一的基本温标。热力学温标规定冰的熔点为 273.15 K，水的沸点为 373.15 K。将 273.15~373.15 K 分为 100 等份，每 1 等份为 1 K。热力学温标符号是 T，单位是开尔文（K）。规定分子运动停止时的温度为绝对零度，因此热力学温标又称绝对温标。

各温标之间可以相互换算，换算关系如下。

摄氏温标与华氏温标：$\theta(℉) = 1.8t(℃) + 32$。

摄氏温标与热力学温标：$T(K) = t(℃) + 273.15$。

2.1.2 常见的温度传感器

测量温度的传感器即温度传感器，根据测量原理不同，常见的温度传感器分为热平衡式和热辐射式两大类，其中热平衡式测量属于接触式测量，热辐射式测量属于非接触式测量，如图 2-1 所示。

接触式测温的特点是感温元件直接与被测对象相接触，两者进行充分的热交换，最后达到热平衡，此时感温元件的温度与被测对象的温度必然相等，温度计的示值就是被测对象的温度。接触式测温的测温精度相对较高，直观可靠，测温仪表价格较低，但由于感温

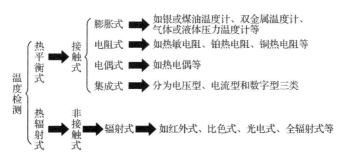

图 2-1　常见的温度传感器类型

元件与被测对象直接接触，会影响被测对象的热平衡状态，而接触不良又会增加测温误差；若被测对象具有腐蚀性或温度太高，亦将严重影响感温元件的性能和寿命。根据测温转换的原理，接触式测温可分为膨胀式、电阻式、电偶式和集成式等多种形式。

　　非接触式测温的特点是感温元件不与被测对象直接接触，而是通过接受被测对象的热辐射能实现热交换，据此测出被测对象的温度。因此，非接触式测温具有不改变被测对象的温度分布，热惯性小，测温上限可设计得很高，便于测量运动物体的温度和快速变化的温度等优点。非接触式测温可分为红外式、比色式、光亮式和全辐射式等多种形式。

　　各类典型温度传感器的对比如表 2-1 所示。

表 2-1　各类典型温度传感器的对比

测温方式	类 型	原 理	典型仪表	测温范围/℃
接触式测温	膨胀式	利用液体、气体的热膨胀及物质的蒸气压变化	玻璃液体温度计	-100～+600
			压力式温度计	-100～+500
		利用两种金属的热膨胀差	双金属温度计	-80～+600
	电阻式	固体材料的电阻随温度变化	铂热电阻	-260～+850
			铜热电阻	-50～+150
			热敏电阻	-50～+300
	电偶式	利用热电效应	热电偶	-270～+1800
	其他电学式	半导体器件的温度效应	集成温度传感器	-50～+150
		晶体的固有频率随温度变化	石英晶体温度计	-50～+120
非接触式测温	辐射式	利用普朗克定律	光电高温计	800～3200
			全辐射传感器	400～2000
			比色温度计	500～3200

2.2　热电偶温度传感器

　　热电偶温度传感器属于自发电型传感器，使用时不需要加电源，被广泛应用于工业生产和科学研究。其结构简单，使用方便，测温范围广（-270～+1800 ℃），性能稳定，测量精度高，便于信号的远距离传送、集中显示和记录。

2.2.1　热电偶的结构和种类

1. 热电偶的结构

热电偶温度传感器被广泛应用于工业生产过程中的温度测量，根据其用途和安装装置不同可分为多种结构形式。

1）普通工业热电偶

普通工业热电偶，又称工业装配热电偶，通常由热电极、绝缘管、保护套管和接线盒等几个主要部分组成，其结构如图 2-2 所示，实物图如图 2-3（a）所示。

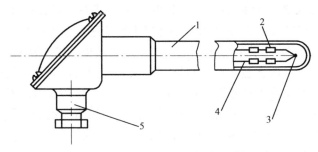

1—保护套管；2—绝缘管；3—热端；4—热电极；5—接线盒

图 2-2　普通工业热电偶的结构

其中热电极又称电偶丝，两根热电极用不同材质的金属制成，是热电偶的基本组成部分。其长度由工作端（热端）插入被测介质中的深度来决定，通常为 300～2000 mm，常用的长度为 350 mm。

绝缘管是用于防止热电极之间、热电极与保护套管之间短路而进行绝缘保护的零件。其形状一般为圆形或椭圆形，热电极从中穿孔而过。其材料选用视使用的热电偶而定，可用黏土质、高铝质、刚玉质等材料。

保护套管是用于保护热电极免受被测介质化学腐蚀或机械损伤的装置，形状一般为圆柱形。保护套管具有耐高温、耐腐蚀、导热性好的特性，常见的用作保护套管的材料有金属、非金属及金属陶瓷大类。例如，金属材料有铝、黄铜、碳钢、不锈钢等；非金属材料有高铝质、刚玉质等，使用温度在 1300 ℃以上；金属陶瓷材料有氧化镁加金属钼等，使用温度在 1700 ℃以上，且有很好的抗氧化能力，通常用于钢水温度的连续测量。

接线盒起着固定接线座和连接外界导线的作用，保护热电极免受外界环境的影响，保证外接导线与接线柱接触良好。根据被测介质温度和现场环境条件要求，接线盒可被设计成普通型、防溅型、防水型、防爆型等。

2）铠装热电偶

铠装热电偶又称为缆式热电偶，它是由金属套管、绝缘材料和热电极经焊接密封和装配等工艺制成的坚实组合体，实物图如图 2-3（b）所示。铠装热电偶已达到标准化、系列化。铠装热电偶具有体积小、热容量小、动态响应快、可挠性好、柔软性良好、强度高、耐压、耐震、耐冲击等许多优点，因此被广泛应用于工业生产过程，特别是高压装置和狭窄管道温度的测量。

3）防爆型热电偶

在化工厂，生产现场常伴有各种易燃、易爆等化学气体、蒸气，如果使用普通工业热电偶则非常不安全，极易引起气体爆炸。防爆型热电偶的接线盒在设计时采用防爆的特殊结构，实物图如图 2-3（c）所示，它的接线盒是经过压铸而制成的，有一定的厚度和防爆空间，机械强度高；采用螺纹隔爆接合面和密封圈密封。因此接线盒内一旦发生放弧现象，不会与外界环境的危险气体传爆，能达到预期的防爆效果。

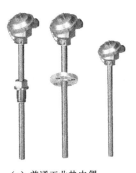

（a）普通工业热电偶　　　　　（b）铠装热电偶　　　　　（c）防爆型热电偶

图 2-3　常见热电偶的实物图

4）薄膜热电偶

薄膜热电偶是由两种金属薄膜连接而成的一种特殊结构的热电偶。它的测量端小而薄，热容量很小，动态响应快，可以用于微小面积上的温度测量，以及快速变化的表面温度测量。测量时薄膜热电偶用特殊黏合剂紧贴在被测表面，由于受黏合剂的限制，测量温度一般为-200～+300 ℃。

2. 热电偶的种类

按照构成热电偶的热电极材料不同，热电偶可以分为多种型号。国际电工技术委员会（IEC）推荐了 8 种标准化热电偶类型，分别为 T 型、E 型、S 型、K 型、B 型、R 型、N 型和 J 型，它们的特性如表 2-2 所示。

表 2-2　常用热电偶种类及特点

热电偶名称	分度号	测温范围/℃	特　点
镍铬-镍硅	K	−270～+1370	长期使用温度可达 1000 ℃；抗氧化性强，价格便宜，是目前使用量最大的热电偶，但高温稳定性不够
铂铑₁₀-铂	S	−50～+1768	长期使用温度可达 1300 ℃，在所有热电偶中准确度等级最高，通常用作标准或测量较高温度，但价格较贵，机械强度低，不适宜在还原性气氛或有金属蒸气的条件下使用
镍铬-铜镍	E	−270～+800	在常用的热电偶中，其热电势最大，即灵敏度最高，应用范围不及 K 型热电偶广泛，但在要求灵敏度高、热导率低、可容许大电阻的条件下，常常被选用
镍铬硅-镍硅	N	−270～+1370	在 400～1300 ℃，N 型热电偶的热电特性的线性比 K 型热电偶要好，但 N 型热电偶在低温范围内（−200～+400 ℃）的非线性误差较大，同时，材料较硬，难于加工

续表

热电偶名称	分度号	测温范围/℃	特　　点
铂铑$_{30}$-铂$_6$	B	0~1800	俗称双铂铑热电偶，准确度高，稳定性好，测温温区大，但热电动势小，价格贵，高温下机械强度下降，适用于氧化性或惰性气体中，也可短暂用于真空，不适宜在还原性气氛或有金属蒸气的条件下使用
铜-铜镍	T	−270~+400	是常用热电偶中最便宜的，常用温度一般不超过 300 ℃
铂铑$_{13}$-铂	R	−50~+1768	与 S 型热电偶相比，电动势大 15%左右，其他性能基本相同

　　除了标准的热电偶，还有非标准的热电偶，如铂铑系、铱铑系及钨铼系热电偶等。

　　铂铑系热电偶有铂铑$_{20}$-铂铑$_5$、铂铑$_{40}$-铂铑$_{20}$ 等，它们的特点是性能稳定，适用于各种高温测量。铱铑系热电偶有铱铑$_{40}$-铱、铱铑$_{60}$-铱等，它们的特点是长期使用的测温范围在 2000 ℃以下，且热电动势与温度线性关系好。钨铼系热电偶有钨铼$_3$-钨铼$_{25}$、钨铼$_5$-钨铼$_{20}$ 等，它们的特点是最高使用温度可达 2500 ℃左右，主要用于钢水连续测温、反应堆测温等场合。

2.2.2　热电偶的原理和定律

1. 热电效应

　　热电偶的原理是热电效应，又称温差电现象。将两种不同材质的导体或半导体（A 和 B）首尾相接组成闭合回路，当两个接点温度不相同（$T \neq T_0$）时，回路中就会产生一个电动势，称为热电动势，这种现象称为热电效应。如图 2-4 所示，当酒精灯加热其中一个接点时，两接点温度不同，电压表的读数会偏转，证明电路中产生了电动势。两种导体 A、B 分别称为热电极 A 和 B，其组成的回路称为热电偶，两个工作端分别称为热端和冷端，温度分别用 T 和 T_0 表示。通常热端被放入被测介质中，冷端又称作参考端，与测量仪表的导线相连接，如图 2-5 所示。

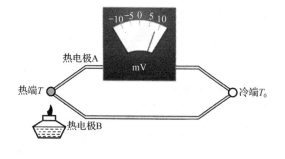

图 2-4　热电偶的工作原理

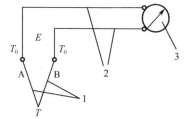

1—热电偶；2—连接导线；3—显示仪表

图 2-5　热电偶测温系统

　　热电偶回路产生的热电动势由接触电动势和温差电动势两部分组成，下面以导体为例说明热电动势的产生。

　　1）接触电动势

　　当 A、B 两种不同的金属互相接触时，由于不同金属内自由电子的密度不同（设 $N_A > N_B$），在两金属 A 和 B 的接触点处会发生自由电子的扩散现象。自由电子从密度大的金属 A 扩散到密度小的金属 B，使 A 失去电子带正电，B 得到电子带负电，从而产生热电势，此时 A、B 接触面形成的电位差称为接触电动势，如图 2-6 所示，在热电偶回路中有两个接触电动势，其大小分别用 $e_{AB}(T)$、$e_{AB}(T_0)$ 表示。

接触电动势的大小与接点处温度的高低和导体的电子密度均成正比。

2）温差电动势

假设导体的两端温度不同，热端温度为 T，冷端温度为 T_0，且 $T>T_0$。由于导体热端的自由电子具有较大的动能，从热端扩散到冷端的电子数比从冷端扩散到热端的多，于是在导体两端产生了一个由热端指向冷端的静电场，在导体两端产生了电动势，称为温差电动势，如图 2-6 所示，在热电偶回路中有两个温差电动势，分别用 $e_A(T, T_0)$、$e_B(T, T_0)$ 表示。

温差电动势的大小与导体的电子密度及两端温度差均成正比。

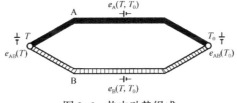

图 2-6　热电动势组成

2. 热电动势

如图 2-6 所示，热电偶回路的总热电动势包括两个接触电动势和两个温差电动势，规定电流方向为顺时针方向，回路总热电动势可写成：

$$E_{AB}(T, T_0)=e_{AB}(T)+e_B(T, T_0)-e_{AB}(T_0)-e_A(T, T_0) \tag{2-1}$$

式（2-1）可写成：

$$E_{AB}(T, T_0)=e_{AB}(T)-e_{AB}(T_0)-e_A(T, T_0)+e_B(T, T_0) \tag{2-2}$$

由于热电偶的接触电动势远远大于温差电动势，且 $T>T_0$，因此总热电动势的方向取决于 $e_{AB}(T)$，故式（2-1）可以写为：

$$E_{AB}(T, T_0)=e_{AB}(T)-e_{AB}(T_0) \tag{2-3}$$

显然，热电动势的大小 $E_{AB}(T, T_0)$ 与组成热电偶的导体材料和两接点的温度有关。当热电偶两电极的材料确定后，热电动势便是两接点温度 T 和 T_0 的函数差，即

$$E_{AB}(T, T_0)=f(T)-f(T_0) \tag{2-4}$$

如果使冷端温度 T_0 保持不变，则热电动势就成为热端温度 T 的单值函数。

可见当冷端温度 T_0 恒定时，热电偶产生的热电动势只与热端的温度有关，即只要测得热电动势，便可确定热端的温度 T。由此，得到有关热电偶的几个结论：

（1）热电偶必须采用两种不同材料作为电极，否则无论导体截面积如何、温度分布如何，回路中的总热电动势恒为零。这是因为当热电极材料相同时，回路中接触电动势为零，热电动势也为零；

（2）若热电偶两接点温度相同，尽管采用了两种不同的金属，回路总电动势也恒为零。这是因为两接点温度相同时，两接触电动势相等，差恒为零，热电动势也为零；

（3）热电偶回路中总热电动势的大小与材料和接点温度有关，与热电偶的尺寸、形状无关。

3. 中间导体定律

在热电偶回路中接入第三种导体，只要第三种导体和原导体的两接点温度相同，则回

路中总的热电动势不变。同样，在热电偶回路中插入第四，第五……第 n 种导体，只要插入导体的两端温度相等，且插入导体是均匀的，都不会影响原来热电偶热电动势的大小。

根据中间导体定律，可以将显示仪表作为第三种导体直接接入热电偶回路中进行测量，如图 2-5 所示。炼钢厂有时直接将廉价热电极插入钢水中测量钢水温度，而不将工件焊在一起，就是利用了中间导体定律，将钢水看成了热电偶回路的第三种导体。

使用中间导体定律有两个前提条件：一是第三种导体与原导体的两接点温度相同；二是第三种导体性质与热电偶热电极性质相近。如果两接点温度不相等，热电偶回路的热电动势就要发生变化，变化量的大小取决于导体的性质和接点的温度。

中间导体定律为补偿导线的使用提供了理论依据。若热电偶的两热电极 A、B 被两根导体 A′、B′ 延长，只要热电偶 A、B 的热电特性与被延长的热电偶 A′、B′ 的热电特性相同，且它们之间连接的两点温度相同，则总回路的热电动势不变。

4. 中间温度定律

如图 2-7 所示，假设热电偶回路的热端温度、中间某处温度、冷端温度分别为 T、T_n、T_0，则热电偶回路的总热电动势等于该热电偶在接点温度为 T、T_n 和 T_n、T_0 时的热电动势的代数和，即

$$E_{AB}(T,T_0)=E_{AB}(T,T_n)+E_{AB}(T_n,T_0) \tag{2-5}$$

令 $T_0=0$，$T_n=T_0$，则式（2-5）可写成：

$$E_{AB}(T,0)=E_{AB}(T,T_0)+E_{AB}(T_0,0) \tag{2-6}$$

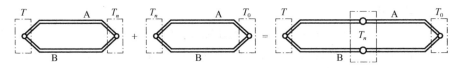

图 2-7　中间温度定律

热电偶测温时通常冷端温度 $T_0 \neq 0$，这时就可以用中间温度定律和分度表确定热端温度 T，这就是计算修正法的理论依据。

中间温度定律也为补偿导线的使用提供了理论依据。当热电偶的两热电极 A、B 被两根导体 A′、B′ 延长后，总回路的热电动势与连接点温度无关，只与延长以后的热电偶两端的温度有关。

5. 标准电极定律

标准电极定律是指如果两种导体 A、B 分别与第三种导体 C 组成的热电偶产生的热电动势已知，那么由 A、B 导体组成的热电偶产生的热电动势也就已知。

如图 2-8 所示，导体 A、B 与标准电极 C 组成热电偶，产生的热电动势分别为 $E_{AC}(T,T_0)$ 和 $E_{BC}(T,T_0)$，则根据标准电极定律，有

$$E_{AB}(T,T_0) = E_{AC}(T,T_0) + E_{BC}(T,T_0) \tag{2-7}$$

标准电极定律大大简化了热电偶选配电极的工作，只要获得有关热电极与参考电极配对的热电动势，任何两种热电极配对时的电动势就均可利用该

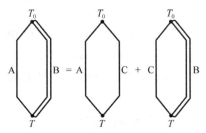

图 2-8　标准电极定律

定律计算，而不需要逐个进行测定。

2.2.3　热电偶的使用

 扫一扫看热电偶教学课件（续）

 扫一扫看热电偶微课视频（续）

1. 查分度表

由式（2-4）可知，如果使冷端温度 T_0 保持不变，热电动势就成为热端温度 T 的单值函数。热电偶的热电动势与温度的对应关系通常使用热电偶分度表查询，热电偶种类不同，分度表不同。限于篇幅，本书仅给出了镍铬-镍硅（K 型）热电偶分度表（附录 A）。注意分度表是在 T_0=0 ℃时编制的，因此查分度表的前提条件是热电偶冷端必须为 0 ℃。

例如，现有 K 型热电偶，当冷端温度为 0 ℃时，如果输出的热电动势为 1.858 mV，查附录 A 可知，热端温度 T=46 ℃；如果热端温度 T=65 ℃，则输出的热电动势为 2.643 mV。

2. 热电偶的冷端补偿

由热电偶的工作原理［见式（2-3）］可知，热电偶产生的热电动势是由热端温度和冷端温度差引起的电动势。只有当冷端温度 T_0 恒定时，热电动势才是热端温度 T 的单值函数。由于热电偶分度表是在冷端温度为 0 ℃的基础上编制的，因此查分度表的前提条件是冷端必须为 0 ℃。但在实际应用中，热电偶冷端往往置于测量环境中，温度不为 0 ℃，且热电偶热电极长度较短，冷端靠近热端或被测对象，加上周围环境温度的影响，冷端温度不稳定，因此不能直接根据热电动势大小来查分度表。为此，必须采取一些相应的措施进行补偿或修正，以消除冷端温度变化和不为 0 ℃产生的影响，这就是热电偶的冷端补偿。常用的冷端补偿方法有冰浴法、补偿导线法、计算修正法、补偿电桥法、显示仪表机械零位调整法、软件处理法等。

1）冰浴法

冰浴法是最直接的冷端补偿方法。如图 2-9 所示，将热电偶的冷端置于温度为 0 ℃的恒温器内（如冰水混合物），使冷端温度处于 0 ℃。冰浴法通常用于实验室或精密的温度测量，在其他情况下一般不使用。

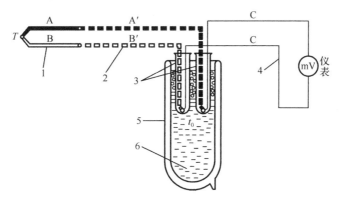

1—热电偶；2—补偿导线；3—试管；4—铜导线；5—冰点槽；6—冰水混合物

图 2-9　冰浴法

2）补偿导线法

受材料价格的限制，热电偶的热电极一般做得比较短（除铠装热电偶外），冷端距测温对象很近，使冷端温度容易受热端温度影响而不稳定，这时就需要采用补偿导线将冷端延伸至远离测温对象且温度恒定的场所，如控制室或仪表室。

如图 2-10 所示，补偿导线由两种不同性质的金属材料 A′和 B′制成，在 0～150 ℃温度范围内与配接的热电偶 A 和 B 具有相同的热电特性。原热电偶的热端温度为 T，冷端温度为 T_0'，连接补偿导线后，热电偶的冷端被延伸，温度为 T_0。根据中间温度定律，回路的总电动势与原冷端温度 T_0'无关，因此补偿导线起到了延伸热电极的作用，达到了移动热电偶冷端位置的目的。

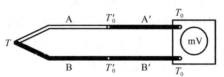

A，B—热电偶电极；A'，B'—补偿导线；T_0'—热电偶原冷端温度；T_0—热电偶新冷端温度

图 2-10　补偿导线在测温回路中的连接

根据补偿导线材料的不同，补偿导线可分为两大类：延伸型（X）和补偿型（C）。延伸型补偿导线选用的金属材料与热电极材料相同，价格较贵，适用于精密测量的场合；补偿型补偿导线选用的金属材料与热电极材料不同，通常采用廉价金属材料。如表 2-3 所示，补偿导线的型号由两个字母组成，第一个字母与配用热电偶的型号相对应，第二个字母表示补偿导线的类型。例如，K 型热电偶可选用 KC 补偿型的补偿导线，也可选用 KX 延伸型的补偿导线。

表 2-3　常用热电偶补偿导线

补偿导线型号	配用热电偶	补偿导线材料		补偿导线绝缘层着色	
		正　极	负　极	正　极	负　极
SC	S	铜	铜镍合金	红色	绿色
KC	K	铜	铜镍合金	红色	绿色
KX	K	镍铬合金	镍硅合金	红色	绿色
EX	E	镍硅合金	铜镍合金	红色	绿色
JX	J	铁	铜镍合金	红色	绿色
TX	T	铜	铜镍合金	红色	绿色

热电偶补偿导线使用时需要注意以下几点：

（1）两根补偿导线与热电偶两个电极接点必须靠近，且接点温度必须相同；

（2）各补偿导线只能与相应型号的热电偶相配；

（3）必须在规定温度范围内使用，且补偿导线长度控制在 15 m 以内；

（4）补偿导线极性切勿接反，否则将造成更大的测量误差。

3）计算修正法

利用补偿导线法延伸冷端后，冷端温度较低，但仍不为零。此时，还需要利用计算修正法来确认实际测量温度。计算修正法的理论依据是中间温度定律的式（2-6），即 $E_{AB}(T, 0)=E_{AB}(T, T_0)+E_{AB}(T_0, 0)$。

【实例 1】用 K 型热电偶测炉温，当冷端温度为 30 ℃（且为恒定时），测出热端温度为 T 时的热电动势为 39.17 mV，求炉子的真实温度。

解：设炉子真实温度为 T，已知冷端温度 T_0=30 ℃，且热电偶测得的热电动势为 $E(T, T_0)$=$E(T, 30)$=39.17 mV。

查附录 A 知 $E(30, 0)$=1.20 mV。

根据中间温度定律：$E(T, 0)$=$E(T, 30)$+$E(30, 0)$=39.17+1.20=40.37（mV）。

再查附录 A 可知 40.37 mV 对应的温度为 977 ℃，因此炉子真实温度为 T=977 ℃。

4）补偿电桥法

在实际应用中，经常由于环境温度影响，冷端温度不稳定。补偿电桥法是利用不平衡电桥产生的不平衡电势去补偿热电偶冷端温度变化引起的热电动势的变化，它可以自动地将冷端温度校正到补偿电桥的平衡点温度上。

典型的热电偶冷端补偿电路如图 2-11 所示。其中 1 为热电偶，热端温度为 T，冷端温度（环境温度）为 T_0；虚线圆圈内为补偿电桥，由 R_1、R_2、R_3、R_{Cu}（R_{Cu} 为铜热电阻，电阻值与温度变化成正比）组成电桥的四个桥臂，与热电偶冷端处于相同的温度环境，电桥的工作电源为 4 V；R_s 是限流电阻，阻值大小与配用的热电偶有关。

当环境温度不变时（如 20 ℃），T_0 不变，热电偶热电动势 E_X 稳定；补偿电桥处于平衡条件 R_1=R_2=R_3=R_{Cu}，此时电桥输出电压 U_{ab}=0；电路总电动势 E_{AB}=E_X+U_{ab}=E_X，是热端温度 T 的单值函数。

当环境温度降低时，冷端温度 T_0 下降，热电偶热端和冷端的温度差 ΔT 增加，热电动势 E_X 增大，此时电桥平衡被破坏；T_0 下降时，R_{Cu} 减小，补偿电桥的输出电压 U_{ab} 与 R_{Cu} 成正比，U_{ab} 减小。若适当选择 R_{Cu} 的大小，使$|\Delta U_{ab}|$=$-|\Delta E_X|$，则外电路总电动势 E_{AB}=E_X+U_{ab}=E_X+ΔE_X+ΔU_{ab}=E_X，抵消了冷端温度不稳定引起的误差，依然是热端温度 T 的单值函数。

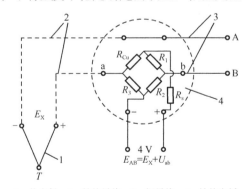

扫一扫看热电偶电桥冷端补偿法电路详解微课视频

1—热电偶；2—补偿导线；3—铜导线；4—补偿电桥

图 2-11　典型的热电偶冷端补偿电路

冷端温度补偿电桥可以单独制成补偿器，通过外线与热电偶和后续仪表连接，但它更多是作为后续仪表的输入回路，与热电偶连接。

此外，还可以利用半导体集成温度传感器来构成补偿电路，补偿热电偶由于冷端温度变化而产生的测量误差。市场上有许多类型的专用热电偶冷端补偿芯片，如 Linear Technology Corporation 的 LT1025、Analog Devices Inc 的 AC1226、MAXIM 公司的 MAX6675。

5）显示仪表机械零位调整法

在恒温车间等温度已知且恒定的场合，可以采用机械零位调整法，即预先将有零位调整器的温度显示仪表的指针从刻度的初始值（机械零位）调至已知的冷端温度值即可。

调整仪表的机械零位相当于预先给仪表输入电动势 $E_{AB}(T_0, 0)$，测量过程中热电偶回路产生热电动势 $E_{AB}(T, T_0)$，这时显示仪表接收的总热电动势为 $E_{AB}(T_0, 0)+E_{AB}(T, T_0)=E_{AB}(T, 0)$，所以仪表的示值为被测温度。

6）软件处理法

对于计算机系统，不必全靠硬件进行热电偶冷端补偿。例如，在冷端温度恒定但不为 0 ℃情况下，采用软件处理法只需在采样后加一个与冷端温度对应的常数。

3. 热电偶的放大电路

热电偶的输出电压可用集成运算放大器进行放大，如图 2-12 所示，可以将 0～500 ℃ 的温度转换为 0～5 V 的电压。

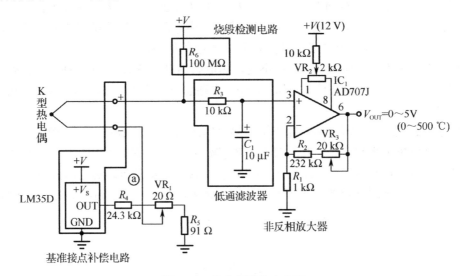

图 2-12　热电偶的放大电路

图 2-12 中冷端补偿电路采用 LM35D 集成温度传感器，输出为 10 mV/℃，通过与电阻 R_4、VR_1、R_5 串联分压，可产生 K 型热电偶的补偿电压。

查附录 A 可知，热电偶的热电动势约为 40 μV/℃，因此需要高精度的运算放大器 AD707J 进行放大。K 型热电偶 500 ℃ 时的输出电动势为 20.64 mV，因此电路的增益 $G=5\ V/20.64\ mV=242$。图 2-12 中增益 $G=1+(VR_3+R_2)/R_1$，调整 VR_3，使电路增益在 233 到 253 之间改变。

R_3 和 C_1 构成低通滤波器，如果加大滤波器的时间常数，噪声滤除功能则会加强，但会牺牲响应速度。而且，R_3 过大，运算放大器的输入偏置电流会在其上产生偏移电压。AD707J 的输入偏置电流会产生 2.5 nA×10 kΩ=25 μV 的偏移电压。如果将 AD707J 换成输入偏置电流更大的 OP07D（输入偏置电流为 14 nA），将产生 140 μV 的偏移电压，因此要根据运算放大器的输入偏置电流，选择合适的 R_3。

4．与热电偶配套的仪表

我国生产的热电偶符合 1990 国际温标（ITS-90），工程师规定了每一种标准热电偶配套的（控制）仪表，仪表的显示值为温度，不需要用户自己改制。工程上，一般将传感器称为一次仪表，而把控制仪表称为二次仪表。二次仪表的主要作用是把现场传感器输出的信号进行滤波、放大、非线性校正等处理，尽可能以精确和直观的形式将信号还原成温度、压力、流量、位移等物理量，供用户及时了解现场各种参量的当前值和变化过程。

例如，温度变送器是将温度变量转换为可传送的标准化输出信号的仪表，主要用于工业过程温度参数的测量和控制。温度变送器采用热电偶、热电阻作为测温元件，从测温元件输出信号送到变送器模块，转换成与温度呈线性关系的 4～20 mA 电流信号或 0～5 V 电压信号输出。变送器可单独安装于仪表盘内作为转换单元，也可以安装于热电偶、热电阻的接线盒内构成一体化温度变送器。一体化温度变送器是现代工业现场、科研院所温度测控的更新换代产品，是集散系统、数字总线系统的必备产品。

不同厂家、不同型号的温度变送器接法有差别，使用时必须仔细阅读手册。相同型号的多个变送器可挂在同一总线上形成控制网络，如图 2-13 所示。

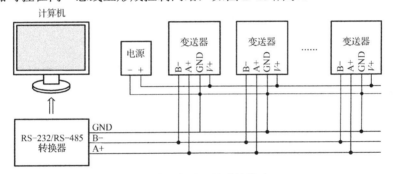

图 2-13　变送器的总线接法

5．热电偶的安装

安装热电偶时应保证测温准确、安全可靠和维修方便，且不影响设备运行和生产操作。具体安装须知：

（1）安装地点要选择在便于施工维护、不易受外界损伤的位置；

（2）应尽可能垂直安装，以防保护管在高温下变形。被测介质流动时，应将其安装在管道中心线上，并与被测介质流动的方向相对。管道有弯道时，应尽量将其安装在管道弯曲处，如图 2-14 所示；

（3）插入深度可按实际需要决定，但浸入介质中的长度应大于保护管外径的 8～10 倍；

（4）露在设备外的部分应尽量短并考虑加装保温层，以减小热量损失造成的测量误差；

（5）将热电偶安装在负压管道或容器上时，安装处应密封良好；

（6）接线盒的盖子应尽量在上面，防止水浸入；

（7）若将热电偶安装在含有固体颗粒或流速很高的介质中，为防止长期受冲刷而损坏，则可在前面加装保护管；

（8）在管道上安装热电偶时，要在管道上安装插座，插座材料与管道材料一致；

（9）承受压力的热电偶应保证密封良好。

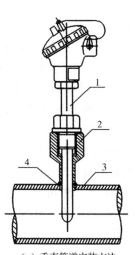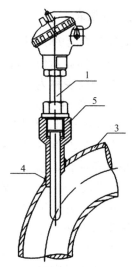

（a）垂直管道安装方法　　　　　　　（b）弯曲管道安装方法

1—热电偶；2—直形凸台；3—管道；4—焊接；5—45°角凸台

图2-14　管道内热电偶安装示意图

6. 热电偶的选型

选择热电偶要根据使用温度测量范围、测量精度、使用气氛、测定对象的性能、响应时间和经济效益等综合考虑。

1）测量精度和温度测量范围

根据测量精度和温度测量范围选择热电偶时，参照表 2-2。例如，测温范围为 1300～1800 ℃，要求精度又比较高时，一般选用 B 型热电偶；测温范围为 1000～1300 ℃，要求精度又比较高时，可选用 S 型热电偶和 N 型热电偶；测温范围在 1000 ℃以下，一般选用 K 型热电偶和 N 型热电偶；测温范围低于 400 ℃一般选用 E 型热电偶；在 250 ℃下及负温测量一般选用 T 型热电偶，在低温时 T 型热电偶稳定且精度高。

2）使用气氛

S 型、B 型、K 型热电偶适合在强的氧化和弱的还原气氛中使用，J 型和 T 型热电偶适合弱氧化和还原气氛，若使用气密性比较好的保护管，则对气氛的要求就不太严格。

3）耐久性及热响应性

线径大的热电偶耐久性好，但响应较慢；热电偶热容量大，响应就慢，测量梯度大的温度时，在温度控制的情况下，控温就差。若要求响应快又要求有一定的耐久性，选择铠装热电偶比较合适。

4）测量对象的性质和状态

选择热电偶时，运动物体、振动物体、高压容器的测温要求机械强度高；有化学污染的气氛要求有保护管；有电气干扰的情况下要求绝缘比较高等。

总的来说，热电偶的选型流程：型号—分度号—防爆等级—精度等级—安装固定形式—保护管材质—长度或插入深度。

2.3　热电阻温度传感器

热电偶适用于测量 500 ℃以上的较高温度，对于 500 ℃以下的中低温，使用热电偶测温有时就不一定恰当，其原因有：第一，在中低温区，热电偶输出的电动势很小，因此对测量电路的抗干扰措施要求高，否则难以精确测量；第二，在较低的温度区域，因一般方法不易得到全补偿，因此冷端温度的变化和环境温度的变化引起的相对误差就显得特别突出。所以，中低温区一般使用热电阻进行测量。

热电阻温度传感器是利用导体或半导体的电阻值随温度变化而变化的原理进行测温的一种传感器温度计，其应用非常广泛，一般可用于测量-200～+500 ℃的温度。

根据材料的不同，热电阻温度传感器分为金属热电阻和半导体热敏电阻两大类。

热电阻由电阻体、保护套和接线盒等部件组成，目前应用最多的金属热电阻是铂热电阻和铜热电阻，实物如图 2-15（a）所示，外形和种类与热电偶相似。不过热电偶的电极有正负之分，热电阻的导线则没有极性。

热敏电阻按照工作原理可分为正温度系数（PTC）热敏电阻和负温度系数（NTC）热敏电阻。热敏电阻按结构形式可分为体型、薄膜型、厚膜型三种；按工作方式可分为直热式、旁热式、延迟电路三种；按工作温区可分为常温区（-60～+200 ℃）、高温区（>200 ℃）、低温区三种。热敏电阻可根据使用要求，封装加工成各种形状的探头，如珠状、片状、杆状、锥状和针状等，如图 2-15（b）和图 2-16 所示。

（a）金属热电阻　　　　　　　　　　　　　（b）热敏电阻

图 2-15　热电阻实物图

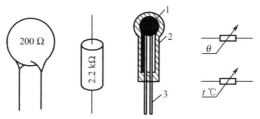

1—热敏电阻；2—玻璃外壳；3—引出线

图 2-16　热敏电阻的结构外形与符号

2.3.1　热电阻的测温原理

1. 金属热电阻

金属热电阻是利用金属导体的电阻值会随温度的变化而变化的特性检测温度的，因此要求构成金属热电阻的材料必须具备以下特点：电阻温度系数要尽可能大且稳定，电阻率高，电阻与温度之间的关系是线性的，在较宽的检测范围内具有稳定的物理和化学性质。目前应用得最多的热电阻就是铂热电阻和铜热电阻。

铂热电阻在-190～0 ℃的特性方程为

$$R_t = R_0[1 + At + Bt^2 + C(t - 100)t^3] \tag{2-8}$$

在 0～630.74 ℃的特性方程为

$$R_t = R_0(1 + At + Bt^2) \tag{2-9}$$

式中，R_t、R_0 分别为 t ℃和 0 ℃时的阻值。A、B、C 为常数，其数值分别为

$$A = 3.968\,47 \times 10^{-3}$$
$$B = -5.847 \times 10^{-7}$$
$$C = -4.22 \times 10^{-12}$$

根据式（2-8）和式（2-9）可知，要确定电阻 R_t 与温度 t 的关系，首先要确定 R_0 的大小，R_0 不同时，R_t 与 t 的关系也不同。在工业上将相应于 $R_0 = 50\,\Omega$（分度号为 Pt10）和 $100\,\Omega$（分度号为 Pt100）的 R_t–t 关系制成分度表，称为热电阻分度表，附录 B 和附录 C 中有 Pt100 铂热电阻和 Cu50 铜热电阻分度表，可供使用者参阅。

由于铂是贵重金属，在一些测量精度要求不高且温度较低的场合，可采用铜热电阻进行测温，其测温范围为-50～+150 ℃。

$$R_t = R_0(1 + \partial t) \tag{2-10}$$

式中，∂ 为铜热电阻温度系数，其数值为 $\partial = 4.25 \times 10^{-3} \sim 4.28 \times 10^{-3}$。$R_t$、$R_0$ 分别为 t ℃和 0 ℃时的阻值。

扫一扫看热电阻——热敏电阻教学课件

铜热电阻的特点是电阻率较低，电阻体的体积较大，热惯性也较大，在 100 ℃以上易氧化，因此其只能用于低温及无腐蚀性的介质中。

扫一扫看热电阻——热敏电阻微课视频

2. 热敏电阻

半导体热敏电阻是利用半导体的电阻值随温度显著变化的特性制成的。在一定的范围内通过测量热敏电阻阻值的变化情况，就可以确定被测介质的温度变化情况。其特点是灵敏度高、体积小、反应快。半导体热敏电阻基本可以分为两种类型。

1）NTC 热敏电阻

NTC 热敏电阻是指电阻与温度的变化成反比，典型的 NTC 热敏电阻是由锰、钴、铁、镍、铜等多种金属氧化物混合烧结而成的电阻。

根据不同的用途，NTC 热敏电阻又可以分为两类。第一类为负指数型，如图 2-17 中的曲线 2 所示，这种类型的热敏电阻主要用于测量温度，它的电阻值与温度之间呈负的指数关系；第二类为负突变型，如图 2-17 中的曲线 1 所示，当其温度上升到某设定值时，其电阻值突然下降，多在各种电子电路中用于抑制浪涌电流，起到保护作用。

2）PTC 热敏电阻

PTC 热敏电阻是指电阻与温度的变化成正比，典型的 PTC 热敏电阻通常是在钛酸钡陶瓷中加入施主杂质以增大电阻温度系数。如图 2-17 中的曲线 4 所示，PTC 热敏电阻的温度-电阻特性曲线呈非线性。PTC 热敏电阻在电子线路中多起限流、保护作用，当流过的电

流超过一定限度或 PTC 热敏电阻感受到的温度超过一定限度时，其电阻值会突然增大。

近年来人们还研制出了用本征锗或本征硅材料制成的线性 PTC 热敏电阻，其线性度和互换性较好，可用于测温。其温度-电阻特性曲线如图 2-17 中的曲线 3 所示。

热敏电阻具有尺寸小、响应快、阻值大、灵敏度高等优点，因此在许多领域得到广泛应用。根据产品型号不同，其适用范围也各不相同，具体有热敏电阻测温、热敏电阻用于温度补偿、热敏电阻用于温度控制等几个方面。

1—突变型 NTC；2—负指数型 NTC；

3—线性型 PTC；4—突变型 PTC

图 2-17　热敏电阻的特性曲线

2.3.2　热电阻的使用

1. 热电阻的连接方式

热电阻与测量电路的连接方式有二线制、三线制和四线制。

扫一扫看实例：热电阻二线制连接电路详解微课视频

1）二线制连接方式

在热电阻温度传感器与测量回路不太远的情况下，采用二线制连接方式。如图 2-18 所示，二线制连接方式指从热电阻温度传感器两端分别引出两根导线并将其接入测量回路中。二线制连接方式是最简单、方便的连接方式，如果传感器与测量回路均在同一电路板上，可直接采用二线制连接方式。

但在工业控制中，热电阻传感器通常安装在测量现场，测量回路或指示仪表等安装在控制室，两者距离很远，如图 2-18（a）所示。那么此时连接热电阻温度传感器的两根导线上的电阻就不能忽略，导线电阻 R_W 势必和热电阻 R_T 串联在一起，造成测量误差，如图 2-18（b）所示。

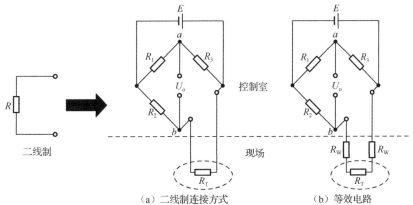

（a）二线制连接方式　　　　　（b）等效电路

图 2-18　二线制连接方式及等效电路

扫一扫看实例：热电阻三线制连接电路详解微课视频

2）三线制连接方式

在常见的二线制测量中，在 100 ℃时，热电阻的热电阻率为 0.385 Ω/℃，若此时导线的总电阻值为 2 Ω，则引起的测量误差为 5.2 ℃。为了抵消连接导线引起的测量误差，通常采用三线制或四线制连接方式进行测温。三线制连接方式是指从热电阻温度传感器两端引出三根导线并将其接入测量回路中，这三根导线粗细相同、长度相等，阻值都是 R_W，连接方法如图 2-19（a）所示。其中一根连接到电源上，另外两根分别连接到直流电桥（惠斯特电桥）的相邻两臂中，这样就把连接导线的电阻值加在相邻的两个桥臂中，导线电阻对测量的影响可以相互抵消。等效电路如图 2-19（b）所示。因此工业上多采用三线制连接方法，这也是金属热电阻的输出端通常有三个引线端子的原因。

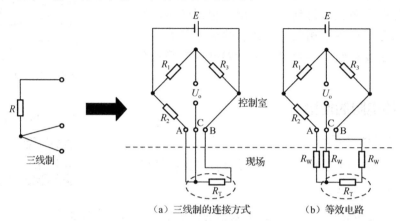

图 2-19　三线制连接方式及等效电路

三线制热电阻温度测量电路的实例如图 2-20 所示。电路中 R_T 为热电阻 Pt100，当 $t=0\ ℃$ 时，其阻值为 $100\ \Omega$。$R_{W1}=R_{W2}=R_{W3}=R_W$ 为三线制连接导线的等效电阻。集成运算放大器 A_1、A_2、A_3 组成差分放大电路。电路输出电压为

$$U_o = (U_{1+} - U_{2+}) \times A \tag{2-11}$$

式中，A 为集成运算放大器 A_3 组成电路的放大倍数；U_{1+} 为集成运算放大器 A_1 的正极输入电压，由 $U_T \rightarrow U_{R2} \rightarrow U_{R3} \rightarrow U_{RW2} \rightarrow U_{RW3} \rightarrow U_地$ 组成的串联分压电路决定；U_{2+} 集成运算放大器 A_2 的正极输入电压，由 $U_T \rightarrow U_{R1} \rightarrow U_{RW1} \rightarrow U_{RT} \rightarrow U_{RW3} \rightarrow U_地$ 组成的串联分压电路决定。

$$U_{1+} = \frac{R_3 + R_{W2} + R_{W3}}{R_2 + R_{W2} + R_{W3} + R_3} \cdot U_T \tag{2-12}$$

$$U_{2+} = \frac{R_T + R_{W1} + R_{W3}}{R_1 + R_{W1} + R_{W3} + R_T} \cdot U_T \tag{2-13}$$

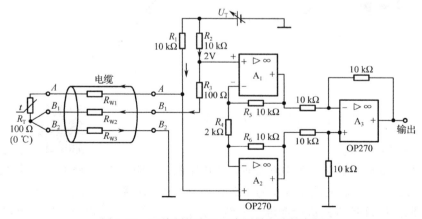

图 2-20　三线制热电阻温度测量电路的实例

由于 R_3、R_T、R_{W2}、R_{W3} 远小于 R_2 和 R_1，因此式（2-12）和式（2-13）的分母可以近似相等，表示为

$$U_o = (U_{1+} - U_{2+}) \times U_T \times A = \frac{R_3 - R_T}{R_1} \times U_T \times A \approx \frac{R_3 - R_T}{R_1} \times U_T \times A \qquad (2\text{-}14)$$

这样，电路的输出电压就变成了 Pt100 R_T 的单值函数，导线电阻相互抵消了。

3）四线制连接方式

四线制连接方式是一种恒流法，即保持经热电阻的电流恒定，测量其两端电压的方法。恒流法的电压与热电阻的阻值变化成正比，线性化方法简单，但要获得准确的恒流法，其电路比较复杂，如图 2-21 所示。

电路中 R_T 为热电阻 Pt100，当 t=0 ℃时，其阻值为 100 Ω。R_{W1}=R_{W2}=R_{W3}=R_{W4}=R_W 为四线制连接导线的等效电阻。集成运算放大器 A_1、A_2、A_3 组成差分放大电路。电路输出电压为

$$U_o = (U_{1+} - U_{2+}) \times A \qquad (2\text{-}15)$$

式中，A 为集成运算放大器 A_3 组成电路的放大倍数；U_{1+} 为集成运算放大器 A_1 的正极输入电压；U_{2+} 为集成运算放大器 A_2 的正极输入电压。R_1、C_1 和 R_2、C_2 构成的低通滤波器用于补偿高频时运算放大器共模抑制比的降低。放大器的输入阻抗非常高，流经两导线的电流近似为零，其电阻 R_{W2} 和 R_{W3} 可忽略不计。因此 $U_{1+} \approx U_A$，$U_{2+} \approx U_B$，$U_{1+} - U_{2+} \approx U_A - U_B = U_{RT} = 2\text{mA} \times R_T$。由此可见，电路的输出电压变成了热电阻 R_T 的单值函数，导线电阻也相互抵消了。

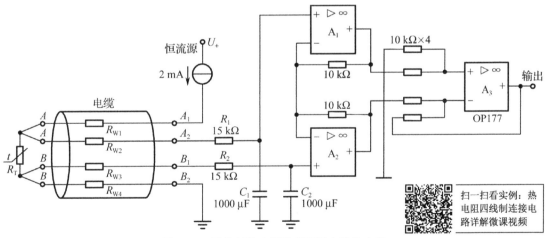

图 2-21　四线制热电阻温度测量电路的实例

2. 热电阻式流量计

热电阻不仅能测量管道温度，还能检测管道内气体或液体等介质流量，如图 2-22 所示。图中 R_{T1} 在管道中央，R_{T2} 放在连通室中，不受介质流速影响。当被测介质处于静止状态时，将电桥调到平衡状态，检流计 P 指零。当介质流动时，由于介质流动要带走热量，R_{T1} 耗散的热量与被测介质的平均流速成正比，因而 R_{T1} 温度下降，引起电阻下降，电桥失去平衡，检流计有相应指示，可用流量或流速标定。

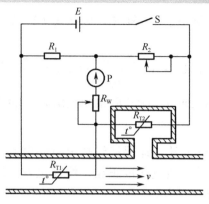

扫一扫看实例：
热电阻流量计微
课视频

图 2-22　热电阻管道流量计

3. 热敏电阻的温度报警器

在图 2-23 所示的温度报警器电路中，热敏电阻 R_{TH} 型号为 103AT，温度特性如图 2-23（a）所示。电阻 R_1、R_2 和热敏电阻 R_{TH} 一起组成桥式电桥电路，R_3 决定电路的上限温度，图 2-23 中当温度为 80 ℃时，热敏电阻阻值为 1.669 kΩ，因此 R_3 取值为 1.669 kΩ。R_4 决定电路恢复的下限温度，当温度为 50 ℃时，热敏电阻阻值为 4.161 kΩ，因此 R_4 取值为 4.161 kΩ-1.669 kΩ=2.492 kΩ。

图 2-23（b）中 R_{y1} 型号为 AQV212，是光敏场效应晶体管继电器。CP_1 为运算放大器，型号为 LM393，在图中起比较作用。当热敏电阻温度高于 80 ℃时，比较器输出"高"电平，R_{y1} 断电，R_3 与 R_4 阻值叠加，决定了温度的下限值；当热敏电阻温度低于 50 ℃时，比较器输出"低"电平，R_{y1} 得电，其常开触点闭合，R_4 短路。R_{y1} 可控制声光报警电路工作。

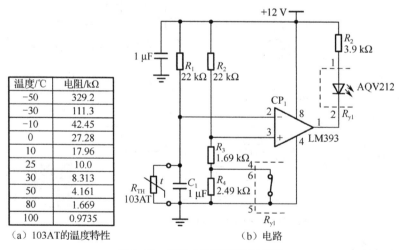

温度/℃	电阻/kΩ
−50	329.2
−30	111.3
−10	42.45
0	27.28
10	17.96
25	10.0
30	8.313
50	4.161
80	1.669
100	0.9735

（a）103AT的温度特性　　　　　（b）电路

图 2-23　热敏电阻的温度报警器

4. 热电阻的选型

1）金属热电阻的选型

选用金属热电阻时，一般需要考虑以下技术指标。

（1）热电阻类型、测量范围与允差：如铂热电阻测温范围一般为−200～+500 ℃，铜热

电阻测温范围一般为-50～+150 ℃。允差指测量时允许产生的最大偏差，如某铜热电阻的允差为 $\Delta t = \pm(0.30 + 0.006\,|t|)$。

（2）热电阻最小置入深度：一般不小于 100 mm。

（3）热电阻绝缘电阻：当环境温度为 15～35 ℃，相对湿度不大于 80%时，铂热电阻的常温绝缘电阻应不小于 100 MΩ，铜热电阻的常温绝缘电阻应不小于 50 MΩ。

（4）自热影响：热电阻通过允许的最大电流时，由此产生温升现象，温升一般不能高于 0.3 ℃。

（5）热电阻保护管直径和长度：参照厂家提供的参数。

2）热敏电阻的选型

由于热敏电阻的种类和型号较多，因此应根据电路的具体要求来选择适合的热敏电阻。

PTC 热敏电阻一般用于电冰箱压缩机启动电路、彩色显像管消磁电路、电动机过流和过热保护电路、限流电路及恒温电加热电路。NTC 热敏电阻器一般用于微波功率测量、温度检测、温度补偿、温度控制及稳压，选用时应根据应用电路的需要选择合适的热敏电阻器类型及其型号。

选择时可参考以下步骤。

（1）首先确定被保护电路正常工作时的最大环境温度、电路中的工作电流、热敏电阻动作后需承受的最大电压及需要的动作时间等参数。

（2）根据被保护电路或产品的特点选择"芯片型""径向引出型""轴向引出型"或"表面贴装型"等不同类型的热敏电阻。

（3）根据最大工作电压，选择"耐压"等级大于或等于最大工作电压的产品系列。

（4）根据最大环境温度及电路中的工作电流，选择"维持电流"大于工作电流的产品规格。

（5）确认该种规格热敏电阻的动作时间小于保护电路需要的时间。

（6）对照规格书中提供的数据，确认该种规格热敏电阻的尺寸符合要求。

2.4 集成温度传感器

集成温度传感器就是在一块极小的半导体芯片上集成了包括敏感器件、信号放大电路、温度补偿电路、基准电源电路等在内的各个单元，它使传感器与集成电路融为一体，提高了传感器的性能，是实现传感器智能化、微型化、多功能化，提高检测灵敏度，实现大规模生产的重要保证。它具有体积小、测温精度高、重复性好、线性度高、使用方便等优点。

集成温度传感器的原理是利用半导体 PN 结的电流电压与温度有关的特性，但由于受 PN 结耐热性能和特性范围的限制，它只能测量 150 ℃以下的温度。

根据集成温度传感器输出信号的不同，可将集成温度传感器分为电压型、电流型和数字型三种。

典型代表是 AD590 系列电流型集成温度传感器，如图 2-24（a）所示；LM3911 电压型集成温度传感器，如图 2-24（b）所示；DS18B20 数字型集成温度传感器，如图 2-24（c）

所示。集成温度传感器可以将输出信号的大小直接转换为热力学温度值，非常直观。

　　（a）AD590 电流型　　　　　（b）LM3911 电压型　　　　（c）DS18B20 数字型

图 2-24　集成温度传感器

2.4.1　AD590 电流型集成温度传感器

电流型集成温度传感器在一定温度下，相当于一个恒流源，具有很强的抗干扰能力，以及很好的线性特性。AD590 是美国 ADI 公司生产的单片集成两端感温电流型集成温度传感器，产生的输出电流与绝对温度成正比。单片集成电路固有的低成本加上支持电路的消除，使 AD590 成为许多温度测量场合有吸引力的替代品，应用时不需要线性化电路、精密电压放大器、电阻测量电路和冷端补偿。除了温度测量，其应用还包括温度补偿或离散元件的校正、与绝对温度成比例的偏置、流量测量、液位检测和风速测量。AD590 可用于芯片制造，适用于混合电路和受保护环境中的快速温度测量，被广泛应用于遥感技术。AD590由于其高阻抗电流输出，对长线路上的电压降不敏感，用任何绝缘良好的双绞线都足以操作，距离接收电路达几十米甚至几百米，易于多路复用。

主要特性如下。

（1）电源电压为 4～30 V。AD590 具有消除电源波动的特性，即使电源在 5～15 V 波动，其电流只在 1 μA 内下微小变化；其可以承受 44 V 正向电压和 20 V 反向电压，因此器件反接也不会被破坏。

（2）测温范围为-55～+150 ℃。

（3）流过器件的电流值（μA）等于器件所处环境的热力学温度（开尔文），即灵敏度为 1 μA/K。输出电流以绝对零度为基准（-273 K），每增加 1 K，它会增加 1 μA 输出电流。

（4）输出阻抗高，适用于远距离测量。

（5）精度高。AD590 有 I、J、K、L、M 五种型号，其中 M 型号的精度最高，温度为-55～+150 ℃，非线性误差为±0.3 ℃。

AD590 采用金属管壳封装，各引脚功能如表 2-4 所示。

表 2-4　AD590 引脚功能

引 脚 编 号	符　　号	功　　能
1	V^+	电源正极
2	V^-	电源负极
3	—	金属管外壳，一般不用

AD590 灵敏度为 1 μA/K，即温度每升高 1 K，电流增加 1 μA。一简单测温电路如图 2-25

所示。将 AD590 与一个 950 Ω 的电阻和一个 100 Ω 的可调电阻串联，调整电阻值，可使输出电压 U_T 满足 1 mV/K 的关系。调整好后，由 U_T 大小即可得出 AD590 处的热力学温度。

如图 2-26 所示，将多个 AD590 单元串联起来，可以显示所有感应温度的最低值。相比之下，并联使用传感器可以得到感应温度的平均值。

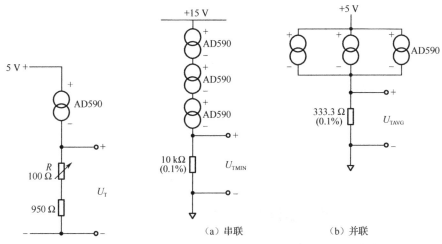

图 2-25　AD590 简单测温电路　　　　图 2-26　AD590 串联和并联电路

利用 AD590 对 K 型热电偶进行冷端补偿的电路如图 2-27 所示，该电路通过将 R_T 调整为一个合适的测量点，将热电偶的冷端温度补偿在 ±0.5 ℃ 内。电路中 AD580 为三端稳压器，将 V_{OUT} 点电压固定在 2.5 V，由于 $R_1=52.5\ \Omega$ 的电阻较小，所以 R_T 上的电流为 2.5 V/(R_T+8.66 kΩ)，范围为 258.8～288.7 μA，调整 R_T 使流经的电流为 278 μA。如果热电偶冷端温度 t_0 为 20 ℃，则流过 AD590 的电流为 293.2 μA。根据基尔霍夫电流定律，电阻 R_1 上电流为 I_1=293.2 μA-278 μA=15.2 μA，$U_1=R_1·I_1$。查 K 型热电偶分度表可知工作端温度为 20 ℃ 时，其热电动势为 0.798 mV，这就是应补偿的电压值。所以 R_1 取 52.5 Ω（0.798 mV/15.2 μA= 52.5 Ω）就能满足补偿要求。仪表上的读数就是热电偶的热电动势和 U_1 之和。

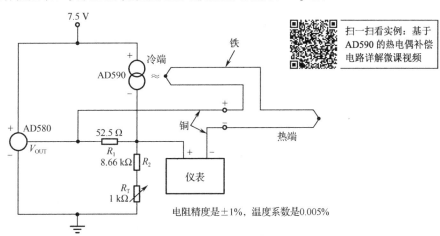

扫一扫看实例：基于 AD590 的热电偶补偿电路详解微课视频

图 2-27　基于 AD590 的热电偶补偿电路

差分测量电路如图 2-28 所示。滑动变阻器 R_2 的作用是调零，使得运算放大器 AD707A

的输出只与两个 AD590L 测得的温度 T_1 和 T_2 相关。例如，两个 AD590L 之间的固有偏移量、正负电源之间的差异都可以通过调整 R_2 消除。该方法可以用来测量传感器在流体水平探测器或风速测量等应用中的环境热阻。

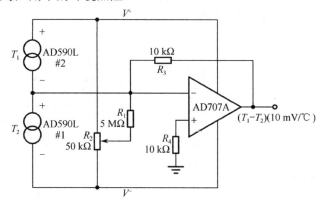

图 2-28 差分测量电路

2.4.2 LM3911 电压型集成温度传感器

LM3911 是四端型的一款电压型集成温度传感器，可在-25～+85 ℃温度范围内使用。它包括一个温度传感器、一个稳定的参考电压（6.8V）和一个运算放大器，内部框图如图 2-29 所示。LM3911 的输出电压与温度成正比，输入偏置电流很低，温度相对恒定，确保在使用高源阻抗时的高精度。LM3911 通常有两种封装形式，如图 2-30 所示，即一个 TO-46 和一个 8-铅环氧树脂 DIP。在环氧树脂封装中，所有电气连接都安装在装置的一侧，其他四个引脚用于将 LM3911 连接到温度源上。

LM3911 主要特性有：

（1）最大工作温度范围：-40～+125 ℃；

（2）灵敏度：10 mV/K；

（3）线性偏差：0.5%～2%；

（4）长期稳定性和重复性：0.3%；

（5）测量精度：±4 K；

（6）输出能驱动高达 35 V 的负载；

（7）低功耗。

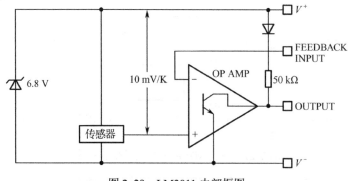

图 2-29 LM3911 内部框图

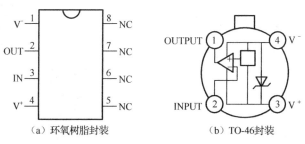

图 2-30 LM3911 封装和引脚分布

使用 LM3911 时要注意：虽然其设计是高精度的，但应采取一定的预防措施，以确保最佳的性能。与其他温度传感器一样，内部功率消耗将使传感器的温度高于环境温度。因此，传感器应该在尽可能低的功率水平下工作。利用移动的空气、液体或表面温度传感器，可以解决内部功耗问题（自热）。LM3911 内部有一个小翅片夹式散热器，可以有效地将热量转移。LM3911 是封装好的，因此基础耦合电路是非常必要的。LM3911 内部参考稳压器提供一个温度稳定电压，用于补偿输出或在温度控制器中设置一个比较点。然而，由于该参考温度与传感器温度相同，变化也会引起参考漂移。对于需要最大精确度的应用，必须使用外部参考电路。当然，对于固定温度的控制应用，内部参考是足够的。

LM3911 的基本应用电路如图 2-31 所示。

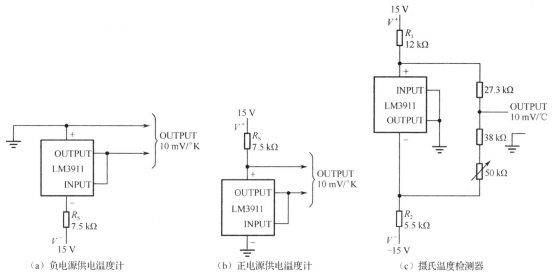

图 2-31 LM3911 基本应用电路

图 2-31（a）所示为负电源供电时的温度计电路，输出电压与绝对温度之间存在关系 10 mV/K，R_s 的值由电源电压大小决定：$R_s = (V^- - 6.8) \times 10^3 \ \Omega$。

图 2-31（b）所示为正电源供电时的温度计电路，输出电压与绝对温度之间存在关系 10 mV/K，$R_s = (V^+ - 6.8) \times 10^3 \ \Omega$。

图 2-31（c）所示为摄氏温度检测器，该电路利用传感器自身的参考电压分压，而得到 2.73 V 作为其偏置电压，这样输出电压移动-2.73 V。也就是说，当 $t=0$ ℃时（273 K），输出电压为 0。因此输出电压直接指示摄氏温度，而不是绝对温度。

扫一扫看集成温度传感器 DS18B20 教学课件

2.4.3 DS18B20 数字型集成温度传感器

DS18B20 是常用的数字型温度传感器，其输出的是数字信号，具有体积小、硬件开销低、抗干扰能力强、精度高的特点。典型的封装形式和引脚分布如图 2-32 所示（V_{DD} 为电源正端，GND 为地端子），根据应用场合的不同而改变其外观，封装后的 DS18B20 可用于电缆沟测温、高炉水循环测温、锅炉测温、机房测温、农业大棚测温、洁净室测温、弹药库测温等各种非极限温度检测场合。DS18B20 耐磨耐碰，体积小，使用方便，封装形式多样，适用于各种狭小空间设备数字测温和控制领域。

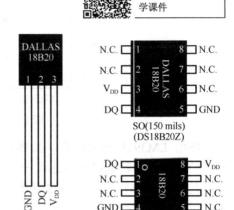

图 2-32 DS18B20 封装形式和引脚分布

扫一扫看集成温度传感器 DS18B20 微课视频

1. 特性

DS18B20 主要特性如下。

（1）独特的单线接口方式，DS18B20 在与微处理器连接时仅需要一条口线即可实现微处理器与 DS18B20 的双向通信。

（2）测温范围为$-55\sim+125$ ℃，精度最低为±0.5 ℃，最高为±0.0625 ℃。

（3）支持多点组网功能，多个 DS18B20 可以并联在总线上，实现组网多点测温。

（4）工作电源：DC 3.0$\sim$5.5 V；可由总线供电。

（5）在使用中不需要任何外围元件。

（6）测量结果以 9$\sim$12 位数字量方式串行传送，同时可传送 CRC 校验码，具有极强的抗干扰纠错能力。

2. 供电方式

DS18B20 工作时，可由单片机等主控供电，也可由外部电源单独供电，如图 2-33 所示。图 2-33 中单线总线模式是指在电路中只有一块主控，DS18B20 作为从设备，总线上可以悬挂一个或多个 DS18B20。本书中仅列举该种模式下的应用。

3. 输出数据格式

DS18B20 的分辨率可由用户配置为 9 位、10 位、11 位或 12 位，分别对应 0.5 ℃、0.25 ℃、0.125 ℃和 0.0625 ℃的分辨率。启动时的默认分辨率是 12 位，即 0.125 ℃，此时 DS18B20 处于低功率空闲状态。要开始温度测量和 A/D 转换，主机必须发出转换 T[44h]命令。在转换之后，产生的温度数据被存储在 2 字节（16 位）温度寄存器中，DS18B20 返回到空闲状态。如果 DS18B20 由外部电源供电，主机可以在转换 T 命令后发出读时序，DS18B20 将在温度转换进行时发送"0"，转换完成时发送"1"。DS18B20 的输出温度数据是以摄氏度为单位校准的，必须使用冷却表或转换程序才能转为华氏温度。

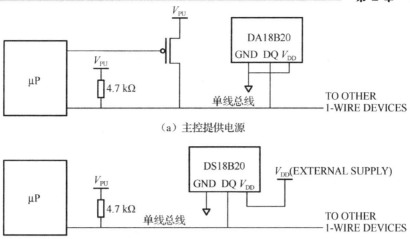

（a）主控提供电源

（b）外部提供电源

图 2-33 DS18B20 的连接图

温度数据在 2 字节温度寄存器中的存储格式如表 2-5 所示。符号位 S 表示温度是正数还是负数："0" 表示正数，"1" 表示负数。如果 DS18B20 配置为 12 位分辨率，则温度寄存器中的所有位都将包含有效数据；对于 11 位分辨率，BIT 0 是未定义的；对于 10 位分辨率，BIT 1 和 BIT 0 是未定义的；对于 9 位分辨率，BIT 2、BIT 1 和 BIT 0 是未定义的。12 位分辨率时数字输出数据和温度读数之间的关系如表 2-6 所示。

表 2-5 DS18B20 温度数据寄存器（2 位补码形式）

	BIT 7	BIT 6	BIT 5	BIT 4	BIT 3	BIT 2	BIT 1	BIT 0
低八位	2^3	2^2	2^1	2^0	2^{-1}	2^{-2}	2^{-3}	2^{-4}
	BIT 15	BIT 14	BIT 13	BIT 12	BIT 11	BIT 10	BIT 9	BIT 8
高八位 S=SIGN	S	S	S	S	S	2^6	2^5	2^4

表 2-6 DS18B20 输出数据与温度之间的关系

温度/℃	数字输出（二进制）	数字输出（HEX）
+125	0000 0111 1101 0000	07D0h
+85	0000 0101 0101 0000	0550h
+25.0625	0000 0001 1001 0001	0191h
+10.125	0000 0000 1010 0010	00A2h
+0.5	0000 0000 0000 1000	0008h
0	0000 0000 0000 0000	0000h
−0.5	1111 1111 1111 1000	FFF8h
−10.125	1111 1111 0101 1110	FF5Eh
−25.0625	1111 1110 0110 1111	FE6Fh
−55	1111 1100 1001 0000	FC90h

4. 时序图

DS18B20 的控制时序如图 2-34 所示，图中 V_{PU} 为 DQ 信号端。所有与 DS18B20 的通信都是从一个初始化时序开始的，这个时序包括来自主机的复位脉冲和来自 DS18B20 的存在脉冲，如图 2-34（a）所示。当 DS18B20 发送存在脉冲以响应复位时，它向主机指示它在总线上并准备操作。在初始化时序期间，总线主机通过拉动单线总线至少 480 μs 来传送复位脉冲。然后总线主机释放总线并进入接收模式（rx）。当总线释放时，5 kΩ上拉电阻将单线总线拉到高处。当 DS18B20 探测到这个上升边缘时，它等待 15～60 μs，然后通过拉动总线 60～240 μs 传送一个存在脉冲。

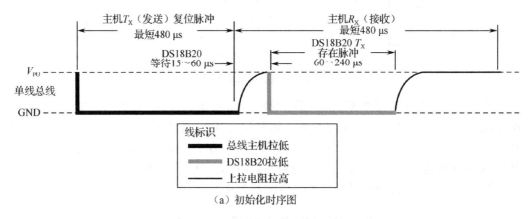

（a）初始化时序图

图 2-34　DS18B20 时序图

总线主机在写入时隙期间将数据写入 DS18B20，在读取时隙期间从 DS18B20 读取数据。每个时隙通过单总线传输一位数据，有写 1 时隙和写 0 时隙两种写时隙。总线用写 1 时隙写一个逻辑 1 到 DS18B20，用写 0 时隙写一个逻辑 0 到 DS18B20。所有的写时隙必须至少持续 60 μs，每个写时隙之间至少有 1 μs 的恢复时间。这两种类型的写时隙都是由主机拉低总线启动的，如图 2-34（b）所示。为了生成写 1 时隙，在将 1 总线拉低后，总线主机必须在 15 μs 内释放总线。当总线被释放时，5 kΩ上拉电阻将把总线拉高。为了生成一个写 0 时隙，在将总线拉低之后，总线控制器必须在该时隙（至少 60 μs）的持续时间内继续将总线拉低。DS18B20 在主控者启动写入时隙后，在窗口内对单总线进行采样，采样时间为 15～60 μs。如果在采样窗口期间总线是高的，那么"1"写到 DS18B20；如果线路是低的，那么"0"写到 DS18B20。

DS18B20 只能在主服务器读取时隙时向主服务器发送数据。因此，主机必须在发出 [BEh]或[B4h]命令后立即生成读取时隙，以便 DS18B20 能够提供所请求的数据。此外，主机可以在发出[44h]或[b8h]命令后读取时隙，以查明操作的状态。读取时间槽由主设备启动，主设备将总线低至 1 μs 的最小值，然后释放总线，如图 2-34（c）所示。主机启动读取时隙后，DS18B20 将开始在总线上传输"1"或"0"。DS18B20 通过将总线拉高传送"1"，通过将总线拉低传送"0"。当发送"0"时，DS18B20 将在时隙结束时释放总线，并通过上拉电阻器将总线拉回到高空闲状态。DS18B20 的输出数据在启动读取时隙的下降沿之后 15 μs 内有效。

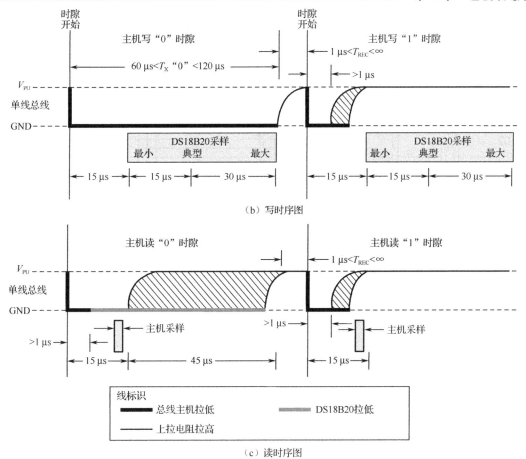

（b）写时序图

（c）读时序图

图 2-34 DS18B20 时序图（续）

5. 典型应用

DS18B20 通常与单片机等微处理器进行连接，典型应用电路如图 2-35 所示。其中 U1 为 AT89C52 单片机，DS18B20 测量的温度信号从 DQ 信号端输入单片机的 P3.4 口，单片机根据 DS18B20 的数据时序编写读写代码，解析接收到的信号，并将结果显示在 LCD 屏上。

6. 集成温度传感器的选型

不同厂商的集成温度传感器有不同的型号，表 2-7 所示为 ADI 公司部分集成温度传感器的参数，选购时要重点关注以下技术参数。

（1）输出信号类型，如电压、电流或数字信号；一般电流型或电压型温度传感器可构成模拟电路单独使用，数字型温度传感器通常与微处理器相连，因此数字型温度传感器还要关注输出数据格式，如 SPI、I^2C 等。

（2）测温范围及测量精度，如 ADT7320 的测温范围是-40～+150 ℃，测量精度是 ±0.25 ℃。

（3）电源电压范围及额定电流，如 LTC2986 的电压范围是 2.85～5.25 V，额定电流是 15 mA。

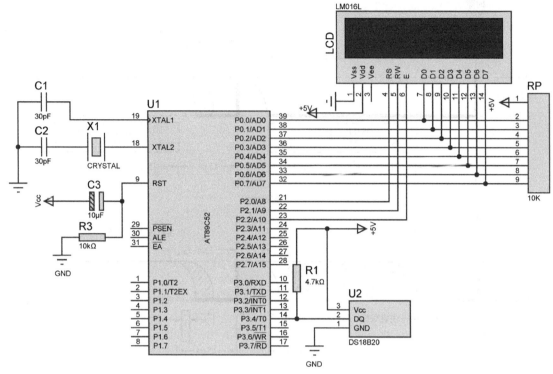

图 2-35 基于 DS18B20 和 51 单片机的电子温度计

（4）传感器的价格和封装形式。

根据以上参数大致选定温度传感器后，需要下载数据手册查看更详细的参数，以进行进一步选择或使用。

表 2-7 ADI 公司部分集成温度传感器的参数

型号	测温范围/℃	ADC	产品描述	输出数据格式	V_{s+} (min) /V	V_{s+} (max) /V	I_s (typ) /A	价格 (1000+) / 美元	封装
LTC2986	−40～+85	24 bit	具有 EEPROM 的多传感器高准确度数字温度测量系统	SPI	2.85	5.25	15 m	16.56	48 ld LQFP （7 mm×7 mm）
ADT7320	−40～+150		±0.25℃ 精度的 16 位数字 SPI 温度传感器	Digital	2.7	5.5	210 μ	3.10	16 ld LFCSP 4×4
ADT7420	−40～+150	16	±0.25℃ 精度、16 位数字 I²C 温度传感器	Digital, I²C	2.7	5.5	210 μ	3.10	16 ld LFCSP 4×4
ADT7312	−55～+175	16	汽车应用、±1℃ 精度、裸片形式的 16 位 175℃ 数字 SPI 温度传感器	Digital	2.7	5.5	245 μ	75.00	CHIPS OR DIE
LTC2991	−40～+85	14 bit	8 通道 I²C 电压、电流和温度监视器	SPI	3	5.5	1.1 m	4.50	16 ld MSOP

型号	测温范围/℃	ADC	产品描述	输出数据格式	V_{S+}(min)/V	V_{S+}(max)/V	I_S(typ)/A	价格(1000+)/美元	封装
ADT7410	−55～+150	16	±0.5℃精度、16 位数字 I²C 温度传感器	Digital, I²C, SMBus	2.7	5.5	210 μ	1.36	8 ld SOIC
ADT7302	−40～+125		±2℃精度、微功耗数字温度传感器，采用 6 引脚 SOT-23 封装	Digital	2.7	5.25	2.2 m	0.80	6 ld SOT-23,8 ld MSOP
ADT7470	−40～+125		温度传感器集线器和风扇控制器	Digital, I²C	3	5.5	500 μ	2.25	16 ld QSOP
TMP05	−40～+150		±0.5℃精度的 PWM 温度传感器，采用 5 引脚 SC-70 封装	Digital, PWM	3	5.5	650 μ	0.72	5 ld SC70,5 ld SOT-23
TMP06	−40～+150		±0.5℃精度的 PWM 温度传感器，采用 5 引脚 SC-70 封装	Digital, PWM	3	5.5	650 μ	0.83	5 ld SC70,5 ld SOT-23
ADT7316	−40～+120	12	±0.5℃精度数字温度传感器和四通道电压输出 12 位 DAC	Digital	2.7	5.5	2.2 m	4.68	16 ld QSOP
ADT7411	−40～+120	10	SPI/I²C 兼容、10 位数字温度传感器和 8 通道 ADC	Digital, I²C	2.7	5.5	3 m	2.29	16 ld QSOP
ADT7516	−40～+120	4	SPI/I²C 兼容、温度传感器、4 通道 ADC 和 4 路电压输出	Analog, Digital, I²C, SPI	2.7	5.5	3 m	4.68	16 ld QSOP
AD7314	−35～+85		采用 8 引脚 μSOIC 封装的完整温度监控系统	Digital, Serial	2.65	5.5	300 μ	1.01	8 ld MSOP

2.5 红外传感器

扫一扫看其他温度传感器教学课件

　　红外传感器是能将红外辐射能转换成电能的光敏器件，可用于检测物体的温度、距离等物理量，常见的红外传感器有热释电红外传感器、手持式红外温度计、红外生命探测仪等，外形如图 2-36 所示。红外传感器具有以下几个特点。

　　（1）测量时不与被测物体直接接触，因而不存在摩擦。

　　（2）可昼夜测量。

　　（3）不必设光源。

扫一扫看其他温度传感器微课视频

　　（4）适用于遥感技术。

 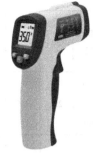 

（a）热释电红外传感器　　（b）手持式红外温度计　　（c）红外生命探测仪

图 2-36　红外传感器的外形

2.5.1　红外传感器的工作原理

1. 红外探测的物理基础

红外线是一种不可见光，是位于可见光红色光以外的光线，故称红外线。它的波长范围为 $0.76\sim1000\ \mu m$，红外线在电磁波谱中的位置如图 2-37 所示。工程上又把红外线所占据的波段分为四部分，即近红外、中红外、远红外和极远红外。

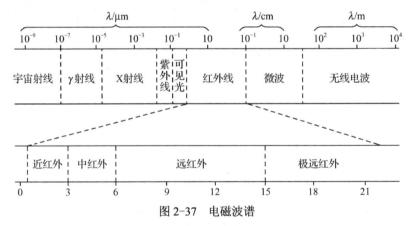

图 2-37　电磁波谱

红外辐射的物理本质是热辐射。一个炽热物体向外辐射的能量大部分是通过红外线辐射出来的。物体的温度越高，辐射出来的红外线越多，辐射的能量就越强。而且，红外线被物体吸收时，可以显著地转变为热能。

红外辐射和所有电磁波一样，是以波的形式在空间直线传播的。它在大气中传播时，大气层对不同波长的红外线存在不同的吸收带，红外线气体分析器就是利用该特性工作的，空气中对称的双原子气体，如 N_2、O_2、H_2 等不吸收红外线。而红外线在通过大气层时，有三个波段透过率高，分别为 $2\sim2.6\ \mu m$、$3\sim5\ \mu m$ 和 $8\sim14\ \mu m$，它们统称为"大气窗口"。这三个波段对红外探测技术特别重要，因为红外传感器一般都工作在这三个波段（大气窗口）内。

在自然界中只要物体本身具有一定温度（高于绝对零度），都能辐射红外线。例如，电机、电器、炉火，甚至冰块都能产生红外辐射。

红外线和所有电磁波一样，具有反射、折射、散射、干涉、吸收等特性。能全部吸收投射到它表面的红外辐射的物体称为黑体；能全部反射红外辐射的物体称为镜体；能全部透过红外辐射的物体称为透明体；能部分反射、部分吸收红外辐射的物体称为灰体，严格地讲，在自然界中，不存在黑体、镜体与透明体。

人体的正常体温为 36～37.5 ℃，即 309～310.5 K，其辐射的最强的红外线的波长为 λ_m=2897/(309～310.5)= 9.33～9.37（μm），中心波长为 9.35 μm。

2. 红外传感器的结构

红外传感器的一般结构有以下几部分。

（1）待测目标：根据待测目标的红外辐射特性可进行红外系统的设定。

（2）大气衰减：待测目标的红外辐射通过地球大气层时，由于气体分子和各种气体及各种溶胶粒的散射和吸收，红外源发出的红外辐射发生衰减。

（3）光学接收器：它接收目标的部分红外辐射并传输给红外传感器。光学接收器相当于雷达天线，常用的是物镜。

（4）辐射调制器：将来自待测目标的辐射调制成交变的辐射光，提供目标方位信息，并可滤除大面积的干扰信号。其又称为调制盘和斩波器，具有多种结构。

（5）红外探测器：这是红外系统的核心。它是利用红外辐射与物质相互作用所呈现出的物理效应探测红外辐射的传感器，多数情况下是利用这种相互作用所呈现出来的电学效应。

（6）探测器制冷器：由于某些探测器必须要在低温下工作，因此相应的系统必须有制冷设备。经过制冷，设备可以缩短响应时间，提高探测灵敏度。

（7）信号处理系统：将探测的信号进行放大、滤波，并从这些信号中提取出信息，然后将此类信息转化成所需的格式，最后输送到控制设备或显示器中。

（8）显示设备：这是红外设备的终端设备。常用的显示器有示波器、显像管、红外感光材料、指示仪器和记录仪等。

3. 红外探测器

红外传感器一般由光学系统、探测器、信号调理电路及显示设备等组成。红外探测器是红外传感器的核心，红外探测器种类很多，常见的有两大类：热探测器和光子探测器。

1）热探测器

热探测器利用红外辐射的热效应，探测器的敏感元件吸收辐射能后引起温度升高，进而使有关物理参数发生相应变化，通过测量物理参数的变化，便可确定探测器所吸收的红外辐射。

热探测器的探测率比光子探测器的峰值探测率低、响应时间长。但热探测器主要优点是响应波段宽，响应范围可扩展到整个红外区域，可以在室温下工作，使用方便，应用相当广泛。

热探测器主要类型有热释电型、热敏电阻型、热电偶型和气体型四种探测器。而热释电红外探测器在热探测器中探测率最高，频率响应最宽，所以这种探测器备受重视，发展很快，这里主要介绍热释电红外探测器。

热释电红外探测器是由具有极化现象的热晶体或被称为"铁电体"的材料制作的。铁电体的极化强度（单位面积上的电荷）与温度有关。当红外辐射照射到已经极化的铁电体薄片表面上时，引起薄片温度升高，使其极化强度降低，表面电荷减少，这相当于释放一部分电荷，所以叫热释电红外探测器。如果将负载电阻与铁电体薄片相连，则负载电阻上便产生一个电信号输出。输出信号的强弱取决于薄片温度变化的快慢，从而反映出入射的红外辐射的强弱，热释电红外探测器的电压响应率正比于入射光辐射率变化的速率。热释电红外探测器能检测人或某些动物发射的红外线并将其转换成电信号。

2）光子探测器

光子探测器利用入射红外辐射的光子流与探测器材料中的电子相互作用，从而改变电子的能量状态，引起各种电学现象，称为光子效应。通过测量材料电子性质的变化，可以知道红外辐射的强弱。利用光子效应制成的红外探测器，统称为光子探测器。光子探测器有内光电和外光电探测器两种，后者又分为光电导、光生伏特和光磁电探测器三种。光子探测器的主要特点是灵敏度高，响应速度快，具有较高的响应频率，但探测波段较窄，一般需在低温下工作。

2.5.2　红外传感器的应用

红外技术是在最近几十年中发展起来的一门新兴技术。它已在科技、国防和工业生产等领域获得了广泛的应用。红外传感器按其应用可分为以下几方面。

（1）红外辐射计，用于辐射和光谱辐射测量。

（2）搜索和跟踪系统，用于搜索和跟踪红外目标，确定其空间位置并对它的运行进行跟踪，如红外生命探测仪。

（3）热成像系统，可产生整个目标红外辐射的分布图像，如红外图像仪、多光谱扫描仪。

（4）红外测距和通信系统。

（5）混合系统，是指以上各类系统中的两个或多个的组合。

下面介绍几个红外传感器的典型应用实例。

1. 红外测温

在实际测量温度时，2000 ℃以下高温区域一般采用热电偶测量。钨铼热电偶作为一种高温热电偶，其测温上限也只有 2100 ℃。因此，对于 2000 ℃以上的高温区域，如达到 5500 ℃，已无法用常规的温度传感器来检测，多采用辐射温度计进行测量。红外温度计既可以用于高温测量，又可以用于冰点以下的温度测量，这是辐射温度计的发展趋势。红外测温仪是利用热辐射体在红外波段的辐射通量来测量温度的。数字式红外测温仪的工作原理如图 2-38 所示：被测物体辐射出的红外能量通过空气传送到红外测温仪的物镜，物镜把红外线汇聚到红外探测器上，探测器将辐射能转换成电信号，又通过前置放大器、主放大器将信号放大、整形、滤波后，经过 A/D 转换电路处理后输入微处理器。微处理器进行环境温度补偿，并对温度值进行校正后驱动显示电路显示温度值。同时，微处理器还发出相应的报警信号，并且接受按键输入的发射率以完成发射率设定。

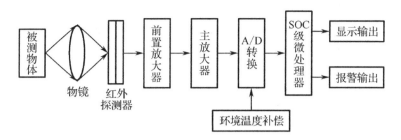

图 2-38　数字式红外测温仪的工作原理

2. 红外热成像

红外热成像被运用于光电技术检测物体热辐射的红外线特定波段信号，将该信号转换成可供人类视觉分辨的图像和图形，并可以进一步计算出温度值。红外热成像技术使人类克服了视觉障碍，让人们可以"看到"物体表面的温度分布状况。红外热成像技术可以用于电力系统的故障监测。某电力系统红外成像图如图 2-39 所示，从图中可以看出中间某处为黄色，这是因为此处的温度过高。结合图像处理技术和信号处理技术，可以实时监控电力系统，保证系统的安全性。

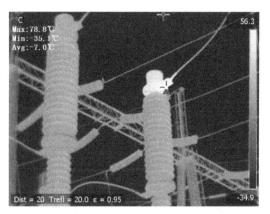

图 2-39　电力系统红外成像图

3. 红外探伤

红外探伤是通过测量热流或热量来鉴定金属或非金属材料的质量，探测内部缺陷的技术。与 X 射线探伤、超声波探伤相比，红外探伤有其独特的应用场合。红外探伤分为主动式和被动式两种：主动式是人为地在被测物体上注入固定热量，探测物理表面热量或热流变化规律，并据此分析判断物体的质量；被动式是用物体自身的辐射作为辐射源，探测器辐射的强弱或分布情况，来判断物体内部有无缺陷。

1）焊接缺陷检测

焊口表面凹凸不平，采用超声波、涡流、X 射线等难以发现缺陷，而红外探伤则不受表面形状限制，能方便和快速地发现焊接区域的各种缺陷。假设某一金属板焊接区有一气孔，检测时先将一交流电压加在焊接区的两端，在焊口处就会有交流电流经过。由于电流的集肤效应，靠近表面的电流密度比下层大。由于电流的作用，焊口将产生一定的热量，热量的大小与材料的电阻率和电流密度的平方成正比。在没有缺陷的焊接区，电流分布是均匀的，各处产生的热量大致相等，焊接区的表面温度分布是均匀的。而对于存在缺陷的区域，由于气孔的电阻很大，这一区域损耗增加，温度升高。应用红外温度传感器能清楚地检测出热点，由此判断缺陷的位置。

2）铸件内部缺陷检测

有些精密铸件内部非常复杂，采用传统的方法难以探测缺陷。而用红外探伤就能解决这些问题。当用红外探伤时，只需在铸件内部通以液态氟利昂冷却，使冷却通道内有最好的冷却效果，然后利用红外热成像仪快速扫描整个表面。如果通道内有残余型芯或壁厚不匀，在热像图中即可明显地看出。如果冷却通道通畅，冷却效果良好，则热像图上显示一系列均匀的白色条纹；如果通道阻塞，冷却液体受阻，则在阻塞处显示出黑色条纹。

3）疲劳裂纹检测

利用红外探伤还可以对飞机或导弹蒙皮进行疲劳裂纹探测，如图 2-40 所示。检测时，采用一个点辐射源在蒙皮表面一块小面积上注入能量，然后利用红外辐射温度计测量表面温度。当蒙皮表面存在疲劳裂纹时，裂纹不让热流通过，导致裂纹两边温度都很高。当热源移到裂纹上时，表面温度下降到正常温度。在实际测量时，由于受辐射源尺寸和位置、高速扫描速度的影响，温度曲线呈现出图中实线的形状。

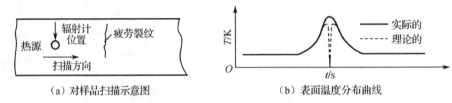

（a）对样品扫描示意图 　　　　（b）表面温度分布曲线

图 2-40　红外探测疲劳裂纹

Proteus 软件是功能强大且使用方便的一款仿真软件，接下来的两个温度传感器实验都是基于 Proteus 仿真软件实现的。不熟悉软件使用的读者，请参照附录 D。

实验 1　基于 Proteus 的铂热电阻报警电路设计

1. 实验目的

掌握铂热电阻的工作原理和典型应用。

扫一扫看实验 1 基于
Proteus 的铂热电阻温
度报警电路微课视频

2. 实验原理

如图 2-41 所示，RT1 为 Pt100 铂热电阻，随温度的上升阻值会增大。U1A、U1B、U1C 为三个集成运算放大器，构成比较电路。当 Pt100 温度上升时，Pt100 阻值增大，U1A、U1B、U1C 的正端输入电压值相等并上升，当运算放大器 U1A 的正端输入电压高于负端电压时，运算放大器输出高电平，对应的发光二极管就会被点亮，实现温度报警功能。

3. 实验步骤

（1）在 Proteus 软件中导入元件，元件列表如图 2-42 所示。

（2）连接电路图。

（3）单击 ▶｜▶▶｜Ⅱ｜■ 按钮，开始仿真，观察三个发光二极管的亮灭情况，用电压测量功能测量表 2-8 中各点的电压值。

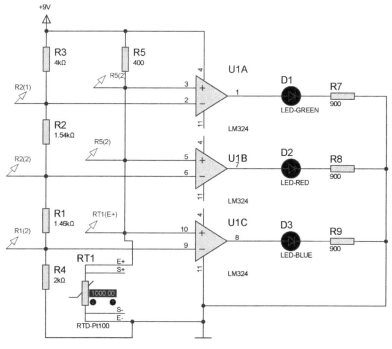

图 2-41　电路图　　　　　　　　　　　　图 2-42　元件列表

表 2-8　测量数据

Pt100 温度/℃	U1A 正端输入电压/V	U1A 负端输入电压/V	U1B 负端输入电压/V	U1C 负端输入电压/V	D1	D2	D3
0							
100							
500							
1000							

（4）修改仿真温度，记录数据。

① 单击电路图中 RT1 上的"上下"按钮，可以调节 Pt100 传感器的温度。

② 选中 RT1，右击，选择 Edit properties 选项，在弹出的对话框中，选择 Actual Temperature 选项也可以修改 Pt100 传感器温度。

（5）修改电阻 R1～R5 的阻值，实现当 t>30 ℃时，D3 亮；当 t>450 ℃时，D3、D2 均亮；当 t>1000 ℃时，D3、D2、D1 全亮。

实验 2　基于 Proteus 的热电偶温度计应用

扫一扫看实验 2 基于 Proteus 的热电偶温度计应用微课视频

1. 实验目的

掌握热电偶工作原理、冷端补偿方法和典型应用。

2. 实验原理

在工业温度测控场合，K 型热电偶因其线性度好、价格便宜、测量范围宽而得到广泛应用，但它往往需要冷端补偿，且电路较复杂、调试麻烦。MAXIM 公司生产的 K 型热电偶串行模数转换器 MAX6675 不但可将模拟信号转换成 12 位对应的数字量，而且自带冷端补偿。其温度分辨能力达 0.25 ℃，可以满足绝大多数工业应用场合。MAX6675 采用 SO-8 封装，体积小，可靠性好，如图 2-43 所示。

本实验采用热电偶专用温度补偿芯片 MAX6675 来进行温度补偿。如图 2-44 所示，K 型热电偶的输出热电动势接入 MAX6675 中，经 MAX6675 处理后，以 SPI 串行总线的形式输出数字温度信号给 C51 单片机。C51 单片机根据 MAX6675 的通信协议和通信时序解读出串行数据代表的实际温度值，并显示出来。

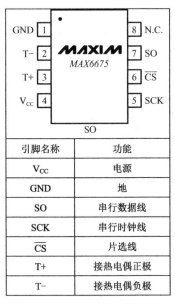

图 2-43　MAX6675 引脚分布

引脚名称	功能
V_{CC}	电源
GND	地
SO	串行数据线
SCK	串行时钟线
$\overline{CS}$	片选线
T+	接热电偶正极
T-	接热电偶负极

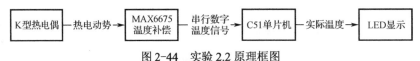

图 2-44　实验 2.2 原理框图

MAX6675 以 SPI 方式输出 12 位有效的数字温度信号，D3～D14 为 12 位有效温度位；D15 为符号位，始终为 0；当有热电偶接入时 D2 由 0 变为 1；D1 代表设备号。MAX6675 通信协议图如图 2-45 所示。

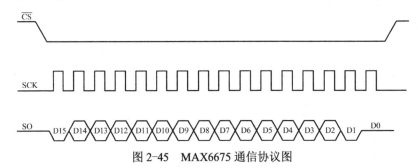

图 2-45　MAX6675 通信协议图

3. 实验步骤

（1）导入元件，元件列表如图 2-46 所示。

（2）连接电路图。

（3）分析原理，尝试画软件流程图。

（4）在 Keil C51 等软件中编写单片机代码，并编译生成目标文件 tck.hex。

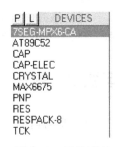

图 2-46　元件列表

（5）回到 Proteus 界面，双击 51 芯片，弹出图 2-47 所示的对话框，在 Program File 中单击"文件打开"按钮，选择 keil 工程中生成的 tck.hex 文件即可。

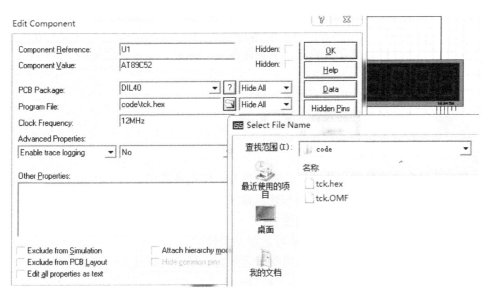

图 2-47　在 Proteus 中导入 hex 目标文件

（6）单击"仿真运行"按钮，即可实现温度的测量和显示，如果显示数值不正确，则应检查电路图或调试程序。

4．拓展练习

参照本实验的方法，结合图 2-33 和图 2-34，编写 DS18B20 初始化和读写代码，实现基于 Proteus 的 DS18B20 温度计的仿真。仿真结果如图 2-48 所示。

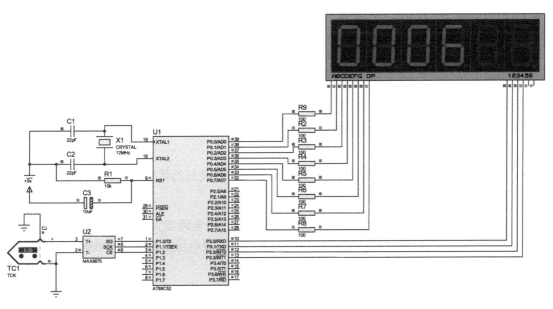

图 2-48　仿真结果

实战项目 1　热释电位置报警器的制作与调试

<table>
<tr><td align="center">任务描述</td></tr>
</table>

制作与调试一台热释电位置报警器，实现温度量程标定、实时温度显示。

要求：

（1）完成所选用热释电传感器温度量程标定工作；

（2）分小组完成仪器实物的设计与制作；

（3）提交系统设计报告和实物使用说明。

目标：

（1）掌握热释电传感器的工作原理、应用场合、使用及选用；

（2）掌握热释电位置报警器的检测与处理系统构成基础，了解仪器的组成；

（3）初步具备自动检测系统故障的能力；

（4）掌握现场 6S 管理规范，养成良好的职业素养；

（5）树立安全文明生产意识，培养组织管理能力、团队合作能力，提高自学能力。

<table>
<tr><td align="center">知识准备</td></tr>
</table>

1. 电路结构与特点

热释电位置报警器电路如图 2-49 所示，电路共分为 5 个模块。

1）热释电传感器

RE200B 是一款热释电红外传感器，内部由晶体材料构成，当这种晶体表面受到红外线照射时，会在晶体表面产生电荷。随着光线对晶体照射的改变，电荷量也会发生改变。这个改变的电信号可以通过场效应管来进行测量。使用该原理制作的热释电传感器对不同波长的光线照射都能产生不同程度的响应，因此在传感器前会加入一个滤镜窗口，使其只对特定波长的光线产生响应。例如，RE200B 通过加装滤镜窗口只允许传感器检测人体辐射的红外线波长，此时滤光波长为 8～14 μm。

2）滤波放大

RE200B 输出信号中包含"噪声"，为保证信号质量可加入滤波放大电路，滤波噪声并放大输出信号。R_3 和 C_3 实现高通滤波，R_4 和 C_2 实现低通滤波。

3）第二级放大

由 U1B 为主体构成第二级放大电路，用于再次放大滤波后的传感信号。

4）双限比较

由 U2A 和 U2B 为主体构成双限比较放大电路。经过该电路放大后的人体传感信号电压波峰值大于 3.7 V，波谷值小于 1.2 V，即可通过标定上下限电压差判断被测物是否为人体。

5）报警输出

当人体靠近 RE200B 时，蜂鸣器完成报警输出。

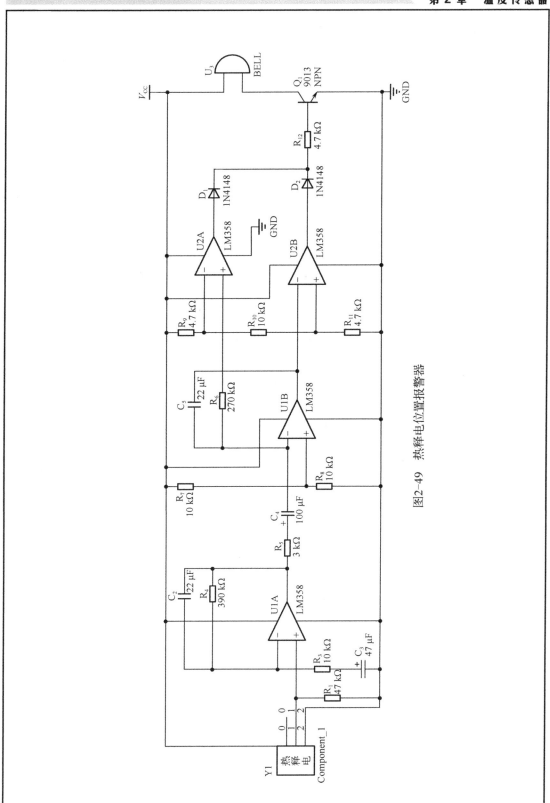

图2-49　热释电位置报警器

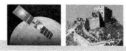

2. 元器件清单

元器件清单如表2-9所示。

表2-9 元器件清单

序号	元件符号	元件名称	数值或型号	数量
1	D_1、D_2	二极管	1N4148	2
2	R_1	电阻	47 kΩ	1
3	R_3、R_7、R_8、R_{10}	电阻	10 kΩ	4
4	R_5	电阻	3 kΩ	1
5	R_9、R_{11}、R_{12}	电阻	4.7 kΩ	3
6	C_2、C_5	电容	22 μF	1
7	C_3	电容	47 μF	1
8	C_4	电容	100 μF	1
9	R_6	电阻	270 kΩ	1
10	R_4	电阻	390 kΩ	1
11	Q_1	三极管	9013	1
12	U_3	蜂鸣器	BELL	1
13	U1、U2	运算放大器	LM358	4
14	Y1	传感器	RE200B	1

制作与调试

1. 制作

按图2-49所示的电路结构与元器件尺寸设计印制电路板，并装焊好元器件。

2. 调试

（1）测量响应距离：将电路板平放于桌面，并在桌面上垂直放一把直角三角尺。用手沿尺子垂直向下缓慢匀速靠近传感器RE200B，当蜂鸣器发出报警时，读取尺子上的刻度，并在表2-10中记录结果。重复5次，取平均值。

（2）响应角度：用手沿直角三角尺分别以30°、45°和60°缓慢匀速靠近RE200B，观察蜂鸣器是否发出报警，并记录结果。

（3）人体移动速度的响应范围：采用与之前不同的角度以非匀速方式进行测量，并记录结果。

（4）抗干扰能力：在日光灯直接照射RE200B的情况下，分别完成前述3种测量，记录测试结果，并比较，如表2-10所示。

（5）误报率：通过对无干扰情况和有干扰情况的记录结果的分析，计算该热释电报警器的误报率。

表 2-10　检测结果记录表

无干扰		检测结果	有干扰（日光灯）		检测结果
匀速靠近	90°垂直		匀速靠近	90°垂直	
	60°夹角			60°夹角	
	45°夹角			45°夹角	
	30°夹角			30°夹角	
误报率			误报率		
变速靠近	90°垂直		变速靠近	90°垂直	
	60°夹角			60°夹角	
	45°夹角			45°夹角	
	30°夹角			30°夹角	
误报率			误报率		

3. 分析

本报警装置的平均误报率、可用性、适用性如何？

思考：如在强干扰环境中，应该怎么安装或优化本报警装置？

总结与评价

1. 自我总结

（1）请总结你在整个任务完成过程中做得好的是什么？还有什么不足？有何打算？

（2）在整个任务完成过程中你发现了哪些问题？你是如何解决的？还有什么问题不能解决？将调试中出现的问题与解决方法写到表 2-11 中。

表 2-11　调试中出现的问题与解决方法

故障内容	故障现象	故障原因	排除方法

2. 评价

（1）同学互评：

同学签字：　　　　　　　　　日期：

（2）教师评价：

教师签字：　　　　　　　　　日期：

被评价人签字：　　　　　　　　　日期：

知识梳理与总结 2

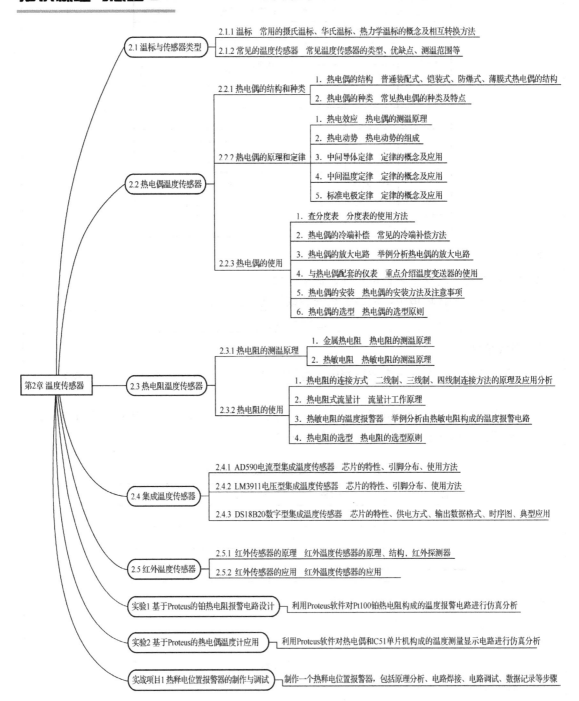

习题 2

扫一扫看习题 2 参考答案

1. 热电偶的测温原理是什么？

2. 热电偶的冷端补偿方法有哪些？

3. 热电阻的连接方式有哪几种？分别用在什么场合？

4. 为什么用三线制连接方法可以抵消掉导线电阻带来的测量误差？

5. 试着从原理、测温范围、输出信号、材料等方面来分析热电偶和金属热电阻的区别。

6. 与模拟温度传感器相比，数字式温度传感器有哪些特点？

7. 用 K 型热电偶测炉温，当冷端温度为 20 ℃（恒定），测出的热端温度为 T 时热电势为 18.05 mV，求炉子的真实温度。

8. 在一个实际的 K 型热电偶测温系统中，配用 K 型热电偶温度显示仪表显示被测温度的大小。测温对象是炉膛温度为 1000 ℃的加热炉，设热电偶冷端温度为 50 ℃，显示仪表所在的控制室远离加热炉，室温为 20 ℃。要求分别用普通铜导线和 K 型热电偶补偿导线将热电偶与显示仪表进行连接，测量结果分别是多少？所测温度数据是否能反映炉膛的真实温度？

9. DS18B20 测温范围为 -55～+125 ℃，精度为 ±0.5 ℃，请问最少需要几位二进制表示温度值？

10. 参照图 2-23 和图 2-24，编写 DS18B20 初始化和读写代码。

11. 某控制电路需要过流保护，其工作电压为 48 V，电路正常工作电流为 450 mA，电路的环境温度为 50 ℃。要求电路中电流为 5 A 时 2 s 内把电路中的电流降到 500 mA 以下，请利用互联网找到合适的热敏电阻型号。

12. 分析图 2-50 中电路的工作原理，其中 R_T 为热电阻温度传感器。

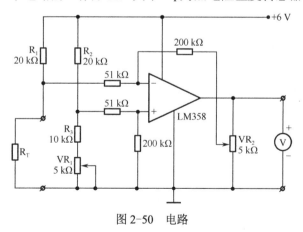

图 2-50　电路

第**3**章

力传感器

力传感器是工业实践中常用的一种传感器，被广泛应用于各种工业自控环境，涉及水利水电、铁路交通、智能建筑、生产自控、航空航天、军工、石化、油井、电力、船舶、机床、管道等众多行业。

【知识目标】

掌握电阻应变式传感器的工作原理、应用范围；

掌握压电式传感器的工作原理、应用范围；

掌握电感式传感器的工作原理、应用范围；

掌握电容式传感器的工作原理、应用范围；

掌握惠斯通直流电桥的工作原理。

【技能目标】

学会电阻应变式传感器、压电式传感器、电感式传感器、电容式传感器的使用方法；

学会使用惠斯通直流电桥；

学会选择合适的力传感器。

3.1　力的表示与传感器类型

3.1.1　力及其表示方法

力是基本物理量之一，因此测量各种动态力、静态力的大小十分重要，力学量包括质量、力矩、压力、应力等。力的单位是"牛顿"，简称"牛"，符号为"N"。

在各种力的测量中，压力的测量最为普遍。压强是垂直作用在单位面积上的力。它的大小由两个因素，即受力面积 S 和垂直作用力 F 的大小决定。其表达式为

$$p = \frac{F}{S} \tag{3-1}$$

压强的单位是"帕斯卡"，简称"帕"，符号为"Pa"。

$$1\,\mathrm{Pa} = 1\,\mathrm{N/m^2} = 1\frac{\mathrm{kgm}}{\mathrm{m^2 s^2}} = 1\,\mathrm{kgm^{-1}s^{-2}} \tag{3-2}$$

即 1 N 的力垂直均匀作用在 1 m² 的面积上形成的压强值为 1 Pa。

在受力面积 S 不变的情况下，由于压力 F 和压强 p 成正比，因此在测量领域，压力传感器的量程经常用压强表示。例如，某应变式压力传感器的量程为 100 MPa。

3.1.2　力传感器的类型

力传感器是将各种力学量转换为电信号的器件，是一种使用广泛的传感器，是生产过程中自动化检测的重要条件。它的种类很多，有直接将力转换为电量的，如压电式传感器等；有经弹性敏感元件或其他敏感元件将力转换为电量的，如电阻应变式传感器、电容式传感器和电感式传感器等。表 3-1 所示为常用力传感器的原理及其应用范围。

表 3-1　常用力传感器的原理及其应用范围

力传感器的类型	原　理	特　点	典型应用
电阻应变式	应变效应	性能稳定	重力测量
压电式	压电效应	结构简单，但不能测量静态参数	机床切削力测量
电感式	电感值变化	分辨力、测量精度高	气体压力测量
电容式	电容值变化	结构简单，抗干扰能力强	液体或气体压力测量

电阻应变式传感器的工作原理是将力的变化转换成电阻值的变化，再经过转换电路变成电信号输出。电阻应变式传感器具有结构简单、使用方便、性能稳定、可靠、灵敏度高和测量速度快等诸多优点，被广泛应用于航空、机械、电力、化工、建筑、医学等众多领域，常用于压力、应变、位移、扭矩等参数测量，是目前使用最广泛的传感器之一。

压电式传感器是一种自发式传感器，以压电效应为基础，在外力的作用下，电介质表面产生电荷，实现力与电荷的转换，从而完成非电量（如动态力、加速度等）的测量，但不能用于静态参数的测量。压电式传感器具有结构简单、质量轻、灵敏度高、信噪比高、频率响应高、工作可靠、测量范围广等优点。近年来，随着电子技术的飞速发展，测量转换电路与压电元件已被固定在同一壳体内，使压电式传感器使用更为方便。

电感式传感器是利用线圈自感量或互感量系数的变化实现非电量测量的装置，可分为自感式和互感式两大类，具有分辨力和测量精度高的优点，可测量压力、工件尺寸、振动等参数，在工业自动化测量技术中得到广泛应用。

电容式传感器是将被测量的变化转换为电容值变化的装置，由于结构简单，能承受相当大的温度变化及辐射作用，可以在温度变化大、有辐射的环境下工作。电容式传感器可测量压力、厚度、位移、速度、浓度、物位等参数，近年来甚被重视。

3.2 电阻应变式传感器

扫一扫看应变片压力传感器教学课件

电阻应变式传感器主要由电阻应变片和测量转换电路等组成。

扫一扫看应变片压力传感器微课视频

3.2.1 电阻应变片的结构及分类

电阻应变片（又称应变计或应变片）种类繁多，有多种分类方法。按照敏感元件材料的不同，应变片分为金属式和半导体式两大类。根据敏感元件的形态不同，金属式应变片又可进一步分为金属丝式、金属箔式、金属薄膜式三种类型。

1. 金属式应变片

1）金属丝式应变片

金属丝式应变片使用最早、最多，其因制作简单、性能稳定、价格低廉、易于粘贴而被广泛使用。金属丝式应变片的基本结构如图 3-1（a）所示，主要由敏感栅、基底、引线、盖层、黏合剂等组成。其中敏感栅是应变片内实现应变与电阻转换的敏感元件，一般采用的栅丝直径为 0.015～0.05 mm。敏感栅的纵向轴线称为应变片轴线，l 为栅长，b 为基宽。根据不同用途，栅长介于 0.2～200 mm。基底用以保持敏感栅及引线的几何形状和相对位置，并将被测件上的应变迅速、准确地传递到敏感栅上，因此基底做得很薄，一般为 0.02～0.4 mm。盖层起防潮、防腐、防损的作用，用以保护敏感栅。用专门的薄纸制成的基底和盖层称为纸基，用各种黏合剂和有机树脂薄膜制成的基层称为胶基，现多采用后者。黏合剂将敏感栅、基底及盖层黏合在一起。在使用应变片时也采用黏合剂将应变片与被测件黏合牢固。引线常用直径为 0.10～0.15 mm 的镀锡铜线，并与敏感栅两输出端焊接。应变片的电阻值有 60 Ω、120 Ω、200 Ω 等规格，其中 120 Ω 最为常用。

2）金属箔式应变片

金属箔式应变片如图 3-2 所示。金属箔式应变片的基本结构如图 3-1（b）所示，其敏感栅利用照相制版或光刻腐蚀的方法，将电阻箔材制成各种形状，箔材厚度多为 0.001～0.01 mm。金属箔式应变片的基底和盖层多为胶基，基底厚度一般为 0.03～0.05 mm。金属箔式应变片具有尺寸小、线条均匀、灵敏度系数小、电阻值离散小、横向效应小、黏结面积大、粘贴牢固、散热性好、利用光刻腐蚀可制成各种应变花及小标距应变片、耐潮湿、绝缘性好、蠕变及机械滞后小、便于成批生产、质量好、成品率高等优点，因此其使用范围日益扩大，已逐渐取代金属丝式应变片占有主要地位。

3）金属薄膜式应变片

金属薄膜式应变片是薄膜技术的产物，它采用真空蒸发或真空沉积的方法，将电阻材料在基底上制成一层形状各异的敏感栅，敏感栅的厚度在 0.1 μm 以下。相对于金属粘贴式应变片而言，金属薄膜式应变片的应变传递性能得到了极大的改善，几乎无蠕变，并且具有应变灵敏度系数高、稳定性好、可靠性高、工作温度范围大（-100～+180 ℃）、使用寿命长、成本低等优点，易实现工业化生产，是一种具有应用前景的新型应变片。

2. 半导体式应变片

半导体式应变片的工作原理与金属式应变片相似。当对半导体施加应力时，其电阻率发生变化，这种半导体电阻率随应力变化的关系称为半导体压阻效应。常见的半导体式应变片用锗和硅半导体作为敏感栅，一般为单根状，如图 3-1（c）所示。根据压阻效应，半导体式应变片和金属式应变片一样，可以把应变转换成电阻的变化。

半导体式应变片的优点是尺寸、横向效应、机械滞后都很小，灵敏度极大，因而输出也大，可以不需要放大器直接与记录仪器连接，使测量系统简化。它的缺点是电阻值和灵敏度系数随温度变化时稳定性差，测量较大应变时非线性严重，灵敏度系数随拉应变的变化和压应变的变化而变化，且分散度大，一般为 3%～5%，因而测量结果有 3%～5% 的误差。

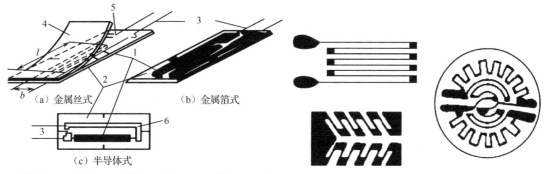

1—敏感栅；2—基底；3—引线；4—盖层；5—黏合剂；6—电极

图 3-1　典型应变片的结构及组成　　　　　图 3-2　金属箔式应变片

3.2.2 电阻应变式传感器的工作原理

电阻应变式传感器的工作原理如图 3-3 所示，首先弹性敏感元件将外部的应力转换成应变 ε，然后应变片根据应变效应将应变转换为电阻值的微小变化，最后通过测量电桥将其转换成电压或电流；反过来，根据测量电桥的输出电压或电流就能推算出传感器受力的大小。

图 3-3　电阻应变式传感器的工作原理

敏感元件一般为各种弹性体，传感元件就是应变片，测量转换电路一般为桥路。只要将应变片粘贴在各种弹性体上，并将其接到测量转换电路，即可构成测量各种物理量的专用电阻应变式传感器。它可以测量应力、弯矩、扭矩、压力、位移等物理量。

1. 弹性敏感元件

物体在外力作用下改变原来尺寸或形状的现象称为变形。变形后的物体在外力去除后又恢复原来形状的变形称为弹性变形，具有弹性变形特性的物体称为弹性敏感元件。弹性敏感元件把力转换成应变或位移，传感器又将应变或位移转换为电信号。弹性敏感元件是非常重要的传感器部件，应具有良好的弹性、足够的精度，以保证长期使用和温度变化时的稳定性。

对弹性敏感元件材料的性能有以下要求：强度高，弹性极限高；有较高的冲击韧性和疲劳极限；弹性模量的温度系数小而稳定；热处理后有均匀稳定的组织，且具有各向同性；热膨胀系数小；具有良好的工艺性，如机械加工性能和热处理性能；较好的耐腐蚀性能；弹性滞后小。一种材料很难满足上述所有的条件，常用的弹性敏感元件材料是弹性合金，其可分为高弹性合金和恒弹性合金两大类。

常用的变换压力的弹性敏感元件（见图 3-4）有环形结构、弹性梁、膜片式结构、波纹管和波登管，它们的性能取决于元件的结构和材料的力学特性。

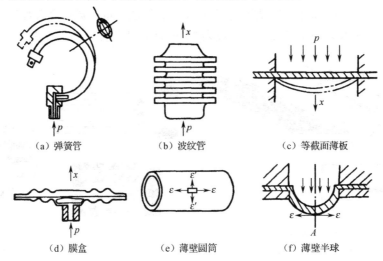

（a）弹簧管　　　　　　（b）波纹管　　　　　　（c）等截面薄板

（d）膜盒　　　　　　（e）薄壁圆筒　　　　　　（f）薄壁半球

图 3-4　常见的变换压力的弹性敏感元件

1）环形结构

环形结构具有结构简单的特点，可承受很大的载荷，根据截面形状可分为圆筒形与圆柱形两种。

如图 3-4（e）所示，薄壁圆筒就是最常见的圆筒形环形结构，可将气体压力转换为应变。当薄壁圆筒内腔与被测压力相通时，内壁均匀受压，薄壁圆筒无弯曲变形，只是均匀地向外扩张，薄壁圆筒的受力如图 3-5 所示。图 3-5 中 $R_1 \sim R_4$ 为四个应变片电阻，R 为截面半径，h 为壁厚，F 为作用力。它的应变与薄壁圆筒的长度无关，仅取决于薄壁圆筒的半径、壁厚和弹性模量，而且轴线方向应变与圆周方向应变不相等。

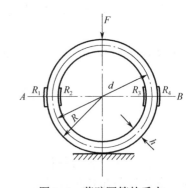

图 3-5　薄壁圆筒的受力

圆柱形环形结构的应变大小决定于圆柱的结构、横截面积、材料性质和圆柱承受的力，而与圆柱的长度无关。空心圆柱弹性敏感元件在某些方面优于实心圆柱，但是当空心圆柱的壁太薄时，受压力作用后将产生较明显的圆柱变形，从而影响测量精度。

2）弹性梁

变形以弯曲为主的结构称为弹性梁。其按支撑形式可分为悬臂梁、简支梁等；按承载特性可分为等截面梁、等强度梁等。只有一端支撑的梁称为悬臂梁，如图 3-6 所示。图 3-6 中 b 为悬臂梁截面宽度，l 为力的作用点距固定端的长度，h 为梁的厚度，x 为电阻与悬臂梁未支撑端之间的距离。当力 F 向下作用于悬臂梁的末端时，梁的上表面产生拉应变，下表面产生压应变，应变大小相等、符号相反。悬臂梁具有结构简单、加工方便的特点，在较小力的测量中应用最多，如常见的电子秤中多采用悬臂梁。

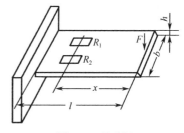

图 3-6　悬臂梁

3）膜片式结构

膜片式结构可用于测量与微小位移有关的量。虽然膜片的结构非常简单，但应力分布比较复杂。

膜片式结构按膜的形状可分为平膜片、带硬中心的膜片和波纹膜等，平膜片适用于测量受均布载荷的情形。在传感器中，带硬中心的膜片也有广泛的应用，其特征是膜的中心很厚，可以看作刚体。常利用硬中心将均布压力转换为集中力，在小位移下有较高的应力，因而有更高的灵敏度，如图 3-4（d）所示。

膜片式结构按受力方式可分为集中力载荷型和均布力载荷型两种，按应力的性质可分为厚膜和薄膜两种。膜受载后变形，中心的挠度 ω_0 最大。设膜厚为 h，如果 $\omega_0/h<1/3$，则按厚膜计算，厚膜的变形以弯曲为主，膜的拉压处于次要地位；如果 $\omega_0/h>5$，则按薄膜计算，认为薄膜是柔软的，无弯曲刚度和弯曲应力，膜的变形以拉压为主。

4）波纹管和波登管

传感器还常采用波纹管和波登管作为弹性敏感元件。如图 3-4（b）所示，波纹管是具有规则形状的圆形薄壳，在轴向力、径向力或扭矩的作用下能产生相应的位移，按波纹成形方法可分为无缝波纹管和有缝波纹管。无缝波纹管采用液压成形的工艺制造，已经有完整的规格系列；有缝波纹管采用膜片冲压成形、沿周边焊接的工艺制造，其性能优越，在精密仪器中应用广泛。

2. 应变效应

将一根电阻丝拉长后发现其电阻值会变大，原因是电阻的应变效应。导电材料的电阻与材料的电阻率、几何尺寸（长度与横截面积）有关，导电材料在外力作用下发生机械变形，引起其电阻值发生变化，这种现象称为电阻的应变效应。

目前广泛应用的电阻的应变效应，包括金属电阻的应变效应和半导体材料的应变效应两类。金属电阻的应变效应主要是由于其几何形状的变化而产生的。半导体材料的应变效应则主要是由于材料的电阻率随受力的变化而变化产生的。

设有一段长为 l，横截面积为 A，电阻率为 ρ 的导体（如金属丝），它在未受外力时的原始电阻为

$$R = \rho \frac{l}{A} = \rho \frac{l}{\pi r^2} \qquad (3\text{-}3)$$

当导体受拉应力时，其长度、横截面积、电阻率的变化必然引起导体电阻的变化，电阻变化量为

$$\mathrm{d}R = \frac{\rho}{A}\mathrm{d}l - \frac{\rho l}{A^2}\mathrm{d}A + \frac{l}{A}\mathrm{d}\rho \qquad (3\text{-}4)$$

式中，$\mathrm{d}l$ 为长度变化量；$\mathrm{d}A$ 为横截面积变化量；$\mathrm{d}\rho$ 为电阻率变化量。

在式（3-4）两边分别除以式（3-3），得

$$\frac{\mathrm{d}R}{R} = \frac{\mathrm{d}l}{l} - \frac{\mathrm{d}A}{A} + \frac{\mathrm{d}\rho}{\rho} \qquad (3\text{-}5)$$

由 $A = \pi r^2$（r 为导体半径）得，$\mathrm{d}A = 2\pi r \mathrm{d}r$，所以有

$$\frac{\mathrm{d}R}{R} = \frac{\mathrm{d}l}{l} - 2\frac{\mathrm{d}r}{r} + \frac{\mathrm{d}\rho}{\rho} \qquad (3\text{-}6)$$

则

$$\frac{\mathrm{d}R}{R} = \varepsilon_x - 2\varepsilon_y + \frac{\mathrm{d}\rho}{\rho} \qquad (3\text{-}7)$$

式中，$\dfrac{\mathrm{d}l}{l} = \varepsilon_x$ 为导体的轴向应变量；$\dfrac{\mathrm{d}r}{r} = \varepsilon_y$ 为导体的径向应变量。

根据材料力学原理，导体在受拉应力时，沿轴向伸长，沿径向缩短，二者之间应变的关系为

$$\varepsilon_y = -\mu\varepsilon_x \qquad (3\text{-}8)$$

式中，μ 为材料的泊松系数。

将式（3-8）代入式（3-7），可得

$$\frac{\mathrm{d}R}{R} = (1 + 2\mu)\varepsilon_x + \frac{\mathrm{d}\rho}{\rho} \qquad (3\text{-}9)$$

式（3-9）说明，导体电阻变化率是几何效应项和压阻效应项综合作用的结果。下面对金属导体材料和半导体材料分别进行讨论。

1）金属导体材料的应变效应

金属导体材料的压阻效应极小，即 $\mathrm{d}\rho/\rho \ll 1$，则有

$$\frac{\mathrm{d}R}{R} \approx (1 + 2\mu)\varepsilon_x \qquad (3\text{-}10)$$

式（3-10）表明，金属导体材料的电阻相对变化与其线应变成正比，其灵敏度系数为

$$K_{\mathrm{m}} = \frac{\mathrm{d}R/R}{\varepsilon_x} = (1 + 2\mu) \qquad (3\text{-}11)$$

2）半导体材料的应变效应

对于半导体材料，由于 $\mathrm{d}\rho/\rho \gg (1 + 2\mu)\varepsilon_x$，即半导体电阻变化率取决于材料的电阻率变化，即

$$\frac{\mathrm{d}R}{R} \approx \frac{\mathrm{d}\rho}{\rho} \tag{3-12}$$

史密兹等学者很早就发现，锗、硅等单晶半导体材料在受到应力作用时，其电阻率会发生变化，这种现象就称为压阻效应。半导体材料的压阻效应为

$$\frac{\mathrm{d}\rho}{\rho} = \pi\sigma = \pi \cdot E\varepsilon_x \tag{3-13}$$

式中，σ 为作用于半导体材料的轴向力，$\sigma = E\varepsilon_x$；π 为半导体材料在受力方向上的压阻系数；E 为半导体材料的弹性模量。

在此将式（3-13）代入式（3-12），写成增量形式为

$$\frac{\mathrm{d}R}{R} = E\pi\varepsilon_x \tag{3-14}$$

灵敏度系数为

$$K_s = \frac{\mathrm{d}R/R}{\varepsilon_x} = \pi E \tag{3-15}$$

常用的导体灵敏度系数大致是：金属导体为 2，但不超过 4～5；半导体为 100～200。

综上所述，因为金属导体和半导体材料的灵敏度系数均为常数，将式（3-11）中的 K_m 和式（3-15）中的 K_s 都用 K 代替，则可得

$$\frac{\mathrm{d}R}{R} = \frac{\Delta R}{R} = K\varepsilon_x \tag{3-16}$$

式中，K 为金属导体或半导体材料的灵敏度系数，表示金属导体或半导体产生单位变形时的电阻相对变化量。显然，K 越大，单位变形引起的电阻相对变化越大。由此可知，金属导体和半导体在变形的弹性范围内，电阻的相对变化 $\Delta R/R$ 与应变 ε_x 成正比，与材料的灵敏度 K 成正比。在用应变片测量应变或应力时，需将应变片粘贴在被测对象上。在外力作用下，被测对象表面产生微小机械形变 ε_x，粘贴在其表面上的应变片也随其发生相同的变化，因此应变片的电阻 R 也发生相应的变化。如果测出应变片的电阻变化 ΔR，则根据式（3-15）可以得到被测对象的应变量 ε_x，根据应力-应变关系就可以得到试件的应力。

扫一扫看测量电桥的理论分析微课视频

3. 测量电桥

由于弹性敏感元件产生的机械变形很微小，引起的应变量 ε 也很微小，因此引起的电阻应变片的电阻变化率 $\dfrac{\mathrm{d}R}{R}$ 也很小。为了把微小的电阻变化率反映出来，必须采用测量电桥，把应变电阻的微小变化转换成电压或电流变化，从而达到精确测量的目的。

1）直流电桥工作原理

如图 3-7 所示，一个直流供电的平衡电阻电桥，桥路由 R_1、R_2、R_3、R_4 四个电阻构成，四个电阻称为桥臂，用直流电源 U_i 供电，a、c 端接电源，b、d 端作为电桥输出端，输出端电压为 U_o。

输出端电压 U_o 表示为

$$U_o = U_{bd} = I_2R_3 - I_1R_2 = \frac{U_iR_3}{(R_4+R_3)} - \frac{U_iR_2}{(R_1+R_2)} = \frac{(R_1R_3 - R_2R_4)}{(R_1+R_2)(R_3+R_4)}U_i \tag{3-17}$$

由式（3-17）可知，当电桥各桥臂电阻满足

$$R_2R_4 = R_1R_3 \qquad (3\text{-}18)$$

时，电桥的输出电压 U_o 为 0，电桥处于平衡状态。式（3-18）称为电桥的平衡条件。

2）应变片单臂直流电桥

应变片单臂直流电桥在工作前应使电桥平衡（称为预调平衡），以使工作时的电桥输出电压只与应变片感受应变引起的电阻变化有关。初始条件为

$$R_1 = R_2 = R_3 = R_4 = R \qquad (3\text{-}19)$$

应变片单臂直流电桥只有一个应变片 R_1 接入，如图 3-8 所示，测量时应变片的电阻变化为 ΔR，电阻输出端电压为

$$U_o = \frac{(R_1R_3 - R_2R_4)}{(R_1 + R_2)(R_3 + R_4)}U_i = \frac{(R_1R_3 + \Delta RR_3 - R_2R_4)}{(R_1 + \Delta R + R_2)(R_3 + R_4)}U_i$$

$$= \frac{\Delta RR_3}{(R_1 + \Delta R + R_2)(R_3 + R_4)}U_i = \frac{R\Delta R}{2R(2R + \Delta R)}U_i \qquad (3\text{-}20)$$

又因为 $\Delta R \ll R$，所以有

$$U_o \approx \frac{R\Delta R}{2R \cdot 2R}U_i = \frac{U_i}{4} \times \frac{\Delta R}{R} \qquad (3\text{-}21)$$

由电阻应变效应可知，$\dfrac{\Delta R}{R} = K\varepsilon$，则式（3-21）可写为

$$U_o = \frac{U_i}{4}K\varepsilon \qquad (3\text{-}22)$$

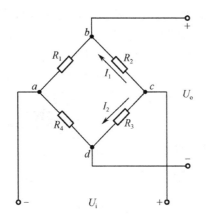

图 3-7　直流电桥

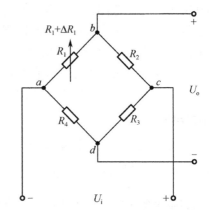

图 3-8　应变片单臂直流电桥

3）应变片双臂直流电桥（半桥）

应变片双臂直流电桥中有两个应变片，把两个应变片接入电桥的相邻两桥臂，如图 3-9（a）所示，根据被测对象的受力情况，应变片一个被拉伸，一个被压缩。

使两桥臂上的应变片的电阻变化大小相同、方向相反，即处于差动工作状态，此时的输出电压为

$$U_o = \frac{R_1 R_3 - R_2 R_4}{(R_1 + R_2)(R_4 + R_3)} U_i = \frac{(R_1 R_3 + \Delta R R_3 - R_2 R_4 + \Delta R R_4)}{(R_1 + \Delta R + R_2 - \Delta R)(R_4 + R_3)} U_i \tag{3-23}$$

$$= \frac{2 \Delta R R}{4 R^2} U_i = \frac{1}{2} \cdot \frac{\Delta R}{R} U_i$$

由电阻的应变效应可知，$\dfrac{\Delta R}{R} = K\varepsilon$，则式（3-23）可写为

$$U_o = \frac{U_i}{2} K\varepsilon \tag{3-24}$$

图 3-9（b）所示为应变片双臂直流电桥的典型应用，当悬臂梁受到向下的压力时，上面的应变片被拉伸，下面的应变片被压缩，上下两个应变片的形变相反，刚好构成半桥电路。

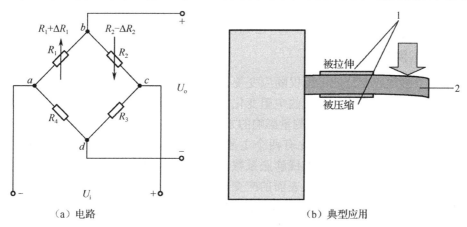

（a）电路   （b）典型应用

1—应变片；2—悬臂梁

图 3-9 应变片双臂直流电桥

4）应变片四臂直流电桥（全桥）

把四个应变片接入电桥，如图 3-10（a）所示，并且采用差动工作方式，即两个应变片被拉伸，另外两个应变片被压缩，则电桥的输出电压为

$$U_o = \frac{R_1 R_3 - R_2 R_4}{(R_1 + R_2)(R_4 + R_3)} U_i$$

$$= \frac{(R_1 R_3 + \Delta R_1 R_3 + \Delta R_3 R_1 + \Delta R_1 \Delta R_3) - (R_2 R_4 - \Delta R_2 R_4 - \Delta R_4 R_2 + \Delta R_4 \Delta R_2)}{(R_1 + \Delta R_1 + R_2 - \Delta R_2)(R_4 + \Delta R_4 + R_3 - \Delta R_3)} U_i \tag{3-25}$$

若 $\Delta R_1 = \Delta R_2 = \Delta R_3 = \Delta R_4 = \Delta R$，则有

$$U_o = \frac{4 \Delta R R}{(R_1 + R_2)(R_3 + R_4)} U_i = \frac{4 \Delta R R}{4 R^2} U_i = \frac{\Delta R}{R} U_i = U_i K\varepsilon \tag{3-26}$$

应变片四臂直流电桥的典型应用环式传感器如图 3-10（b）所示，当环式传感器被拉伸时，左右两个应变片被拉伸，上下两个应变片被压缩，四个应变片刚好构成一个全桥电路。

对比式（3-22）、式（3-24）和式（3-26），用直流电桥作应变的测量电路，电桥输出电压与被测应变量呈线性关系，而在相同条件下（供电电源和应变片的型号不变），差动工作电路输出信号大，双臂差动输出是单臂输出的 2 倍。四臂差动输出是双臂差动输出的 2 倍，是单臂输出的 4 倍，即全桥工作时输出电压最大，检测的灵敏度最高。

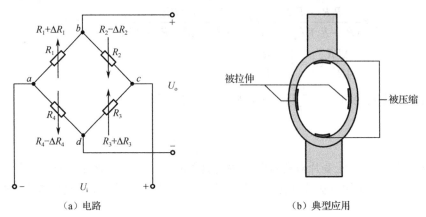

（a）电路　　　　　　　　　　　　　　　（b）典型应用

图 3-10　应变片四臂直流电桥

4. 应变片的温度补偿

在测量时，希望应变片的电阻仅随应变变化而不受其他因素的影响，但是温度变化引起的电阻变化与被测对象应变造成的电阻变化几乎处于相同的数量级，因此应清楚温度对测试的影响，以及思考补偿温度对测量影响的方法。

环境温度改变会引起电阻变化有两个主要因素：应变片的电阻丝具有一定的温度系数；电阻丝材料与被测对象材料的线膨胀系数不同。研究表明，被测对象不受外力作用而温度发生变化时，粘贴在被测对象表面的应变片会产生温度效应，应变片电阻变化的大小与应变片敏感栅材料的电阻温度系数、线膨胀系数，以及被测对象材料的线膨胀系数相关。

为了使应变片的输出不受温度变化影响，必须进行温度补偿。桥式电路补偿法因使用简单，成为应用最多的温度补偿法。

桥式电路补偿法也称作补偿片法，在测量应变时使用两个应变片，一个是工作应变片，另一个是补偿应变片，两个应变片的型号完全相同。工作应变片贴在被测对象的表面，补偿应变片贴在与被测对象材料相同的补偿块上。工作时，补偿块不承受应变，仅随温度变化产生变形。当外界温度发生变化时，工作应变片 R_1 和补偿应变片 R_2 的温度变化相同。由于 R_1 和 R_2 为同类应变片，又被贴在相同的材料上，因此 R_1 和 R_2 由于温度变化而产生的阻值变化也相同，即 $\Delta R_1 = \Delta R_2$。如图 3-11 所示，R_1 和 R_2 分别接入相邻的两桥臂，因温度变化引起的电阻变化 ΔR_1 和 ΔR_2 的作用相互抵消，这样就起到了温度补偿的作用。

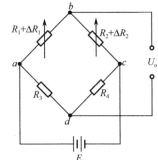

图 3-11　桥式电路补偿电路

桥式电路补偿法的优点是简单、方便，在常温下补偿效果较好；缺点是在温度变化梯度较大的条件下，很难达到工作应变片与补偿应变片处于温度完全一致的情况，因而影响补偿效果。

3.2.3　电阻应变式传感器的应用

电阻应变式传感器的应用十分广泛，可以测量应力、压力、弯矩、扭矩、加速度、位移等物理量。

1. 称重

电阻应变式传感器最常见的作用是称重和测力。这种测力传感器由应变片、弹性敏感元件和一些附件组成。其根据弹性敏感元件结构形式（如柱形、筒形、梁式、轮辐式等）和受载性质（如拉、压、弯曲和剪切等）分成许多种类。

常见的应变式电子秤如图 3-12 所示，其弹性敏感元件是一端固定的悬臂梁，四个应变片分别粘贴在悬臂梁的上下两侧，当称重托盘未承受重量时，悬臂梁未形变，四个应变片也未形变，测量电桥处于平衡状态，测量电路无输出；当称重托盘承受重量时，悬臂梁未固定端下沉，上方的两个应变片产生拉伸的形变（变长），下方的两个应变片产生挤压的形变（变短），测量电桥失去平衡，此时根据测量电路的输出电压大小即可推算出托盘中被测对象的重量。

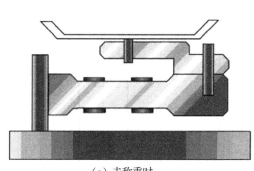

（a）未称重时　　　（b）称重时

图 3-12　常见的应变式电子秤

电阻应变式传感器用于测量汽车质量的汽车衡（俗称地磅）的配置图如图 3-13 所示。其中四个传感器分别置于秤台的下方，当汽车驶入汽车衡时，传感器会随着秤台一起发生形变，测量电路就会有电压或电流输出。汽车衡还配置了显示器和打印机，方便驾驶员和计量员在称重现场和控制室同时了解测量结果，并打印数据。

扫一扫看实例：筒式压力传感器应用微课视频

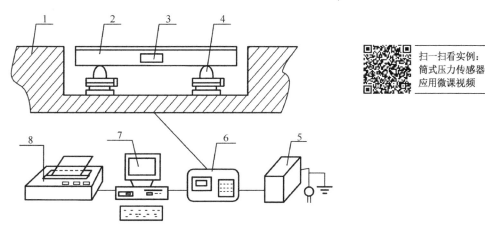

1—基础；2—秤台；3—接线盒；4—传感器；5—稳压电源；6—称重显示控制器；7—显示器；8—打印机

图 3-13　电阻应变式传感器用于测量汽车质量的汽车衡的配置图

2. 测量较大的压力

筒式应变压力传感器由应变片、弹性敏感元件、外壳及补偿电阻等组成，一般用于测量较大的压力，被广泛应用于测量管道内部压力、内燃机的燃气压力、压差和喷射压力、发动机和导弹试验中的脉动压力，以及各种领域中的流体压力等。

筒式应变压力传感器是一种单一式压力传感器，即应变片直接粘贴在受压弹性膜片或筒上，如图 3-14 所示。其中图 3-14（a）所示为结构示意图，图 3-14（b）所示为筒式弹性敏感元件，图 3-14（c）所示为应变片，工作应变片 R_1、R_3 沿筒外壁周向粘贴，温度补偿应变片 R_2 和 R_4 贴在筒底外壁，并接成四臂直流电桥。当应变筒内壁感受到压力 p 时，筒外壁产生周向应变，从而改变电桥的输出。

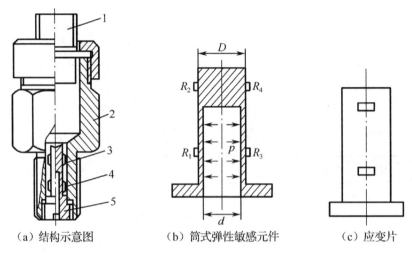

（a）结构示意图　　（b）筒式弹性敏感元件　　（c）应变片

1—插座；2—基体；3—温度补偿应变片；4—工作应变片；5—应变筒

图 3-14　筒式应变压力传感器

3. 测量转矩

运动控制系统对位置、转速、张力等的控制在本质上是通过控制电动机的转矩来实现的。在一些以转矩为控制目标的系统，如造纸机和轧钢机的卷取系统和齿轮箱疲劳试验系统中，转矩传感器是必不可少的测量反馈环节。转矩的测量一般通过对轴的弹性扭转形变的测量来实现，其方法是在驱动轴和负载轴之间串接一个由高强度、高弹性材料制作的轴。这个轴既可以传递转矩又可以产生较大的扭转形变，因此一般称为弹性轴或扭力轴。可以在这个轴上安装电阻应变式传感器将其形变转换为电信号，间接实现对转矩的测量。

在转矩的作用下，轴表面受力状况与位置有关。在与轴线方向成 45°角的方向上受力最大。在图 3-15 中的转矩 M 作用下，轴沿 AA' 方向承受压缩力，沿 BB' 方向承受拉伸力。因此，若分别按这两个方向粘贴应变片 1 和 2，则扭转形变将导致应变片 1 的阻值减小，应变片 2 的阻值增大。将这两个应变片作为电桥的一臂接入电桥，若在转矩为零的情况下调整电桥使其平衡，则当转矩存在时电桥的输出就是对转矩的度量。

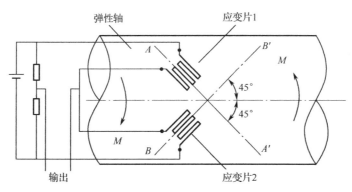

图 3-15　应变片测转矩的原理

应变式数显扭矩扳手如图 3-16 所示，其能准确控制紧固螺纹的装配扭矩，可用于机械制造和家用电器等领域，量程为 2～500 N·m，耗电量≤10 mA，有公制/英制单位转换、峰值保持、自动断电等功能。

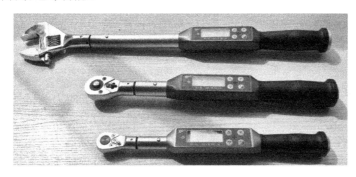

扫一扫看实例：应变片测量容器内液体重量微课视频

图 3-16　应变式数显扭矩扳手

4. 测量容器内液体重量

用应变片插入式传感器测量容器内液体重量的示意图如图 3-17 所示。图 3-17 中有一根传压杆，上端安装微压传感器，为了提高灵敏度，共安装了两个一模一样的微压传感器；传压杆下端安装感压膜，感压膜感受上面液体的压力。当容器内液体增多时，感压膜感受的压力就增大。将两个传感器 R_t、R'_t 接入正向串接的双臂电桥，则输出电压为

$$U_o = U_1 - U_2 = (A_1 - A_2)h\rho g \tag{3-27}$$

式中，A_1、A_2 为传感器的传输系数。

由于 $h\rho g$ 为感压膜上面液体的重量产生的压力，对于等截面的柱形容器，有

$$h\rho g = \frac{Q}{D} \tag{3-28}$$

式中，Q 为柱形容器内感压膜上面液体的重量；D 为柱形容器的截面积。

将式（3-27）和式（3-28）联立，得到柱形容器内感压膜上面液体重量与电桥输出电压之间的关系为

$$Q = \frac{U_o D}{(A_1 - A_2)} \tag{3-29}$$

式（3-29）表明，柱形容器内感压膜上面液体重量 Q 与电桥输出电压 U_0 呈线性关系，因此可以用该方法测量容器内储存的液体重量。

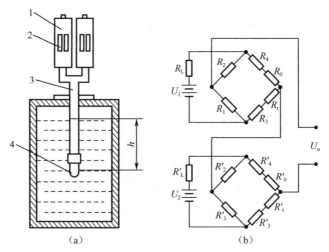

1—微压传感器；2—电阻应变敏感元件；3—传压杆；4—感压膜

图 3-17　用应变片插入式传感器测量容器内液体重量的示意图

5. 应变片的选型

在选择应变片之前，首先要明确测量目标，要考虑是将应变片用于应力测试还是用于传感器制作。

应力定义为材料在外力作用下的物理响应（变形）。它通常是由施加的力（机械应力）导致材料变形的结果。应力测试是对材料的机械应力状态进行分析的一种方法，一般采用应变片进行测量和分析。应变片用于应力测试应按以下标准进行选择。

（1）应变片的几何尺寸：常见的应变片有应变直片、T 形、V 形、双桥等几何尺寸，不同的几何尺寸适合于不同的应力测试。例如，应变直片适合用于测量一个方向的应力。

（2）连接方式：应变片有不同的连接方式，如内置焊盘、带应变消除焊盘、镀镍铜引线等，应根据需要选择合适的连接方式。

（3）温度响应：在有温度变化的情况下应变片输出信号越小越好。

（4）有效测量栅丝长度：应变片的测量栅丝长度取决于测量的目的，因为使用应变片测量的结果是测量栅丝区域的平均应变。一般来说，测量栅丝长度为 3 mm 或 6 mm（0.118 in 或 0.236 in）。如果存在不均匀的材料，如混凝土或木材，建议使用长的测量栅丝。长的测量栅丝可以弥补工件的不均匀性；短的测量栅丝适合测量局部应变，因此它们适用于测定应变梯度、缺口应力的最大点或类似应力。

（5）电阻：电阻大小由测量任务决定。常见的电阻值有 60 Ω、120 Ω、200 Ω、350 Ω、500 Ω、1000 Ω 等。

制作传感器的应变片应符合以下基本要求：

（1）具有良好的线性应变灵敏度系数，且稳定性高；

（2）能够在较宽的温度范围内稳定工作；

（3）电阻温度系数小，热输出小，零点漂移小；

（4）具有蠕变自补偿功能；

（5）适合动态和静态测量。

除满足以上基本要求以外，具体选用应变片时还要考虑弹性体的结构、应力状态、材料、使用环境温度及电阻值等。

3.3　压电式传感器

扫一扫看压电型压力传感器教学课件

压电式传感器是以某些电介质（如石英晶体或压电陶瓷、高分子材料）的压电效应为基础而工作的，其在外力作用下，在电介质表面产生电荷，从而实现非电量电测量的目的。因此，压电式传感器是一种典型的自发电式传感器，压电传感元件是力敏感元件，它可以测量最终能变换为力的那些非电量，如动态力、动态压力、振动加速度等。

不同厂家生产的不同型号的压电式传感器的外形千差万别，图 3-18 所示为几种常见的压电式传感器的外形。

（a）压电式垫圈传感器　　　　（b）压电式称重传感器　　　（c）压电式传感器（模拟型）

图 3-18　几种常见的压电式传感器的外形

3.3.1　压电式传感器的工作原理

扫一扫看压电型压力传感器微课视频

1. 压电效应

压电现象是 100 多年前居里兄弟在研究石英晶体时发现的。由物理学知识可知，一些离子型晶体的电介质（如石英晶体、酒石酸钾钠、钛酸钡等）在电场力或机械力作用下，会产生极化现象。在这些电介质的一定方向施加机械力，当其发生变形时就会引起其内部正负电荷中心相对转移而产生电的极化，从而导致其两个相对表面（极化面）上出现符号相反的束缚电荷 Q，如图 3-19（a）所示，且 Q 与外应力张量 T 成正比，即

$$Q=dT \tag{3-30}$$

式中，d 为压电常数。

当外力消失后，电介质又恢复为不带电状态；当外力变向时，电荷极性随之改变，这种现象称为正压电效应，简称压电效应。如果在这些电介质的极化方向施加电场，这些电介质就在一定方向产生机械变形或机械应力。当外电场撤去时，这些变形或应力也随之消失，这种现象称为逆压电效应，或称为电致伸缩效应。其应变 S 与外电场强度 E 成正比，即

$$S=d_tE \hspace{6cm} (3\text{-}31)$$

由此可见，具有压电性的电介质（称为压电材料），能实现机电能量的相互转换，如图 3-19（b）所示。

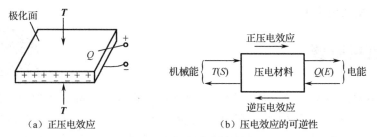

（a）正压电效应　　　　　　　　（b）压电效应的可逆性

图 3-19　压电效应原理图

生活中与压电效应有关的现象很多。例如，在完全黑暗的环境中，将一块干燥的冰糖用锤子敲碎，可以看到冰糖在破碎的一瞬间发出暗淡的蓝色闪光，这是强电场放电产生的闪光，产生闪光的机理是晶体的压电效应。在敦煌的鸣沙丘，当许多游客在沙丘上蹦跳或从沙丘上往下滑时，可以听到雷鸣般的隆隆声，产生这个现象的原因是无数干燥的沙子受重压产生振动，表面产生电荷，在某些时刻，恰好形成串联，产生很高的电压，并通过空气放电。在电子打火机中，多片串联的压电材料受到敲击，产生很高的电压，通过尖端放电而产生火焰。音乐贺卡中的压电片的工作原理就是压电效应。

2. 压电材料

压电材料的主要特性参数如下。

（1）压电常数：压电常数是衡量材料压电效应强弱的参数，直接关系到输出灵敏度。压电常数一般用单位作用力产生电荷的多少来表示，单位为 C/N。压电常数越大，压电效应越明显。

（2）弹性常数：压电材料的弹性常数、机械强度、刚度决定了压电元件的固有频率和线性范围。

（3）介电常数：介电常数是决定压电器件固有电容的主要参数。对于一定形状、尺寸的压电器件，其固有电容与介电常数有关，而固有电容又影响着压电式传感器的频率下限。

（4）机械耦合系数：在压电效应中，机械耦合系数等于转换输出能量（如电能）与输入能量（如机械能）之比的平方根，是衡量压电材料机电能量转换效率的一个重要参数。

（5）绝缘电阻：压电材料的绝缘电阻将减小电荷泄漏，从而改善压电式传感器的低频特性。

（6）居里点：压电材料开始失去压电性时的温度称为居里点。

目前压电材料可分为三大类：第一类是压电晶体（单晶），它包括压电石英晶体和其他压电单晶；第二类是压电陶瓷（多晶半导瓷）；第三类是新型压电材料，它又可分为压电半导体和有机高分子压电材料两种。在传感器技术中，目前国内外普遍应用的是压电晶体中的石英晶体和压电陶瓷中的钛酸钡与锆钛酸铅系列。

1）压电晶体

（1）石英晶体（SiO_2）。石英晶体是一种应用广泛的压电晶体，是二氧化硅单晶，属于

六角晶系。图 3-20（a）所示为石英晶体的理想外形，为规则的正六棱柱体。在晶体学中用三根互相垂直的 z 轴、x 轴、y 轴表示它的坐标。z 轴为光轴（中性轴），是晶体的对称轴，光线沿 z 轴通过晶体时不产生压电效应，因而 z 轴的作用是作为基准轴。x 轴为电轴，该轴压电效应最显著，它通过正六棱柱体相对的两个棱线且垂直于 z 轴，显然 x 轴共有三个。y 轴为机械轴（力轴），显然也有三个，它垂直于两个相对的表面，在此轴上加力产生的变形最大，坐标系和压电晶体切片如图 3-20（b）和图 3-20（c）所示。

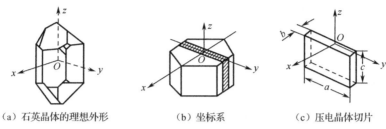

（a）石英晶体的理想外形　　（b）坐标系　　（c）压电晶体切片

图 3-20　石英晶体与石英晶体切片

　　石英晶体的上述特性与其内部分子结构有关。为了较直观地了解石英晶体的压电效应，将石英晶体的硅离子和氧离子排列在垂直于晶体 z 轴的 xOy 平面上的投影，如图 3-21（a）所示，图中是一个单元组体中构成石英晶体的硅离子和氧离子，其在垂直于 z 轴的 xOy 平面上的投影等效为一个正六边形排列。

　　当石英晶体未受外力作用时，正、负离子正好分布在正六边形的顶角上，形成三个互成 120° 夹角的电偶极矩 P_1、P_2、P_3。电偶极矩的矢量和等于 0，即 $P_1+P_2+P_3=0$，这时晶体表面不产生电荷，石英晶体整体上呈电中性，如图 3-21（a）所示。

　　当石英晶体受到沿 x 轴方向的压缩力作用时，晶体沿 x 轴方向产生压缩变形，正、负离子的相对位置随之变动，正、负电荷中心不再重合，电偶极矩在 x 轴方向的分量 $P_1+P_2+P_3>0$，在 x 轴正方向的晶体表面上出现正电荷；在 y 轴和 z 轴方向的分量均为 0，在垂直于 y 轴和 z 轴的晶体表面上不出现电荷。这种沿 x 轴施加作用力，而在垂直于此轴晶体表面上产生电荷的现象，称为"纵向压电效应"，如图 3-21（b）所示。

　　当石英晶体受到沿 y 轴方向的压缩力作用时，电偶极矩在 x 轴方向的分量 $P_1+P_2+P_3<0$，在 x 轴正方向的晶体表面上出现负电荷（这种情况等同于受到沿 x 轴方向的拉力作用）；同样在垂直于 y 轴和 z 轴的晶体表面上不出现电荷。这种沿 y 轴施加作用力，而在垂直于 x 轴的晶体表面上产生电荷的现象，称为"横向压电效应"，如图 3-21（c）所示。

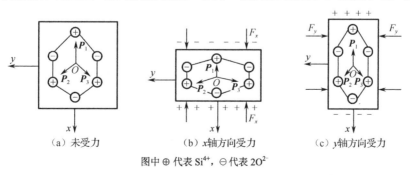

（a）未受力　　　　（b）x 轴方向受力　　　　（c）y 轴方向受力

图中 ⊕ 代表 Si^{4+}，⊖ 代表 $2O^{2-}$

图 3-21　石英晶体压电模型

当晶体受到沿 z 轴方向的力（无论是压缩力还是拉伸力）作用时，因为石英晶体在 x 轴方向和 y 轴方向的变形相同，正、负电荷中心始终保持重合，电偶极矩在 x 轴、y 轴方向的分量等于 **0**。所以沿 z 轴方向施加作用力，石英晶体不会产生压电效应。

当作用力 F_x 或 F_y 的方向相反时，电荷的极性随之改变。如果石英晶体的各个方向同时受到均等的作用力（如液体压力），石英晶体将保持电中性。所以石英晶体没有体积变形的压电效应。

石英晶体的主要性能特点如下：

① 压电常数小，时间和温度稳定性极好；

② 机械强度和品质高，且刚度大，固有频率高，动态特性好；

③ 居里点为 573 ℃，无热释电性，且绝缘性、重复性好。

（2）其他压电单晶。在压电单晶中除天然和人工石英晶体以外，锂盐类压电单晶和铁电单晶，如铌酸锂（$LiNbO_3$）、锗酸锂（$LiGeO_3$）等材料也已经在传感器技术中得到广泛应用，其中以铌酸锂为典型代表。铌酸锂是一种无色或浅黄色透明铁电单晶，它是一种多畴单晶，必须通过极化处理后才能成为单畴单晶，从而呈现出类似单晶体的特点，即机械性能各向异性。其时间稳定性好、居里点高达 1200 ℃，在高温、强辐射条件下仍具有良好的压电性且机电耦合系数、介电常数、频率常数等机械性能均保持不变。此外，它还具有良好的光电、声光效应，因此在光电、微声和激光等器件方面都有重要应用。其不足之处是质地脆，抗机械和热冲击性差。

2）压电陶瓷

（1）压电陶瓷的极化处理。压电陶瓷是一种经极化处理后的人工多晶铁电体。多晶是指其由无数细微的单晶组成；铁电体是指其具有类似铁磁材料磁畴的电畴结构。这些电畴实际上是自发极化的小区域，自发极化的方向完全是任意排列的。在无外电场作用时，从整体来看，这些电畴的极化效应互相抵消，使原始的压电陶瓷呈电中性，不具有压电性，如图 3-22（a）所示。

要使压电陶瓷具有压电性，必须对其进行极化处理，即在一定温度下对其施加强直流电场，迫使电畴趋向外电场方向规则排列，如图 3-22（b）所示；极化电场去除后，电畴趋向基本保持不变，形成很强的剩余极化，从而呈现出压电性，如图 3-22（c）所示。这样，压电陶瓷就呈现出压电效应。

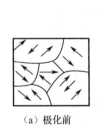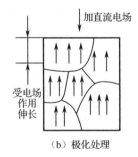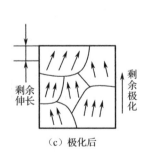

（a）极化前　　　　　　　（b）极化处理　　　　　　（c）极化后

图 3-22　压电陶瓷的极化过程

（2）常用的压电陶瓷。

① 钛酸钡压电陶瓷：钛酸钡（$BaTiO_3$）由碳酸钡（$BaCO_3$）和氧化钛（TiO_2）在高温

下合成。

② 锆钛酸铅系（PZT）压电陶瓷：锆钛酸铅是由钛酸铅（$PbTiO_2$）和锆酸铅（$PbZrO_3$）组成的固溶体 Pb（$ZrTiO_3$）。

③ 铌酸盐系压电陶瓷：铌酸盐系压电陶瓷是以铌酸钾（$KnbO_3$）和铌酸铅（$PbNbO_2$）为基础制成的。

除了以上几种压电材料，近年来，又出现了铌镁酸铅（PMN）压电陶瓷，其具有极高的压电常数，居里点为 260 ℃，可承受 700 kg/cm^2 的压力。

压电陶瓷的特点：压电常数大，灵敏度高；制造工艺成熟，可通过合理配方和掺杂等人工控制方式达到要求的性能；成形工艺性好，成本低廉，利于广泛应用。图 3-23 所示为部分压电陶瓷的外形。随着信息产业的飞速发展，压电陶瓷频率器件（滤波器、谐振器、陷波器、鉴频器等）已在音视频、通信、计算机周边等领域大量应用。在日常生活中，电子打火机、煤气灶、热水器的点火用到了压电点火器。

3）新型压电材料

（1）压电半导体。硫化锌（ZnS）、碲化镉（CeTe）、氧化锌（ZnO）、硫化镉（CdS）等，这些材料显著的特点是既具有压电性又具有半导体特性。因此既可用其压电性研制传感器，又可用其半导体特性制作电子器件；也可以两者合一，集元件与线路于一体，研制成新型集成压电式传感器测试系统。

（2）有机高分子压电材料。某些合成高分子聚合物，经延展拉伸和电极化后形成具有压电性的高分子压电薄膜，如聚氟乙烯（PVF）、聚偏二氟乙烯（PVF_2 或 PVDF）等；另外，还有高分子化合物中掺杂 PZT 压电陶瓷或钛酸钡粉末制成的高分子压电薄膜，如图 3-24 所示。

将厚约 0.2 mm 的 PVDF 薄膜裁制成 10～20 mm^2 大小，在它的正反两面各喷涂透明的二氧化锡导电电极，再用超声波焊接上两根柔软的电极引线，并用保护膜覆盖。使用时，用瞬干胶将其粘贴在玻璃上。当玻璃遭暴力打碎的瞬间，压电薄膜感受到剧烈振动，表面产生电荷 Q，在两个输出引脚之间产生窄脉冲报警信号，这就是玻璃打碎报警装置的原理。

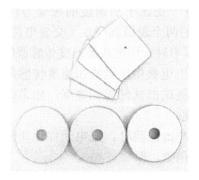　　

图 3-23　部分压电陶瓷的外形　　　图 3-24　高分子压电材料

3.3.2　压电式传感器的应用

压电式传感器可用来测量压力、振动、速度和加速度，也可用于声学和声发射等。

1. 测加速度

压电式加速度传感器又称压电加速度计，压电式加速度传感器也属于惯性式传感器，它利用了某些原理，如石英晶体的压电效应，在压电式加速度传感器受振动力作用时，质量块加在压电元件上的力也随之变化。当被测振动频率远远低于压电式加速度传感器的固有频率时，力的变化与被测加速度成正比。

图 3-25（a）所示为压电式加速度传感器的实物图。图 3-25（b）所示为压电式加速度传感器的内部结构示意图，主要由压电元件、质量块、预压弹簧、基座及外壳等组成。整个部件装在外壳内，并用螺栓加以固定。压电式加速度传感器的压电元件一般由两块压电晶片组成。在压电晶片的两个表面镀有电极，并引出引线。在压电晶片上放置一个质量块，质量块一般采用较大的金属钨或高密度的合金制成；然后用预压弹簧或螺栓、螺母对质量块预加载荷。为了防止试件的应变传送给压电元件，避免输出假信号，一般要加厚基座或选用刚度较大的材料来制造基座，壳体和基座的质量差不多占传感器质量的一半。

　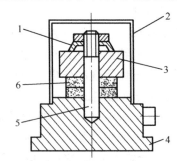

（a）压电式加速度传感器的实物图　　（b）压电式加速度传感器的内部结构示意图

1—预压弹簧；2—外壳；3—质量块；4—基座；5—螺栓；6—压电元件

图 3-25　压电式加速度传感器

在测量时，将压电式加速度传感器基座与试件刚性地固定在一起。当压电式加速度传感器受振动力作用时，由于基座和质量块的刚度相当大，而质量块的质量相对较小，可以认为质量块的惯性很小。因此，质量块产生与基座相同的运动，并受到与加速度方向相反的惯性力的作用。这样，质量块就有一正比于加速度的应变力作用在压电晶片上。由于压电晶片具有压电效应，因此在它的两个表面就产生了交变电荷（电压），当加速度频率远低于压电式加速度传感器的固有频率时，压电式加速度传感器的输出电压与作用力成正比，亦与试件的加速度成正比，输出电量由压电式加速度传感器输出端引出，输入前置放大器后就可以用普通的测量仪器测试出试件的加速度；如果在放大器中加入适当的积分电路，就可以测试试件的振动速度。

当压电式加速度传感器和试件一起受到冲击振动时，压电元件受质量块惯性力的作用，根据牛顿第二定律，此惯性力是加速度的函数，即

$$F = ma \tag{3-32}$$

式中，F 为质量块产生的惯性力；m 为质量块的质量；a 为加速度。

此时惯性力 F 作用在压电元件上，因此产生电荷 Q，当压电式加速度传感器选定后，m 为常数，压电式加速度传感器输出电荷与加速度成正比，即

$$Q = dF = dma \qquad (3\text{-}33)$$

若压电式加速度传感器中电容量 C 不变，则有

$$U = \frac{Q}{C} = \frac{dma}{C} \qquad (3\text{-}34)$$

因此，测得压电式加速度传感器输出的电压值便可得知加速度的大小。

压电式加速度传感器是一种常用的加速度传感器，用于测量加速度的传感器种类也很多，和其他类型的传感器相比，压电式加速度传感器具有一系列优点，如体积小、质量轻、坚实牢固、振动频率高（0.3～10 kHz）、加速度的测量范围大（$10^{-5}g$～$10^{-4}g$，g 为重力加速度 9.8 m/s²），以及工作温度范围宽等。压电式加速度传感器在飞机、汽车、船舶、桥梁和建筑的振动和冲击测量中已经得到了广泛的应用，特别是航空和航天领域。压电式加速度传感器也可以用来测量发动机内部燃烧压力与真空度；还可以用于军事工业，如用它来测量枪炮子弹在膛中击发的一瞬间膛压的变化和炮口的冲击波压力。它既可以用来测量大的压力，也可以用来测量微小的压力。

随着电子技术的发展，目前大部分压电式加速度传感器在壳体内都集成放大器，由它来完成阻抗变换的功能。这类内装集成放大器的压电式加速度传感器可使用长电缆而无衰减，并可直接与大多数通用的仪表、计算机等连接。其一般采用 2 线制，即用 2 根电缆给传感器供给 2～10 mA 的恒流电源，而输出信号也由这 2 根电缆输出，大大方便了现场的接线。

2. 测速度

如图 3-26 所示，在公路的地面下平行埋设 2 根相距 2 m 的 PVDF 高分子材料的压电电缆，当有车辆从上面压过时，2 根电缆分别产生脉冲信号 A 和 B，通过计算脉冲信号 A 和 B 的间隔时间就可以推算出该车的速度。

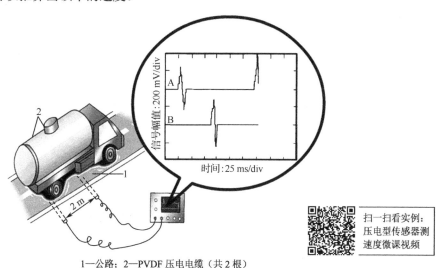

1—公路；2—PVDF 压电电缆（共 2 根）

图 3-26　压电式传感器的测速原理

根据对应 2 根压电电缆的输出信号波形和脉冲之间的间隔，可以先测出同一车轮通过 2 根电缆所花时间为 2.8 div×25 ms/div=0.07 s，估算车速为

$$v = S/t = 2 \text{ m}/0.07 \text{ s} \approx 28.57 \text{ m/s} \approx 102.86 \text{ km/h}$$

汽车的前后轮以此速度冲过同根电缆所花时间为 6 div×25 ms/div=0.15 s，其前后轮之间距离为

$$d = vt = 28.57 \text{ m/s} \times 0.15 \text{ s} = 4.2855 \text{ m}$$

根据汽车前后轮之间的距离和存储在计算机内部的档案数据就可判断车型，并可判断此车是否超速行驶。另外，根据 2 根压电电缆输出信号波形的幅度和时间间隔之间的关系，可判断此车是否超重行驶，载重量越大，压电电缆输出波形的幅度也就越大。

3. 测量金属加工切削力

图 3-27 所示为利用压电陶瓷传感器测量刀具切削力的示意图。

切削力是指切削金属时刀具切入工件使被加工材料发生变形并成为所需物的力。测力仪的测量原理是利用切削力作用在测力仪弹性元件上产生的变形，或作用在压电晶体上产生的电荷经过转换处理，读出 F_z、F_x 和 F_y 的值。

压电陶瓷元件由于自振频率高，特别适合测量变化剧烈的载荷。图 3-27 中压电陶瓷传感器位于车刀前部的下方，当进行切削加工时，切削力通过刀具传给压电陶瓷传感器，压电陶瓷传感器将切削力转换为电信号输出，记录下电信号的变化便可测得切削力的变化。准确地测量切削力是实现自动控制切削的关键环节。

4. 检测桥墩缺陷

在使用压电式加速度传感器测量桥墩（见图 3-28）水下部位裂纹时，将传感器基座与桥墩固定在一起，通过放电炮的方式使桥墩上的水箱振动，桥墩承受垂直方向的激励，传感器基座同时承受振动，内部质量块也产生相同的振动，并受到与加速度方向相反的惯性力的作用。这样质量块就产生一个正比于加速度的交变力作用在压电片上。由于压电片的压电效应，两个表面上产生了交变电荷。当振动频率远低于传感器的固有频率时，传感器的输出电荷与作用力（加速度）成正比，与试件的加速度成正比。其经电荷放大器放大后输入数据记录仪，再输入频谱分析仪，经频谱分析后就能判定桥墩有无缺陷。

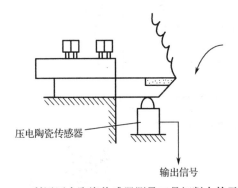

图 3-27　利用压电陶瓷传感器测量刀具切削力的示意图　　　　图 3-28　桥墩

若无裂纹，桥墩为一个质量块，振荡激励后只有一个谐振点，频谱曲线呈现单峰；若有裂纹，有两个或多个谐振点，频谱曲线呈双峰或多峰。

5. 电子微重力生物传感器

压电式传感器的测量元件是石英晶体，工业中生产的石英晶体具有很高的纯净度，固

有频率十分稳定，且其压电振荡频率主要取决于石英晶体的厚度。用于电子微重力生物传感器的石英晶体厚度为 10～15 mm，采用"Y"形切割的剪切模式，该模式可以克服谐振和泛音造成的干扰。因此，石英晶体的谐振频率主要依赖于晶体和涂层的组合质量。例如，现有的石英晶体传感器，其表面吸附的被测物质引起的谐振频率变化为

$$\Delta f = -2.3 \times 10^6 f^2 \frac{\Delta m}{A} \tag{3-35}$$

式中，f 为晶体频率，单位为 Hz；Δm 为晶体吸附的被测物质的质量，单位为 g；A 为传感器敏感区的面积，单位为 cm^2。

由电子微重力生物传感器组成的测量系统如图 3-29 所示。该系统使用两个压电式传感器（一个是参考传感器 C_r，另一个是测量用传感器 C_t），分别连接在振荡回路 O_r 和 O_t 中，并分别用频率计数器 FC_r 和 FC_t 伺服，连接在公用的微机上。

测量时，生物物质被吸附在传感器 C_t 上，导致其谐振频率发生变化，与 C_r 形成对比。这样就可以根据 Δf 推算出 Δm 的值。

此系统可用于生物液体的测量，如检测微生物的生长率等。利用该方法可对溶液中许多化合物通过电机上的电解沉淀进行测量。利用该方法，当生物液体浓度为 10～100 μmol/L 时，具有很好的线性关系。

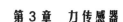

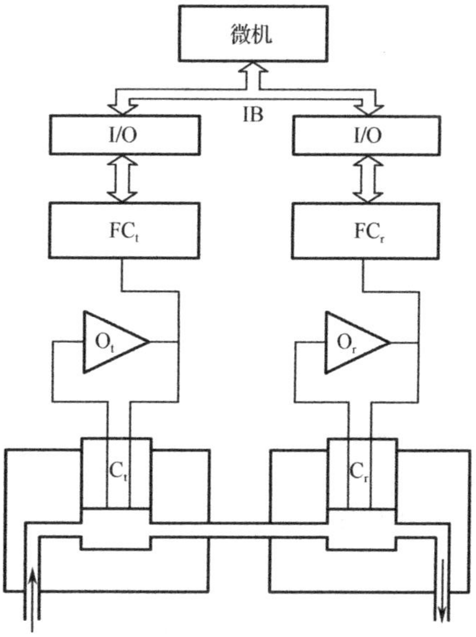

图 3-29　由电子微重力生物传感器组成的测量系统

6. 压电式传感器的选型

压电式传感器可以测量压力、加速度、位移等多种物理量，根据传感器的选用原则，压电式传感器选型依据如下。

1）测量目的

根据被测物理量选择专用的压电式传感器。例如，测量压力，选择压电式力传感器；测量加速度，选择压电式加速度传感器。

2）测量条件

压电式传感器的结构很多，应根据测量条件选择合适的安装方式，再选择合适的压电式传感器结构。

3）性能指标

压电式传感器的性能指标是选型的最重要依据之一，应根据测量目的、测量环境、测量要求选择性价比最高的产品。

例如，某压电式传感器的主要性能指标如下所示。

测量介质：液体或气体（对不锈钢壳体无腐蚀）。

量程：0～1 MPa。

精度等级：0.1%FS、0.5%FS（可选）。

稳定性能：±0.05%FS/年；±0.1%FS/年。

输出信号：RS485、4～20 mA（可选）。

过载能力：150%FS。

零点温度系数：±0.01%FS/℃。

满度温度系数：±0.02%FS/℃。

防护等级：IP68。

环境温度：−10～+80 ℃。

存储温度：−40～+85 ℃。

供电电源：DC 9～36 V。

外壳：不锈钢 1Cr18Ni9Ti。

扫一扫看电感型压力传感器教学课件

密封圈：氟橡胶。

膜片：不锈钢 316L。

电缆：ϕ7.2 mm 聚氨酯专用电缆。

本书 1.4 节中已对传感器的性能指标进行了详细的定义和解释，读者可以对照学习。

扫一扫看电感型压力传感器微课视频

3.4 电感式传感器

电感式传感器是利用线圈自感量或互感量系数的变化实现非电量测量的装置。电感式传感器的优点是可以得到较大的输出功率（1～5 W），因此不需放大就可以直接指示和记录。此外，其还有分辨力和测量精度高的优点，可测量压力、工件尺寸、振动等参数，在工业自动化测量技术中得到广泛应用。

根据转换原理，可将电感式传感器分为自感式、互感式和电涡流式三种。根据结构类型，可将电感式传感器分为气隙型和螺管型两种。

3.4.1 自感式传感器的工作原理

根据结构不同，自感式传感器又可分为气隙型和螺管型两种。下面以气隙型自感式传感器为例，分析自感式传感器的工作原理。

气隙型自感式传感器的结构示意图如图 3-30 所示。它由线圈、铁芯和衔铁组成。铁芯和衔铁之间保持一定的空气隙 δ，被测构件与衔铁相连。当被测构件产生位移时，衔铁随之移动，空气隙 δ 发生变化，引起磁阻变化，从而使线圈的电感值发生变化。当线圈中通以激磁电流 i 时，产生磁通 Φ_{m}，其大小与电流成正比，即

$$W\Phi_{\mathrm{m}} = Li \qquad (3\text{-}36)$$

式中，W 为线圈匝数；L 为自感。

根据磁路欧姆定律，有

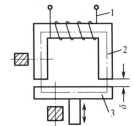

1—线圈；2—铁芯；3—衔铁

图 3-30 气隙型自感式传感器的结构示意图

$$F_m = Wi, \quad \Phi_m = \frac{F_m}{R_m} \tag{3-37}$$

式中，F_m 为磁动势；R_m 为磁路总磁阻。

将式（3-37）代入式（3-36），则自感为

$$L = \frac{W^2}{R_m} \tag{3-38}$$

当空气隙 δ 较小，而且不考虑磁路的铁损和铁芯磁阻时，总磁阻为

$$R_m \approx \frac{2\delta}{\mu_0 A_0} \tag{3-39}$$

式中，δ 为空气隙，单位为 m；μ_0 为空气磁导率，$\mu_0 = 4\pi \times 10^{-7}$，单位为 H/m；$A_0$ 为空气隙导磁截面积，单位为 m^2。

将式（3-39）代入式（3-38），可得

$$L = \frac{W^2 \mu_0 A_0}{2\delta} \tag{3-40}$$

式（3-40）表明，自感 L 与空气隙 δ 的大小成反比，而与空气隙导磁截面积 A_0 成正比。当 A_0 不变，而改变 δ 时，L 与 δ 呈非线性关系，此时传感器的灵敏度为

$$S = \frac{\mathrm{d}L}{\mathrm{d}\delta} = -\frac{W^2 \mu_0 A_0}{2\delta^2} \tag{3-41}$$

灵敏度 S 与空气隙的平方成反比，δ 越小，灵敏度越高。由于 S 不是常数，故会出现非线性误差。为了减小这一误差，通常规定传感器在较小空气隙范围内工作。例如，设空气隙变化范围为($\delta_0, \delta_0 + \Delta\delta$)，则灵敏度为

$$S = -\frac{W^2 \mu_0 A_0}{2\delta^2} = -\frac{W^2 \mu_0 A_0}{2(\delta_0 + \Delta\delta)^2} \tag{3-42}$$

由式（3-42）可以看出，当 $\Delta\delta \ll \delta_0$ 时，有

$$S \approx -\frac{W^2 \mu_0 A_0}{2\delta^2} \tag{3-43}$$

故灵敏度 S 趋于定值，即输出与输入近似地呈线性关系。因此，气隙型自感式传感器用于测量微小位移是比较准确的。

图 3-31 所示为自感式传感器的典型结构。

图 3-31（a）所示为可变导磁面积型自感传感器，也称变截面式自感传感器，其 δ 不变，自感 L 与 A_0 呈线性关系，这种传感器灵敏度较低。

图 3-31（b）所示为差动型自感传感器，衔铁位移时可以使两个线圈的间隙按 $\delta_0 + \Delta\delta$ 和 $\delta_0 - \Delta\delta$ 变化，一个线圈自感增加，另一个线圈自感减小。将两线圈接于电桥相邻桥臂，其输出灵敏度可提高一倍，并可改善线性特性。两个线圈的电气参数和几何尺寸要求完全相同。这种结构对温度变化、电源频率变化等的影响也可以进行补偿，从而减少了外界影响造成的误差。

图 3-31（c）所示为单螺管线圈型自感传感器，当铁芯在线圈中运动时，磁阻将改变，使线圈自感发生变化。这种传感器结构简单、容易制造，但灵敏度低，适用于较大位移（数毫米）的测量。

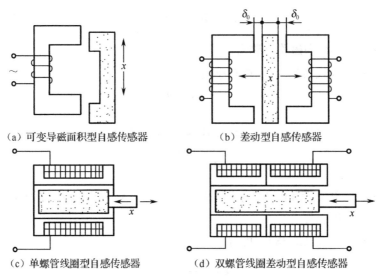

（a）可变导磁面积型自感传感器　　　　　（b）差动型自感传感器

（c）单螺管线圈型自感传感器　　　　（d）双螺管线圈差动型自感传感器

图 3-31　自感式传感器的典型结构

图 3-31（d）所示为双螺管线圈差动型自感传感器，较单螺管线圈型自感传感器有更高的灵敏度及线性，被用于电感测微计，构成两个桥臂，线圈电感 L_1、L_2 随铁芯位移而变化，其电路和输出特性如图 3-32 所示。

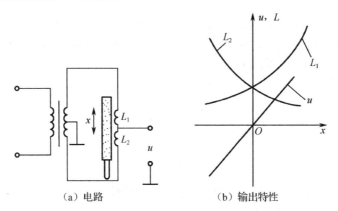

（a）电路　　　　　　　　（b）输出特性

图 3-32　双螺管线圈差动型自感传感器的电路和输出特性

3.4.2　互感式传感器的工作原理

把被测的非电量变化转换为线圈互感量 M 变化的传感器称为互感式传感器。这种传感器是根据变压器的基本原理制成的，并且次级绕组都用差动形式连接，故又称差动变压器式传感器。

差动变压器式传感器的结构形式较多，有变隙式、变面积式和螺线管式等，但其工作原理基本一样。在非电量测量中，应用最多的是螺线管差动变压器式传感器，它可以测量 1～100 mm 的机械位移，并且具有测量精度高、灵敏度高、结构简单、性能可靠等优点。

螺线管差动变压器式传感器的结构如图 3-33 所示，它由初级线圈、两个次级线圈和插入线圈中央的圆柱形铁芯等组成。

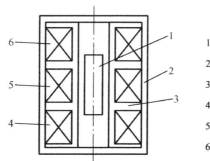

1—活动衔铁；

2—导磁外壳；

3—骨架；

4—匝数为 N_{2b} 的次级绕组；

5—匝数为 N_1 的初级绕组；

6—匝数为 N_{2a} 的次级绕组

图 3-33 螺线管差动变压器式传感器的结构

螺线管差动变压器式传感器按线圈绕组的排列方式不同可分为一节式、二节式、三节式、四节式和五节式等类型，如图 3-34 所示。一节式灵敏度高，三节式零点残余电压较小，通常采用的是二节式和三节式两类。

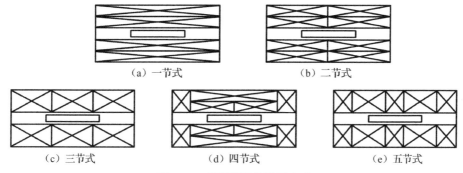

（a）一节式　　　　　　　（b）二节式

（c）三节式　　　　（d）四节式　　　　（e）五节式

图 3-34 线圈绕组的排列方式

差动变压器式传感器中两个次级线圈反向串联，并且在忽略铁损、导磁体磁阻和线圈分布电容的理想条件下，其等效电路如图 3-35 所示。当初级绕组加以激励电压 $\dot{U}_1$ 时，根据变压器的工作原理，在两个次级绕组中便会产生感应电势 $\dot{E}_{2a}$ 和 $\dot{E}_{2b}$。如果工艺上保证变压器结构完全对称，则当活动衔铁处于初始平衡位置时，必然会使两互感量相等，即 $M_1=M_2$。根据电磁感应原理，将有 $\dot{E}_{2a}=\dot{E}_{2b}$。由于变压器两个次级绕组反向串联，因此 $\dot{U}_2 = \dot{E}_{2a} - \dot{E}_{2b} = 0$，即变压器输出电压为 0。与普通变压器对比，差动变压器的磁路是开的，互感值是随衔铁位移而变化的。

当活动衔铁向上移动时，由于磁阻的影响，N_{2a} 中的磁通将大于 N_{2b} 中的磁通，使 $M_1>M_2$，因而 $\dot{E}_{2a}$ 增加，而 $\dot{E}_{2b}$ 减小；反之，$\dot{E}_{2b}$ 增加，$\dot{E}_{2a}$ 减小。因为 $\dot{U}_2 = \dot{E}_{2a} - \dot{E}_{2b} = 0$，所以当 $\dot{E}_{2a}$、$\dot{E}_{2b}$ 随着衔铁位移 x 变化时，$\dot{U}_2$ 也必将随 x 变化。变压器输出电压与活动衔铁位移的关系曲线如图 3-36 所示。实际上，当衔铁处于中心位置时，变压器的输出电压并不等于 0，我们把变压器在零位移时的输出电压称为零点残余电压，记作 U_x，它的存在使传感器的输出特性不过零点，造成实际特性与理论特性不完全一致。

零点残余电压主要是传感器的两个次级绕组的电气参数与几何尺寸不对称，以及磁性材料的非线性等问题引起的。零点残余电压的波形十分复杂，主要由基波和高次谐波组成。

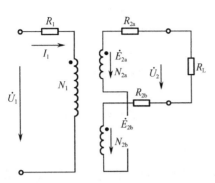

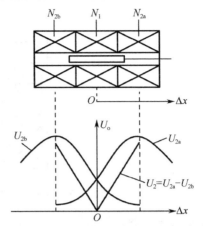

图 3-35　差动变压器式传感器的等效电路　　图 3-36　变压器输出电压与活动衔铁位移的关系曲线

　　基波产生的主要原因：传感器的两个次级绕组的电气参数和几何尺寸不对称，导致它们产生的感应电势的幅值不等、相位不同，因此不论怎样调整衔铁位置，两个线圈中的感应电势都不能完全抵消。高次谐波中起主要作用的是三次谐波，其产生的原因是磁性材料磁化曲线的非线性（磁饱和、磁滞）。零点残余电压一般在几十毫伏以下，在实际使用时，应设法减小 U_x，否则将会影响传感器的测量结果。

3.4.3　电涡流式传感器的工作原理

　　电涡流式传感器的工作原理是利用金属导体在交变磁场中的电涡流效应。其结构简单、灵敏度高、频率范围宽、不受油污等介质的影响，并能进行非接触测量，适用范围广。目前这种传感器主要用于位移、振动、厚度、转速、温度和硬度等参数的测量，还可用于无损探伤领域。

　　如图 3-37 所示，将一块金属板置于一个线圈的附近。根据法拉第定律，当传感器线圈中通以正弦交变电流 $\dot{I}_1$ 时，线圈周围空间必然产生正弦交变磁场 $\dot{H}_1$，使置于此磁场中的金属导体中产生感应电涡流 $\dot{I}_2$，$\dot{I}_2$ 又产生新的交变磁场 $\dot{H}_2$。根据楞次定律，$\dot{H}_2$ 的作用将反抗原磁场 $\dot{H}_1$，导致传感器线圈的等效阻抗发生变化。由此可知，线圈阻抗的变化完全取决于被测金属导体的电涡流效应。电涡流效应既与被测金属导体的电阻率 ρ、磁导率 μ 和几何形状有关，又与线圈几何参数、线圈中激磁电流频率有关，还与线圈与导体间的距离 x 有关。因此，传感器线圈受电涡流影响时的等效阻抗 Z 为

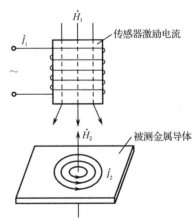

图 3-37　电涡流传感器的工作原理

$$Z=f(\rho,\ \mu,\ r,\ f,\ x) \tag{3-44}$$

式中，r 为线圈与被测金属导体的尺寸因子。

　　如果保持式（3-44）中其他参数不变，只改变其中一个参数，那么传感器线圈阻抗 Z

就仅是这个参数的单值函数。通过与传感器配用的测量电路测出阻抗 Z 的变化量，即可实现对该参数的测量，如变化 x 值，可用于位移、振动测量；变化 ρ 或 μ 值，可用于材质鉴别或探伤等。

3.4.4　电感式传感器的应用

1. 变隙式差动电感传感器测量压力

变隙式差动电感传感器如图 3-38 所示，它主要由 C 形弹簧管、衔铁和线圈等组成。

当被测气体进入 C 形弹簧管时，C 形弹簧管发生变形，其自由端发生位移，带动与自由端连接成一体的衔铁运动，使线圈 1 和线圈 2 中的电感发生大小相等、符号相反的变化，即一个电感量增大，另一个电感量减小。气体压力越大，衔铁越向下运动，那么变隙式差动电感传感器就越处于不平衡状态，输出信号也就越大。反过来，根据输出信号的大小也能反推压力的大小。

2. 自感式传感器测量位移

自感式传感器的轴向式测头与原理框图如图 3-39 所示。测量时测头的测端与被测件接

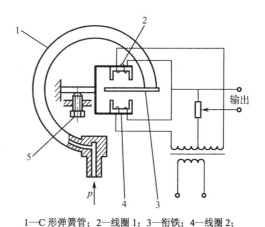

1—C 形弹簧管；2—线圈 1；3—衔铁；4—线圈 2；

5—调机械零点螺钉

图 3-38　变隙式差动电感传感器

触，被测件的微小位移使衔铁在差动线圈中移动，线圈电感值将产生变化，这一变化量通过引线传到交流电桥，电桥的输出电压反映出被测件的位移变化量。

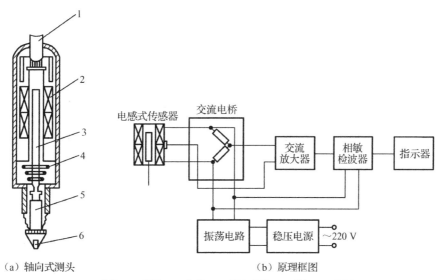

（a）轴向式测头　　　　　　　　（b）原理框图

1—引线；2—线圈；3—衔铁；4—测力弹簧；5—导杆；6—测端

图 3-39　自感式传感器的轴向式测头与原理框图

3. 差动变压器式传感器测量加速度

图 3-40 所示为差动变压器式传感器测量加速度的原理。衔铁受到加速度的作用使悬臂弹簧受力变形，与悬臂相连的衔铁产生相对线圈的位移，从而使变压器的输出改变。

4. 差动式自感测厚仪

差动式自感测厚仪由电桥式相敏检测测量电路组成，如图 3-41 所示。图 3-41 中电感 L_1 和 L_2 为差动式自感测厚仪的两个线圈。L_1 和 L_2 构成电桥桥路的相邻两个桥臂，C_1 和 C_2 构成另外两个桥臂。桥路的对角线用二极管 $VD_1 \sim VD_4$ 和电阻 $R_1 \sim R_4$ 组成相敏整流器，其

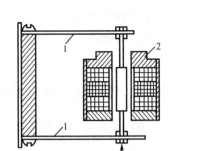

1—悬臂梁；2—差动变压器

图 3-40　差动变压器式传感器
测量加速度的原理

中电阻 $R_1 \sim R_4$ 的作用是减小温度误差，电流表 M 指示电流大小。电位器 R_5 的作用是调零，R_6 的作用是调节电流表满刻度值。变压器 B 给电桥供电，B 采用磁饱和交流稳压器，R_7、C_4、C_3 的作用是滤波。

当自感式传感器中的衔铁处于中间位置时，电感 $L_1 = L_2$，电桥平衡，$U_c = U_d$，电流表 M 中无电流流过。

当试件的厚度发生改变时，$L_1 \neq L_2$，电桥平衡被破坏。

若 $L_1 > L_2$，不管电源电压极性是 a 为正、b 为负（此时 VD_1、VD_4 导通），还是 a 为负、b 为正（此时 VD_2、VD_3 导通），d 点电位总是高于 c 点电位，M 的指针向一个方向偏转。

若 $L_1 < L_2$，c 点电位总是高于 d 点电位，M 的指针向另外一个方向偏转。

根据电流表的指针偏转方向和刻度指示值大小就能判断衔铁的运动方向和被测试件的厚度。

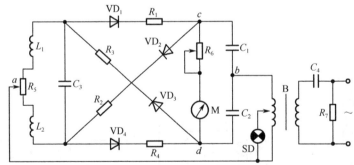

图 3-41　差动式自感测厚仪的电路

5. 电涡流检测法测量膜厚

利用电涡流检测法，能够检测金属表面氧化膜、漆膜、电镀膜等的厚度。其中金属表面氧化膜厚度的测量是各种测量中最常见的一种。测量时，假定金属表面有氧化膜，电涡流式传感器与金属表面的距离为 x。金属表面电涡流对传感器线圈中磁场的反作用改变了传感器的电感量，此时电感量为 $L_0 - \Delta L$；当金属表面无氧化膜时，电涡流式传感器与金属表面距离为 x_0，此时电感量为 L_0。那么根据电感量的变化量 ΔL 就能推算出氧化膜的厚度为 $x_0 - x$。

电涡流检测法的膜厚测量电路如图 3-42 所示。其中集成运算放大器 IC_1 和 IC_2 构成了正弦

振荡器，产生频率为 1～100 kHz 的正弦波，加载到变压器 B_1 的初级线圈上；B_1 次级线圈输出的正弦信号加载到桥式电路的输入端。桥式电路在非平衡状态下获取金属表面的电涡流变化，电涡流变化量通过由集成运算放大器 IC_3 组成的放大电路进行适当放大，再经交流放大器 IC_4 和 IC_5 继续放大后输出。图 3-42 中 W_1、W_2、W_3 分别为灵敏度调整、零点调整和电平调节电位器，L_1、L_2 为传感器电感。根据电路的输出可换算出被测金属表面氧化膜的厚度。

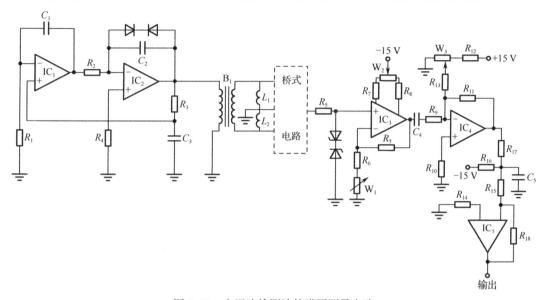

图 3-42 电涡流检测法的膜厚测量电路

3.5 电容式传感器

 扫一扫看电容型压力传感器教学课件

 扫一扫看电容型压力传感器微课视频

电容式传感器利用电容器的工作原理将被测非电量转换为电容量的变化，实现非电量到电量的转化。电容式传感器可以制成非接触式测量器，响应时间短，适用于在线和动态测量。电容式传感器抗干扰能力强，能承受相当大的温度变化和各种辐射作用，因此能工作在比较恶劣的环境中。电容式传感器具有高灵敏度，采用现代精密测量方法，已能测量电容值数量级为 10^{-7} 的变化量。电容式传感器被广泛地应用于位移、振动、角度、加速度等机械量的精密测量，还用于压力、差压、液面、料面、成分含量等方面的测量。

3.5.1 电容式传感器的工作原理

图 3-43 所示为平板电容器的结构示意图，如果不考虑边缘效应，其电容量为

$$C = \frac{\varepsilon S}{d} = \frac{\varepsilon_0 \varepsilon_r S}{d} \qquad (3-45)$$

式中，S 为极板相对覆盖面积；d 为极板间距离（极距）；ε_r 为相对介电常数；ε_0 为真空介电常数；ε 为电容极板间介质的介电常数。

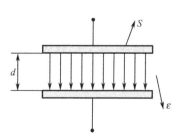

图 3-43 平板电容器的结构示意图

当被测参数变化使S、d或ε发生变化时，电容量C也随之变化，电容式传感器也可因此分为变极距（间隙）型、变面积型和变介电常数（介质）型三种，如图3-44所示。图3-44（a）、（b）所示电容式传感器属于变极距型；图3-44（c）～（h）所示电容式传感器属于变面积型；图3-44（i）～（l）所示电容式传感器属于变介电常数型。

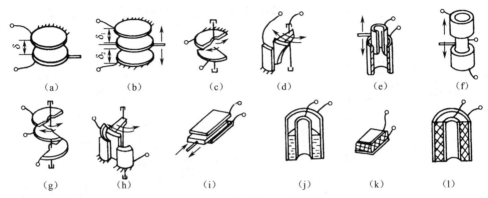

（a）　　（b）　　（c）　　（d）　　（e）　　（f）

（g）　　（h）　　（i）　　（j）　　（k）　　（l）

图3-44　电容式传感器的类型

1. 变极距型电容式传感器

当传感器的ε_r和S为常数，初始极距为d_0时，设电容器的初始电容量为

$$C_0 = \frac{\varepsilon S}{d_0} = \frac{\varepsilon_0 \varepsilon_r S}{d_0} \tag{3-46}$$

假设电容器的极距d_0缩小了Δd，此时电容量增大了ΔC，则有

$$C = C_0 + \Delta C = \frac{\varepsilon_0 \varepsilon_r S}{d_0 - \Delta d} = \frac{C_0}{1 - \dfrac{\Delta d}{d_0}} \tag{3-47}$$

若$\Delta d / d_0 \ll 1$，则式（3-47）可展成级数，即

$$C = C_0 \left[1 + \frac{\Delta d}{d_0} + \left(\frac{\Delta d}{d_0} \right)^2 + \left(\frac{\Delta d}{d_0} \right)^3 + \cdots \right] \approx C_0 \left[1 + \frac{\Delta d}{d_0} \right] \tag{3-48}$$

此时C与Δd近似呈线性关系，也就是说变极距型电容式传感器只有在$\Delta d / d_0$很小时，才有近似的线性关系。

电容式传感器的灵敏度为

$$S_n = \frac{\Delta C}{\Delta d} = \frac{C_0}{d_0} \tag{3-49}$$

由式（3-49）可知，要提高灵敏度，应减小Δd。但Δd过小，容易引起电容器击穿或短路。为此，常采用提高介电常数的方法，即在两极板间加云母、塑料膜等介质。一般电容式传感器的起始电容为20～30 pF，极距为25～200 μm。最大位移应小于极距的1/10，故其在微位移测量中应用最广。

如图3-45所示，在电容器两极板间放置云母

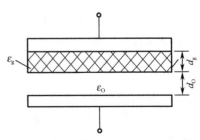

图3-45　放置云母片的电容器

片，其中 ε_g 为云母的相对介电常数，取值为 7；ε_O 为空气的介电常数，取值为 1；d_O 为空气隙的厚度；d_g 为云母片的厚度。此时有

$$\frac{1}{C} = \frac{1}{C_1} + \frac{1}{C_2} = \frac{1}{\dfrac{\varepsilon_0 \varepsilon_g S}{d_g}} + \frac{1}{\dfrac{\varepsilon_O S}{d_O}} \tag{3-50}$$

变换后得

$$C = \frac{S}{\dfrac{d_g}{\varepsilon_0 \varepsilon_g} + \dfrac{d_O}{\varepsilon_O}} \tag{3-51}$$

由此可见，云母的相对介电常数是空气介电常数的 7 倍，云母的击穿电压≥1000 kV/mm，而空气的击穿电压只有 3 kV/mm。因此放置云母片可使初始极距大大减小，极大地提高电容式传感器的灵敏度 S_n。

式（3-48）中若保留二次项，则有

$$\frac{\Delta C}{C_0} = \frac{\Delta d}{d_0}\left(1 + \frac{\Delta d}{d_0}\right) \tag{3-52}$$

此时其相对非线性误差为

$$\delta = \frac{\left|\left(\dfrac{\Delta d}{d_0}\right)^2\right|}{\left|\dfrac{\Delta d}{d_0}\right|} \times 100\% = \left|\frac{\Delta d}{d_0}\right| \times 100\% \tag{3-53}$$

根据式（3-49）和式（3-53）可知，要提高灵敏度，须减小初始极距 d_0，但这样会引起相对非线性误差 δ 增大。所以为使二者兼得，常采用差动式结构：当极距 Δd 变化时，其中一个电容器的电容量 C_1 随之增加，而另一个电容器的电容量 C_2 则随之减小。为提高灵敏度和线性度，克服电源电压、环境温度变化等外界条件的影响，常采用上下两极板是固定极板、中间极板是活动极板的差动平板式电容传感器结构，如图 3-46 所示。未开始测量时活动极板在中间位置，$C_1 = C_2$。开始测量时，中间极板向上或向下平移，电容量发生变化，使 $C_1 \neq C_2$。当动极板向上移 $\Delta \delta$ 时，上极板

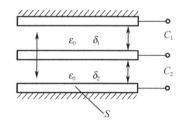

图 3-46　差动平板式电容传感器结构

与中间极板的间隙变小为 $\delta_1 = \delta_0 - \Delta \delta$，下极板与中间极板的间隙变大为 $\delta_2 = \delta_0 + \Delta \delta$，此时有

$$C_1 = C_0 \frac{1}{1 - \dfrac{\Delta \delta}{\delta_0}} \tag{3-54}$$

$$C_2 = C_0 \frac{1}{1 + \dfrac{\Delta \delta}{\delta_0}} \tag{3-55}$$

若 $\Delta d / d_0 \ll 1$，则式（3-54）和式（3-55）依然可展成级数，即

$$C_1 = C_0\left[1 + \frac{\Delta\delta}{\delta_0} + \left(\frac{\Delta\delta}{\delta_0}\right)^2 + \left(\frac{\Delta\delta}{\delta_0}\right)^3 + \cdots\right] \tag{3-56}$$

$$C_2 = C_0\left[1 - \frac{\Delta\delta}{\delta_0} + \left(\frac{\Delta\delta}{\delta_0}\right)^2 - \left(\frac{\Delta\delta}{\delta_0}\right)^3 + \cdots\right] \tag{3-57}$$

两式相减，得

$$\Delta C = C_1 - C_2 = C_0\left[2\frac{\Delta\delta}{\delta_0} + 2\left(\frac{\Delta\delta}{\delta_0}\right)^3 + 2\left(\frac{\Delta\delta}{\delta_0}\right)^5 + \cdots\right] \tag{3-58}$$

变换得

$$\frac{\Delta C}{C_0} = 2\frac{\Delta\delta}{\delta_0}\left[1 + \left(\frac{\Delta\delta}{\delta_0}\right)^2 + \left(\frac{\Delta\delta}{\delta_0}\right)^4 + \cdots\right] \tag{3-59}$$

若只保留式（3-59）中的线性项和三次项，则电容式传感器的相对非线性误差 δ 为

$$\delta = \frac{2\left|\left(\dfrac{\Delta d}{\delta}\right)^3\right|}{\left|2\dfrac{\Delta d}{\delta_0}\right|} \times 100\% = \left(\frac{\Delta\delta}{\delta_0}\right)^2 \times 100\% \tag{3-60}$$

由此可见，差动平板式电容传感器的灵敏度是原来的 2 倍，且零点附近的非线性误差大大降低。

2. 变面积型电容式传感器

变面积型电容式传感器根据结构不同可以分为线位移型、角位移型和圆柱位移型三种。

1）线位移型

如图 3-47（a）所示，线位移型电容式传感器由上下两块极板组成，下面为定极板，上面为动极板。当动极板沿定极板移动 Δx 时，电容变化量为

$$\Delta C = C - C_0 = \frac{\varepsilon_0 \varepsilon_r (a - \Delta x)b}{d} - C_0 \tag{3-61}$$

式中，a 为极板宽度；b 为极板长度；d 为极距；$C_0 = \varepsilon_0 \varepsilon_r ba/d$ 为初始电容量。经推导得到的电容相对变化量为

$$\frac{\Delta C}{C_0} = -\frac{\Delta x}{a} \tag{3-62}$$

显然，ΔC 与动极板位移 Δx 呈线性关系。

2）角位移型

如图 3-47（b）所示，当动极板产生角位移 θ 时，其与定极板间的有效覆盖面积发生改变，两极板间的电容量发生改变。

当 $\theta = 0$ 时，有

$$C_0 = \frac{\varepsilon_0 \varepsilon_r S_0}{\delta_0} \tag{3-63}$$

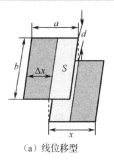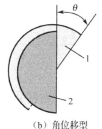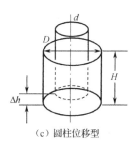

（a）线位移型　　　　　　　（b）角位移型　　　　　　　（c）圆柱位移型

1—动极板；2—定极板

图 3-47　变面积型电容式传感器的结构

当 $\theta \neq 0$ 时，有

$$C = \frac{\varepsilon_0 \varepsilon_r S_0 \left(1 - \dfrac{\theta}{\pi}\right)}{\delta_0} = C_0 - C_0 \frac{\theta}{\pi} \tag{3-64}$$

式中，ε_r 为介质相对介电常数；δ_0 为极距；S_0 为两极板间初始覆盖面积。

显然，ΔC 与动极板位移 θ 呈线性关系。

3）圆柱位移型

如图 3-47（c）所示，动定极板均为圆柱形结构。

当动极板移动高度 $\Delta h = 0$ 时，有

$$C_0 = \frac{2\pi \varepsilon H}{\ln \dfrac{D}{\delta}} \tag{3-65}$$

当动极板移动高度 $\Delta h \neq 0$ 时，有

$$C = C_0 - C_0 \frac{\Delta h}{H} \tag{3-66}$$

于是有

$$\Delta C = \frac{-2\pi \varepsilon H}{\ln \dfrac{D}{\delta}} = -C_0 \frac{\Delta h}{H}$$

显然，ΔC 与动极板位移 Δh 呈线性关系。

3. 变介电常数型电容式传感器

常用变介电常数型电容式传感器的结构如图 3-48 所示。

当两平行电极固定不动，极距为 d_0 时，将相对介电常数为 ε_{r2} 的电介质插到电容器中。随着电介质插入深度的变化，两种介质的极板覆盖面积发生改变。

传感器总电容量为

$$C = C_1 + C_2 = \varepsilon_0 b_0 \frac{\varepsilon_{r1}(L_0 - L) + \varepsilon_{r2} L}{d_0} \tag{3-67}$$

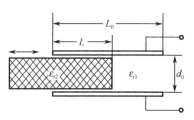

图 3-48　常用变介电常数型电容式传感器的结构

式中，L_0 和 b_0 分别为极板长度和宽度；L 为第二种电介质进入极板间的长度。若 $\varepsilon_{r2}=1$、$L=0$，则 $C_0 = \varepsilon_0 \varepsilon_r L_0 b_0 / d_0$。当电介质（介电常数为 ε_{r2}）进入极板间后，电容的相对变化量为

$$\frac{\Delta C}{C_0} = \frac{C - C_0}{C_0} = \frac{(\varepsilon_{r2} - 1)L}{L_0} \tag{3-68}$$

显然，ΔC 与动极板位移 Δh 呈线性关系。

由此可见，电容的变化量 ΔC 与电介质（介电常数为 ε_{r2}）的移动量 L 呈线性关系。变介电常数型电容式传感器常用于测量纸张、绝缘薄膜等的厚度，以及测量粮食、纺织品、木材或煤等非导电固体介质的湿度等。

3.5.2 电容式传感器的应用

1. 差动式电容传感器测量压力

图 3-49 所示为典型的差动式电容传感器，该传感器主要由一个活动电极、两个固定电极和三个电极的引出线组成。活动电极为圆形薄金属膜片，它既是活动电极，又是压力敏感元件；固定电极为两块中凹的玻璃圆片，在中凹内侧，即相对金属膜片侧镀有导电性能良好的金属层。

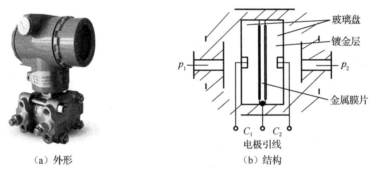

（a）外形　　　　　　　（b）结构

图 3-49　典型的差动式电容传感器

差动式电容传感器的工作原理：当被测压力（或压差）作用于测量膜片（电容器的动片）而产生位移时，电容器的电容量也随之发生变化，测量电路将该值转换成相应的电压或电流的变化。

这种传感器结构简单，灵敏度高，响应速度快（约 100 ms），能测微小压差（0～0.75 Pa）、真空或微小绝对压力。在使用这种传感器时需把膜片的一侧密封并抽成高真空（10^{-5} Pa）。

2. 变介电常数型电容式传感器测量液位

图 3-50 所示为变介电常数型电容式传感器液位计。图 3-50 中被测液体液位高 h，容器高 H，内筒圆柱直径为 d，外筒圆柱直径为 D，液体的介电常数为 ε_1，液体上方空气的介电常数为 ε。$C_0 = \dfrac{2\pi\varepsilon H}{\ln\dfrac{D}{d}}$ 为由传感器的基本尺寸决定的初始电容量。

此时传感器电容量为

$$C = \frac{2\pi\varepsilon_1 h}{\ln\dfrac{D}{d}} + \frac{2\pi\varepsilon(H-h)}{\ln\dfrac{D}{d}} = \frac{2\pi\varepsilon H}{\ln\dfrac{D}{d}} + \frac{2\pi(\varepsilon_1-\varepsilon)h}{\ln\dfrac{D}{d}} = C_0 + \frac{2\pi(\varepsilon_1-\varepsilon)h}{\ln\dfrac{D}{d}} \tag{3-69}$$

电容变化量为

$$\Delta C = \frac{2\pi(\varepsilon_1-\varepsilon)h}{\ln\dfrac{D}{d}} \tag{3-70}$$

显然，ΔC 与液体液位高度 h 成正比，并且两种介电常数差别越大，D 与 d 相差越小，传感器灵敏度越高。

3. 差动式电容传感器测量加速度

差动式电容传感器的结构如图 3-51 所示。当传感器壳体随被测对象沿垂直方向做直线加速运动时，质量块在惯性空间中相对静止，两个固定电极相对于质量块在垂直方向产生大小正比于被测加速度的位移。此位移使两电容的间隙发生变化，一个增加，另一个减小，从而使 C_1、C_2 产生大小相等、符号相反的增量，此增量正比于被测加速度。差动式电容传感器的主要特点是频率响应快和量程范围大，大多采用空气或其他气体作为阻尼物质。差动式电容传感器安装在轿车上，可以作为碰撞传感器。当测得的负加速度值超过设定值时，微处理器据此判断发生了碰撞，于是使轿车前部的折叠式安全气囊迅速充气而膨胀，托住驾驶员及前排乘员的胸部和头部。

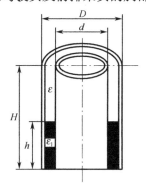

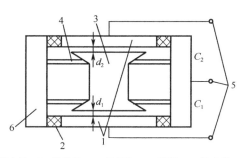

1—固定电极；2—绝缘垫；3—质量块；4—弹簧；5—输出端；6—壳体

图 3-50　变介电常数型电容式传感器液位计　　图 3-51　差动式电容传感器的结构

4. 指纹识别

20 世纪 60 年代，由于计算机可以有效地处理图形，人们开始着手研究利用计算机来处理指纹。从那时起，世界上许多国家开始对自动指纹识别系统（AFIS）从法律实施方面进行研究和应用。人在 4 个月大时就形成指纹，指纹特性相当固定，不会随着年龄的增长或身体健康程度的变化而变化。每个人的指纹都不相同，每枚指纹一般有 70～150 个基本特征点，2 枚指纹只要有 12～13 个特征点吻合，即可认定为同一指纹。而以此找出 2 枚完全一样的指纹需要 120 年，按人类人口数量为 60 亿计算，大概需要 300 年才可能出现重复的指纹。因此，想找到 2 枚完全相同的指纹几乎是不可能的。指纹特征一般分为总体特征和局部特征。总体特征包括纹形、特征点的分类、方向、曲率、位置。由于每个特征点都有大约 7 个特征，10 个手指最少具有 4900 个独立可测量的特征。基于指纹的特征多样性和不可复制性，每枚指纹都具有唯一性，利用指纹进行身份认证，可杜绝钥匙和 IC 卡被盗用或密码被破解等他人非法侵入的现象。

指纹识别主要分为四个阶段：读取指纹、提取特征、保存数据和比对确认。首先，通过指纹识别器的读取设备读取指纹图像。在获取到指纹图像之后，识别芯片对图像进行初步处理，使之更加清晰可辨。然后，通过指纹辨识软件建立指纹的"数字表示特征"数据，将指纹转换成特征数据。两枚不同的指纹会产生不同的特征数据。当指纹图像的特征数据被提取后，就可依照特征数据与数据库中存储的指纹进行比对和匹配，如图 3-52 所示。

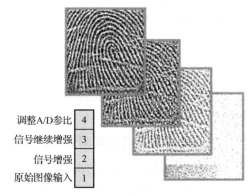

调整A/D参比 | 4
信号继续增强 | 3
信号增强 | 2
原始图像输入 | 1

图 3-52　指纹成像图

目前读取指纹时最常用的是电容式传感器，其也被称为第二代指纹识别系统。它的优点是体积小，成本低，成像精度高，而且耗电量很小，因此非常适合在消费类电子产品中使用。指纹识别所需电容式传感器包含一个有数万个金属导体的阵列，其外面是一层绝缘的表面，当用户的手指放在上面时，金属导体阵列/绝缘物/皮肤就构成了相应的小电容器阵列。它们的电容值随着脊（近的）和沟（远的）与金属导体之间的距离不同而变化。

利用电容式传感器可制作各种电容屏，电容屏分为表面电容屏和内电容屏两种。表面电容屏由于只能单点触控，已经被淘汰了。内电容屏又分为自电容式和互电容式两种。自电容式触摸屏的按键就是一种典型的内电容屏。每个通道都是感应通道，感应通道与地之间会形成寄生电容 C_p，当人手触摸时，人手和地、感应通道也形成电容 C_f，控制 IC 通过检测增加的电容判断是否有触摸。电磁炉的按键就是这种类型。如果把感应通道做成三角形的，多个三角形呈"爪"字排列组成一个平面，控制 IC 通过检测感应通道的电容变化量就能计算出 X、Y 坐标。这就是自电容式触摸屏的工作原理。由于这种方案的电容屏制作简单，成本低，早期大多数低端、便宜的手机都采用这种电容屏，一般情况下其只能单点触摸和放大、缩小。

互电容式触摸屏的工作原理：驱动通道 T_X 与感应通道 R_X 形成电容 C_m；T_X 发射脉冲电压信号，经过 C_m 后被 R_X 接收；当手指触摸时，手指和 T_X、R_X 通道又形成新的电容 C_p，控制 IC 通过检测增加的电容来计算 X、Y 坐标。这种电容屏支持多点触摸，手感好、抗干扰好，是目前的主流，被广泛应用于手机、一体机、ATM、KTV 点歌机、POS 机、广告机等。

实验 3　简易压电式传感器电路设计

1. 实验目的

掌握压电式传感器的工作原理，验证压电式传感器只能测量动态力不能测量静态力。

2. 实验原理

压电式传感器是以压电元件为转换元件，输出电荷与作用力成正比的力—电转换装置。在如图 3-53 所示的电路中，VT 采用场效应晶体管 3DJ6H，SP 采用压电陶瓷，VD₁、VD₂ 选用硅开关二极管 1N4148。当接通电源时，电容器 C 极板两端电压为 0，与之相连的场效应管控制栅极 G 的偏压为 0，这时 VT 导通，其漏极电流使红色发光二极管点亮。当压电陶瓷 SP 承受碰撞压力时，SP 产生负向脉冲电压，通过二极管 VD₁ 向电容器 C 充电，VT 的控制栅极加上负偏压，并超过 VT 所需要的夹断电压-9V，这时 VT 截止，红色发光二极管熄灭。二极管 VD₂ 旁路 SP 在碰撞结束后，随着电容器 C 上的电压由于元器件漏电而逐渐降低，当小于夹断电压（绝对值）时，VT 处于导通状态，产生漏极电流，红色发光二极管逐渐点亮，最终电路恢复到初始状态。

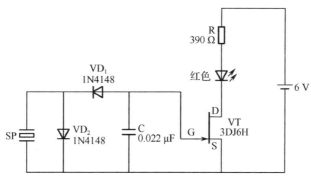

图 3-53 简易压电式传感器的电路

3. 实验步骤

（1）用面包板连接电路。

（2）使火柴杆从 10 cm 高度自由下落到压电陶瓷 SP 上，观察发光二极管的亮灭情况。

（3）将火柴杆放置在压电陶瓷 SP 上，观察发光二极管的亮灭情况。

实战项目 2 应变式电子秤的制作与调试

扫一扫看实战项目 2 应变片电子称的制作与调试微课视频

任务描述
制作与调试一台应变式电子秤，实现物体质量测量并显示的功能。 **要求：** （1）完成所选用电阻应变式传感器的标定工作； （2）分小组完成仪器实物的设计与制作； （3）提交系统设计报告和实物使用说明。 **目标：** （1）掌握电阻应变式传感器的工作原理、应用场合、使用及选用方法； （2）掌握应变式电子秤的设计原理、调试技巧； （3）初步具备自动检测系统故障处理能力； （4）掌握现场 6S 管理规范，养成良好的职业素养； （5）树立安全文明生产意识，培养组织管理能力、团队合作能力，提高自学能力。

知识准备

1. 系统总体设计

应变式电子秤的工作原理如图 3-54 所示。将应变片粘贴到受力的秤盘上，当秤盘承受物体重量时，应变片产生相应的变化，进而使电阻发生变化。由四个应变片组成的全桥电路将电阻的变化转换为电压的变化，A/D 转换模块采集电桥的输出电压并将压力信号转换为数字信号，单片机通过测量输出电压的数值再通过相应的计算即可得出待测物体的质量。

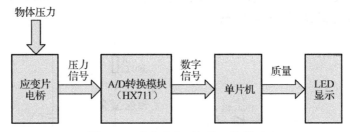

图 3-54　应变式电子秤的工作原理

2. 应变片电桥

应变片电桥将应变片电阻的微小变化转换为电压变化，本项目中采用全桥结构，四个应变片电阻大小均为 1 kΩ。

3. A/D 转换模块——HX711

HX711 是一款专为高精度电子秤而设计的 24 位 A/D 转换芯片。与其他同类型芯片相比，该芯片集成了稳压电源、内部时钟振荡器等其他同类型芯片所需要的外围电路，具有集成度高、响应速度快、抗干扰性强等优点，降低了电子秤的整机成本，提高了整机的性能和可靠性。图 3-55 所示为 HX711 的电路图。该电路使用内部时钟振荡器（XI=0），10 Hz 的输出数据速率（RATE=0）。电源（2.7～5.5 V）直接取用与 MCU 芯片相同的供电电源。通道 A 与传感器相连。

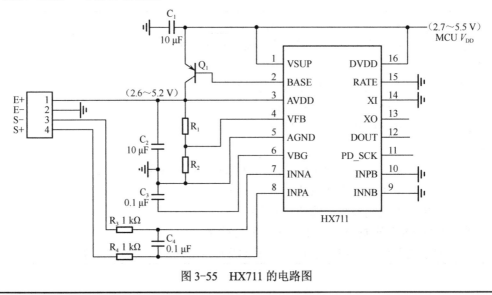

图 3-55　HX711 的电路图

4. 单片机模块

单片机模块可选用常见的带显示功能的单片机实验开发板。参照图 3-56，编写单片机代码，可实现单片机准确读取并显示物体质量。

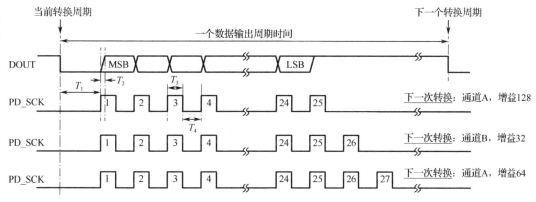

图 3-56 HX711 的时序图

5. 元器件清单

元器件清单如表 3-2 所示。

表 3-2 元器件清单

序号	元 件 名 称	元 件 符 号	规　格	数量	备　注
1	印制电路板			1	A/D 转换模块（HX711）
2	电子秤配件			1	含悬臂梁、托盘、应变片
3	单片机实验开发板			1	带显示功能
4	贴片电容	C_1、C_2	10 μF	2	0603 封装
5	贴片电容	C_3	0.1 μF	1	0603 封装
6	贴片电阻	R_3、R_4	1 kΩ	2	0603 封装
7	贴片电阻	R_1	8.2 kΩ	1	0603 封装
8	贴片电阻	R_2	20 kΩ	1	0603 封装
9	三极管	Q_1	8550	1	SOT-23
10	IC	U1	HX711	1	SO16
11	单排插针	JC1	SIP4	1	

制作与调试

1. 制作

（1）电路焊接：按如图 3-55 所示的电路结构与元器件尺寸设计印制 HX711 电路板，并装焊好元器件。

（2）电路连接：将应变片电路、HX711 与单片机模块连接好。应变片电桥的四个引脚分别接 HX711 的 E+、E-、S+、S-。HX711 的输出 DOUT 接引脚 P1.0，PD_SCK 接引脚 P1.1。

（3）按照电路图和芯片时序图，编写软件代码，实现对传感器信号的运算处理及显示功能。

2. 调试

在调试时，应准备 100 g 和 1 kg 标准砝码各一个，调试过程如下。

（1）调零。首先将秤体平放并在无负载条件下调整参数，使显示器准确显示 0。

（2）调满度。使秤体承担满量程质量时显示满量程值（本实验选取满量程值为 1 kg）。

（3）校准。在秤盘上放置 100 g 的标准砝码，观察显示器是否显示 100，如果有偏差，继续调整参数，使之准确显示 100。

（4）反复调整。重新进行步骤（2）和（3），直到均满足要求为止。

（5）记录数据：用 10 g、50 g、100 g、500 g、1 kg 等标准砝码作为测量件，在表 3-3 中记录测量值，并进行误差分析。

表 3-3　数据记录

实际值	10 g	50 g	100 g	500 g	1 kg
测量值					
示值相对误差					
引用相对误差					

3. 分析

（1）本电子秤的精度是多少？试着分析影响精度的参数，并尝试提高电子秤的精度。

（2）如何增加电子秤的去皮功能？

<hr>

总结与评价

1. 自我总结

（1）本项目中出现了哪些问题，是如何解决的？将调试中出现的问题与解决方法写到表 3-4 中。

表 3-4　调试中出现的问题与解决方法归纳表

故障内容	故障现象	故障原因	排除方法

（2）通过本项目，请说说在调试中如何将硬件和软件结合起来？

2. 评价

（1）同学互评：

同学签字：　　　　　　日期：

（2）教师评价：

教师签字：　　　　　　日期：

被评价人签字：　　　　　　　　　　　日期：

知识梳理与总结 3

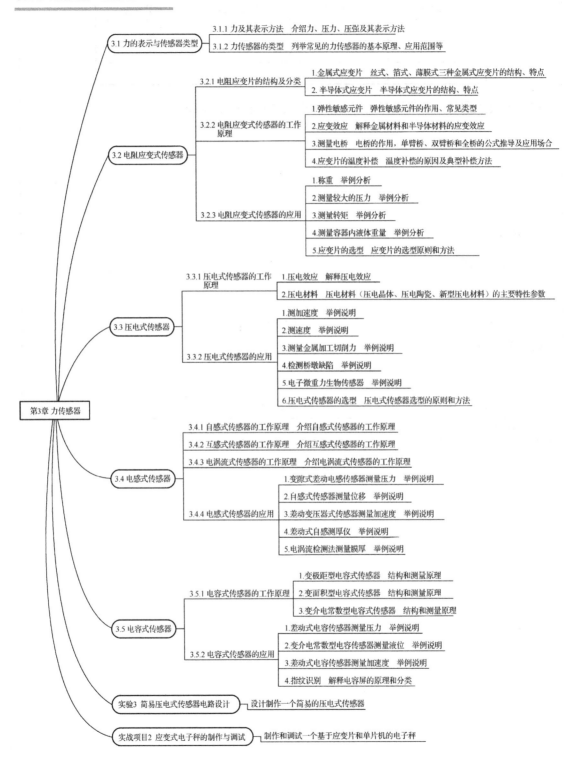

第3章 力传感器

- 3.1 力的表示与传感器类型
  - 3.1.1 力及其表示方法　介绍力、压力、压强及其表示方法
  - 3.1.2 力传感器的类型　列举常见的力传感器的基本原理、应用范围等

- 3.2 电阻应变式传感器
  - 3.2.1 电阻应变片的结构及分类
    - 1.金属式应变片　丝式、箔式、薄膜式三种金属式应变片的结构、特点
    - 2.半导体式应变片　半导体式应变片的结构、特点
  - 3.2.2 电阻应变式传感器的工作原理
    - 1.弹性敏感元件　弹性敏感元件的作用、常见类型
    - 2.应变效应　解释金属材料和半导体材料的应变效应
    - 3.测量电桥　电桥的作用，单臂桥、双臂桥和全桥的公式推导及应用场合
    - 4.应变片的温度补偿　温度补偿的原因及典型补偿方法
  - 3.2.3 电阻应变式传感器的应用
    - 1.称重　举例分析
    - 2.测量较大的压力　举例分析
    - 3.测量转矩　举例分析
    - 4.测量容器内液体重量　举例分析
    - 5.应变片的选型　应变片的选型原则和方法

- 3.3 压电式传感器
  - 3.3.1 压电式传感器的工作原理
    - 1.压电效应　解释压电效应
    - 2.压电材料　压电材料（压电晶体、压电陶瓷、新型压电材料）的主要特性参数
  - 3.3.2 压电式传感器的应用
    - 1.测加速度　举例说明
    - 2.测速度　举例说明
    - 3.测量金属加工切削力　举例说明
    - 4.检测桥墩缺陷　举例说明
    - 5.电子微重力生物传感器　举例说明
    - 6.压电式传感器的选型　压电式传感器选型的原则和方法

- 3.4 电感式传感器
  - 3.4.1 自感式传感器的工作原理　介绍自感式传感器的工作原理
  - 3.4.2 互感式传感器的工作原理　介绍互感式传感器的工作原理
  - 3.4.3 电涡流传感器的工作原理　介绍电涡流传感器的工作原理
  - 3.4.4 电感式传感器的应用
    - 1.变隙式差动电感传感器测量压力　举例说明
    - 2.自感式传感器测量位移　举例说明
    - 3.差动变压器式传感器测量加速度　举例说明
    - 4.差动式自感测厚仪　举例说明
    - 5.电涡流检测法测量膜厚　举例说明

- 3.5 电容式传感器
  - 3.5.1 电容式传感器的工作原理
    - 1.变极距型电容式传感器　结构和测量原理
    - 2.变面积型电容式传感器　结构和测量原理
    - 3.变介电常数型电容式传感器　结构和测量原理
  - 3.5.2 电容式传感器的应用
    - 1.差动式电容传感器测量压力　举例说明
    - 2.变介电常数型电容传感器测量液位　举例说明
    - 3.差动式电容传感器测量加速度　举例说明
    - 4.指纹识别　解释电容屏的原理和分类

- 实验3 简易压电式传感器电路设计　设计制作一个简易的压电式传感器

- 实战项目2 应变式电子秤的制作与调试　制作和调试一个基于应变片和单片机的电子秤

扫一扫看习题3参考答案

习题3

1. 电阻应变片和半导体应变片的工作原理有何区别？它们各有何特点？

2. 试画出电阻应变式传感器的几种测量电路，分析各电路的测量灵敏度。

3. 环境温度改变引起电阻变化的主要因素有哪些？

4. 什么是压电效应？

5. 常用的压电材料有哪些？

6. 常见的电感式传感器有哪些类型？

7. 什么是零点残余电压？其主要与哪些因素相关？

8. 什么是电涡流效应？简述电涡流式传感器的工作原理。

9. 某试件受力后，应变为 2×10^{-3}，已知应变片的灵敏度为 2，电阻初始值 $120\,\Omega$，若不计温度的影响，求电阻的变化量 ΔR。图 3-57 所示为直流应变电桥，假设图 3-57 中 $U_i=4\,V$，$R_1=R_2=R_3=R_4=120\,\Omega$，求：

（1）R_1 为金属应变片，其余均为外接电阻，当 R_1 的增量为 $\Delta R=1.2\,\Omega$ 时，电桥的输出电压 U_o 是多少？

（2）R_1 和 R_2 为金属应变片且批号相同，感受应变的大小相同、极性相反，$\Delta R_1=\Delta R_2=\Delta R=1.2\,\Omega$ 时，电桥的输出电压 U_o 是多少？

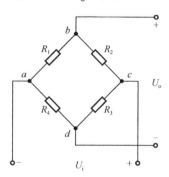

图 3-57 直流应变电桥

10. 图 3-58 所示为用电涡流式传感器构成的液位监控系统。浮子 1 与杠杆带动涡流板 2 上下位移，由电涡流式传感器 3 发出信号控制电动泵的开启而使液位保持稳定。请分析该液位监控系统的工作过程。

1—浮子；2—涡流板；3—电涡流式传感器

图 3-58 用电涡流式传感器构成的液位监控系统

第4章

速度传感器

速度传感器是最为常用的一种传感器，被广泛应用于日常生活和各种工业自动控制环境，几乎所有能动的设备中都能用到速度传感器。

【知识目标】

掌握光电式传感器的工作原理、应用范围；

掌握霍尔传感器的工作原理、应用范围。

【技能目标】

学会光电式传感器、霍尔传感器的使用方法；

学会选择合适的速度传感器。

4.1　速度的表示与传感器类型

速度是基本物理量之一，速度测量是实现速度控制的前提，因此速度的测量非常重要。

4.1.1　速度及其表示方法

速度是描述物体运动快慢的物理量，速度等于位移与发生位移的时间的比值，用符号 v 表示，定义式为

$$v = s/t \tag{4-1}$$

速度在国际单位制中的最基本单位是米每秒，国际符号是 m/s，中文符号是米/秒。常用单位是千米/小时，国际符号是 km/h。单位换算：1 m/s=3.6 km/h。

在自动化技术中，旋转运动速度测量较多，多用转速来表示。转速是指单位时间内，物体做圆周运动的次数，用符号 n 表示。其常用单位为 r/s（转/秒）、r/min（转/分）。

4.1.2　常见速度传感器的类型

常见的速度传感器有光电式传感器、霍尔传感器、磁电式振动传感器等，如图 4-1 所示。

（a）光电式传感器　　　　（b）霍尔传感器　　　（c）磁电式振动传感器

图 4-1　常见的速度传感器

光电式传感器是一种将被测的非电量转换为光信号，再将光信号转换为电信号的传感器。光电式传感器具有非接触式测量、响应快、性能可靠等特点，可用来测量转速、位移、温度、表面粗糙度等参数。

霍尔传感器是一种用半导体薄片利用霍尔效应做成的传感器，可以用来直接测量磁场、微位移量、速度，也可以间接测量液位、压力等工业生产过程中的参数。

磁电式振动传感器是惯性式传感器，它利用磁电感应原理把振动信号转换成电压信号，该电压值正比于振动速度值，可用于测量轴承座、机壳或结构的振动（相对于惯性空间的绝对振动）。磁电式振动传感器可以直接安装在机器外部，使用及维护极为方便。

4.2　光电式传感器

 扫一扫看光电
式速度传感器
教学课件

 扫一扫看光电
式速度传感器
微课视频

光电式传感器是以光电器件作为转换器件的传感器。它可用于检测直接引起光量变化

的非电量，如光强、光照度、辐射温度、气体成分等；也可用来检测能转换成光量变化的其他非电量，如零件直径、表面粗糙度、应变、位移、振动、速度、加速度，以及物体的形状、工作状态等。光电式传感器具有非接触式测量、响应快、性能可靠等特点，因此在工业自动化装置和机器人中获得广泛应用。

光电式传感器可分为对射型、反射型、微型和灵敏度可调节型等类型，如图 4-2 所示。

（a）对射型 （b）反射型 （c）微型 （d）灵敏度可调节型

图 4-2 常见的光电式传感器

4.2.1 光电式传感器的工作原理

1. 光电效应

光电式传感器的工作原理是光电效应。用光照射某一物体，可以看作物体受到一连串能量为 E 的光子的轰击，这种物体的材料吸收光子能量而发生相应电效应的物理现象称为光电效应。通常把光线照射到物体表面后产生的光电效应分为三类。

1）外光电效应

在光线作用下，能使电子溢出物体表面的现象称为外光电效应，如图 4-3 所示。基于该效应的光电器件有光电管、光电倍增管、光电摄像管等，属于玻璃真空管光电器件。

2）内光电效应

图 4-3 外光电效应

在光线作用下，能使物体电阻率改变的现象称为内光电效应。基于该效应的光电器件有光敏电阻、光敏二极管、光敏三极管等，属于半导体光电器件。

3）光生伏特效应

在光线作用下，能使物体产生一定方向电动势的现象称为光生伏特效应。基于该效应的光电器件有光电池等，属于半导体光电器件。

2. 光电器件

具有光电效应的器件称为光电器件，常见的光电器件有光电管、光敏电阻、光敏二极管、光敏三极管、光电池等。

1）光电管

如图 4-4 所示，光电管由光电阴极 K 和阳极 A 构成，并且密封在真空玻璃管内。阳极

（a）外形

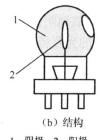

（b）结构

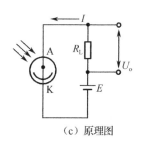

（c）原理图

1—阴极；2—阳极

图4-4 光电管的外形、结构及原理图

通常用金属丝弯曲成矩形或圆形，置于玻璃管中央；光电阴极装在玻璃管内壁上并涂有光电发射材料。光电管的特性主要取决于光电阴极的材料。

当入射光线穿过光窗照到光电阴极上时，由于外光电效应，光电子就从极层内发射至真空。在电场的作用下，光电子在极间做加速运动，最后被高电位的阳极接收，在阳极电路中就可测出光电流，其大小取决于光照度和光电阴极的灵敏度等因素。如果在外电路中串入一只适当阻值的电阻，则电路中的电流便转换为电阻上的电压。

由于材料的逸出功不同，因此不同材料的光电阴极对不同频率的入射光有不同的灵敏度。当光电管的检测对象是紫外线时，光电管就是紫外光电管，简称紫外管。目前紫外光电管在工业检测中多用于紫外线测量、火焰监测等，可见光较难引起光电子的发射。另外，由于光电管的灵敏度较低，在微光测量中通常采用光电倍增管。光电倍增管由真空管壳内的光电阴极、阳极，以及位于其间的若干个倍增极构成。工作时在各电极之间加上规定的电压。当光或辐射照射光电阴极时，光电阴极发射光电子，光电子在电场的作用下逐级轰击次级倍增极，在末级倍增极形成数量为光电子的 106～108 倍的次级电子。众多的次级电子最后被阳极收集，在阳极电路中产生可观的输出电流。

（1）伏安特性。

在一定的光照度下，光电阴极电压与阳极电流之间的关系称为光电管的伏安特性。真空光电管和充气光电管的伏安特性分别如图 4-5（a）和（b）所示，它们是光电式传感器的主要参数依据，显然充气光电管的灵敏度更高。

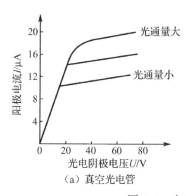

（a）真空光电管

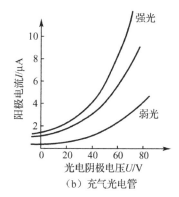

（b）充气光电管

图4-5 光电管的伏安特性

（2）光照特性。

当光电管的光电阴极与阳极之间所加电压一定时，光通量与光电流之间的关系为光照特性，如图 4-6 所示。其中，曲线 1 是氧铯阴极光电管的光照特性，光电流 I 与光通量ϕ呈线性关系；曲线 2 是锑铯阴极光电管的光照特性，光电流 I 与光通量ϕ呈非线性关系。显然，光通量越强，光电流越大。

（3）光谱特性。

光电管的光谱特性通常是指当阳极与光电阴极之间所加电压不变时，入射光的波长（或频率）与其相对灵敏度之间的关系。它主要取决于光电阴极材料。光电阴极材料不同的光电管适用于不同的光谱范围。另外，同一光电管对于不同频率（即使光强度相同）的入射光，灵敏度也不同。

扫一扫看实例：基于光电管的自动路灯系统微课视频

（4）应用实例。

光电管在各种自动化装置中得到广泛应用，街道的路灯自动控制开关就是其应用之一，其模拟电路如图 4-7 所示，其中 A 为光电管，B 为电磁继电器，C 为照明电路，D 为路灯。白天光线强，光电管导通，电磁铁线圈通电，电磁铁得磁吸附衔铁，导致触点断开，路灯不亮；晚上光线弱，光电管截止，电磁铁线圈失电，电磁铁失磁松开衔铁，触点接通，路灯点亮。

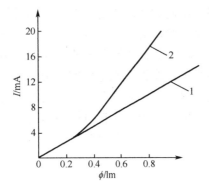

图 4-6　光电管的光照特性

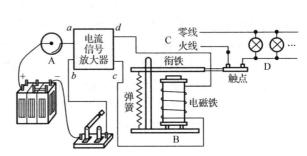

图 4-7　基于光电管的自动路灯系统的模拟电路

2）光敏电阻

光敏电阻是一种利用光敏感材料的内光电效应（光电效应）制成的光电器件。它具有精度高、体积小、性能稳定和价格低等特点，所以被广泛应用在自动化技术中作为开关式光电信号传感器件。如图 4-8 所示，在均匀的、具有光电效应的半导体材料的两端加上电极便可构成光敏电阻。在光敏电阻的两端加上适当的偏置电压 U 后，便有电流 I 流过。

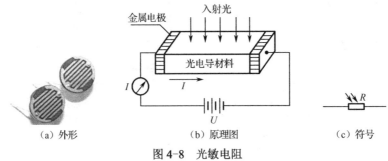

（a）外形　　　　　　（b）原理图　　　　　　（c）符号

图 4-8　光敏电阻

由于所用材料和工艺不同，光敏电阻的光电性能差异很大。

（1）重要参数。

光敏电阻的几个重要参数如下。

暗电阻和暗电流：光敏电阻在室温或全暗条件下测得的阻值称为暗电阻，通常超过 1 MΩ，此时流过光敏电阻的电流称为暗电流。

亮电阻和亮电流：光敏电阻在受光照射时的阻值称为亮电阻，一般在几千欧以下，此时流过光敏电阻的电流称为亮电流。

光敏电阻质量的好坏，可以通过测量其亮电阻与暗电阻来衡量。如果亮电阻为几千欧到几十千欧，暗电阻为几兆欧到几十兆欧，则说明光敏电阻质量好。

光电流：亮电流与暗电流之差称为光电流。光电流越大，光敏电阻的灵敏度就越高。但光敏电阻容易受温度的影响，温度升高，暗电阻减小，暗电流增加，灵敏度下降。

（2）光照特性。

光敏电阻的光照特性：在一定外加电压下，光敏电阻的光电流与光通量的关系，如图 4-9 所示。光通量 ϕ 是光源在单位时间内发出的光量总和，单位是流明（lm）。

不同光敏电阻的光照特性是不同的，但大多数情况下光照特性曲线是非线性的，所以光敏电阻不宜用作定量检测元件，而常在自动控制系统中用作光电开关。

（3）伏安特性。

光敏电阻的伏安特性：在一定光照度下，流过光敏电阻的电流与光敏电阻两端的电压的关系。由图 4-10 可见，光敏电阻在一定的电压范围内，其 I-U 曲线为直线。说明其阻值与入射光量有关，而与电压电流无关。

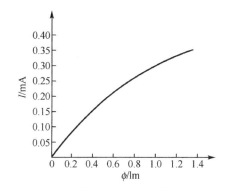

图 4-9　光敏电阻的光照特性曲线

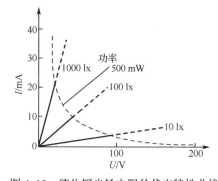

图 4-10　硫化镉光敏电阻的伏安特性曲线

（4）光谱特性。

光敏电阻对入射光的光谱具有选择作用，即光敏电阻对不同波长的入射光有不同的灵敏度。光敏电阻的相对灵敏度与入射光波长的关系称为光敏电阻的光谱特性，也称为光谱响应。图 4-11 所示为几种不同材料光敏电阻的光谱特性。对应于不同波长，光敏电阻的灵敏度也不同，而且不同材料光敏电阻的光谱特性图也不同。由图 4-11 可知，硫化镉光敏电阻的光谱响应的峰值在可见光区，常被用作测量光度量（光照度计）的探头；硫化铅光敏电阻响应于近红外和中红外区，常被用作火焰探测器的探头。

（5）频率特性。

实验证明，光敏电阻的光电流不能随着光强改变而立刻变化，即光敏电阻产生的光电流有一定的惰性，这种惰性通常用时间常数表示。大多数光敏电阻的时间常数都较大，这是其缺点之一。不同材料的光敏电阻具有不同的时间常数（毫秒数量级），因此它们的频率特性也就各不相同。图 4-12 所示为硫化镉和硫化铅光敏电阻的频率特性，相比而言，硫化铅的使用频率范围较大。

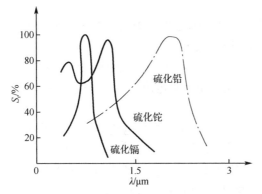

图 4-11　几种不同材料光敏电阻的光谱特性　　图 4-12　硫化镉和硫化铅光敏电阻的频率特性

（6）光谱温度特性。

光敏电阻和其他半导体器件一样，受温度影响较大。温度变化影响光敏电阻的光谱响应，同时光敏电阻的灵敏度和暗电阻也随之改变，尤其是响应于红外区的硫化铅光敏电阻受温度影响更大。图 4-13 所示为硫化铅光敏电阻的光谱温度特性，由图 4-13 可见，硫化铅光敏电阻的光谱响应的峰值随着温度上升向波长短的方向移动。因此，硫化铅光敏电阻要在低温、恒温的条件下使用。对于可见光的光敏电阻，其受温度的影响要小一些。

光敏电阻具有光谱特性好、允许的光电流大、灵敏度高、使用寿命长、体积小等优点，所以应用广泛。此外许多光敏电阻对红外线敏感，适宜在红外区工作。

（7）应用实例。

扫一扫看实例：
光敏电阻控制
电路微课视频

利用光敏电阻将光线的强弱变化转换为电阻值的变化，以达到光控制电路的目的。如图 4-14 所示，当光照度下降到设置值时，由于光敏电阻阻值上升激发 VT$_1$ 导通，VT$_2$ 的激励电流使继电器工作，常开触点闭合，常闭触点断开，实现对外电路的控制。

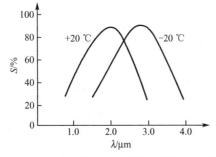

图 4-13　硫化铅光敏电阻的光谱温度特性

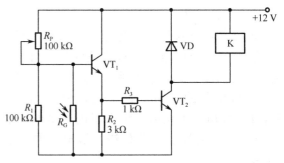

图 4-14　光敏电阻控制电路

3）光敏二极管

（1）工作原理。

光敏二极管是基于内光电效应制成的光敏器件。光敏二极管的结构与一般二极管类似，它的 PN 结装在透明管壳的顶部，可以直接受到光照射，其外形如图 4-15（a）所示。光敏二极管在电路中处于反向偏置状态。当无光照时，光敏二极管与普通二极管一样，反向电阻很大，电路中仅有很小的反向饱和漏电流，称为暗电流。当有光照时，在 PN 结附近产生光生电子-空穴对，在内电场作用下定向运动形成光电流，且随着光照度的增强，光电流增大。所以，光敏二极管在不受光照射时处于截止状态，在受光照射时处于导通状态。光敏二极管符号和接线方法如图 4-15（b）和（c）所示。它主要用于光控开关电路和光耦合器。

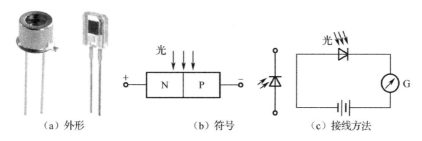

（a）外形　　　　　（b）符号　　　　　（c）接线方法

图 4-15　光敏二极管符号及接线方法

（2）伏安特性。

硅光敏二极管的伏安特性如图 4-16 所示，横坐标表示所加的反向偏置电压。当有光照时，反向电流随着光照度的增强而增大，在不同的光照度下，伏安特性曲线几乎平行，所以只要没达到饱和值，它的输出实际上就不受反向偏置电压大小的影响。

（3）检测方法。

当有光照时，光敏二极管与普通二极管一样，有较小的正向电阻和较大的反向电阻；当无光照时，光敏二极管正向电阻和反向电阻都很大。在用欧姆表检测时，先让光照射在光敏二极管管芯上，测出其正向电阻，该阻值与光照度有关，光照度越强，正向电阻值越小；然后用一块遮光黑布挡住照射在光敏二极管上的光线，测量其阻值，这时正向电阻值应立即变得很大。在有光照和无光照条件下测得的两个正向电阻值相差越大越好。

（4）应用实例。

图 4-17 所示为基于光敏二极管的光照度测量电路。

扫一扫看实例：光强度测量电路微课视频

图 4-17 中 VD_2 为光敏二极管，VD_1 为稳压二极管。当没有光照时，VD_2 截止，A 点电位 V_A 很高，FET 导通，此时调整 R_W，可以使电桥平衡，电流表指针指向 0；当有光照时，VD_2 导通，产生电流 I_L，A 点电位 V_A 下降，R_2 上的电流变小，B 点电位 V_B 下降，电流表指针偏转。当光照不同时，I_L 不同，V_A 不同，R_2 上压降不同，电流表指针偏转角度也不同。因此可以根据电流表读数判断光照度。

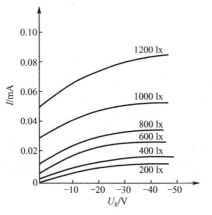

图 4-16　硅光敏二极管的伏安特性

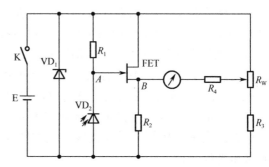

图 4-17　基于光敏二极管的光照度测量电路

总之，光敏二极管具有入射光量与输出电流呈线性关系、特性受温度影响小、响应速度快、分散性小等优点，因此光敏二极管是应用最广泛的光电器件之一。特别需要注意的是，在实际应用中，如红外遥控器中发光器件是与感光器件配对使用的。发光二极管作为发光器件，其发光特性应当与作为感光器件的光敏二极管匹配，波长是它们主要的匹配依据。

4）光敏三极管

光敏三极管也是基于内光电效应制成的光敏器件。光敏三极管的结构与一般三极管不同，通常有两个 PN 结，但只有正负（C、E）两个引脚。它的外形与光敏二极管相似，从外观上很难区别。图 4-18 所示为光敏三极管的外形与图形符号。

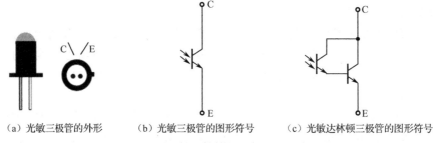

（a）光敏三极管的外形　　　（b）光敏三极管的图形符号　　　（c）光敏达林顿三极管的图形符号

图 4-18　光敏三极管的外形与图形符号

光线通过透明窗口落在基区及集电结上，使 PN 结产生光生电子-空穴对，在内电场作用下做定向运动，形成光电流，因此 PN 结的反向电流大大增加。由于光照射发射结产生的光电流相当于三极管的基极电流，集电极电流是光电流的 β 倍。因此，光敏三极管比光敏二极管的灵敏度高得多，但光敏三极管的频率特性比光敏二极管差，暗电流也大。

（1）光谱特性。

光敏管的光谱特性是指在一定光照度下，输出的光电流（或相对灵敏度）与入射光波长的关系。硅和锗光敏二极（三极）管的光谱特性如图 4-19 所示。对于不同波长的入射光，其相对灵敏度是不同的。一般而言，锗三极管的暗电流比硅三极管大，故一般锗三极管的性能比较差。所以在探测可见光或炽热状态物体时，都采用硅三极管；在探测红外光时，采用锗三极管比较合适。

（2）伏安特性。

硅光敏三极管的伏安特性如图 4-20 所示。纵坐标为光电流，横坐标为集电极-发射极电压。从图 4-20 中可见，由于三极管的放大作用，在同样的光照度下，其光电流比相应的二极管大上百倍。

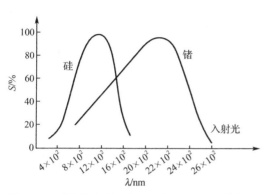

图 4-19　硅和锗光敏二极（三极）管的光谱特性

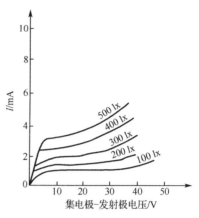

图 4-20　硅光敏三极管的伏安特性

（3）频率特性。

光敏管的频率特性是指光敏管输出的光电流（或相对灵敏度）随频率变化的关系。光敏二极管的频率特性是半导体光电器件中最好的一种，普通光敏二极管频率响应时间达 10 μs。光敏三极管的频率特性受负载电阻的影响，图 4-21 所示为光敏三极管的频率特性，减小负载电阻可以提高频率响应范围，但输出电压响应也减小。

（4）温度特性。

光敏管的温度特性是指光敏管的暗电流及光电流与温度的关系。光敏三极管的温度特性如图 4-22 所示。由特性曲线可以看出，温度变化对光电流的影响很小，如图 4-22（b）所示；温度变化对暗电流的影响很大，如图 4-22（a）所示，所以在电子线路中应该对暗电流进行温度补偿，否则将会导致输出误差。

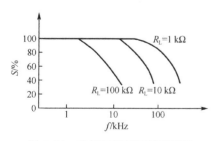

图 4-21　光敏三极管的频率特性

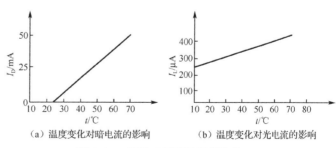

（a）温度变化对暗电流的影响　　（b）温度变化对光电流的影响

图 4-22　光敏三极管的温度特性

（5）检测方法。

用一块黑布遮住照射被测器件的光，选用万用表的 $R \times k$ 档，测量其两引脚引线间的正、反向电阻，若均为无限大，则其为光敏三极管；拿走黑布，万用表指针向右偏转到 15 k～30 kΩ 处，偏转角越大，说明其灵敏度越高。

（6）应用实例。

图 4-23 所示为基于光敏三极管的转速测量电路。在光盘 m 上均匀开有若干个圆孔，当光盘 m 随电机轴一起转动时，穿过孔的光线能够照射到光敏三极管 3DU 上。IC$_1$ 555 构成滞后比较电路，R_{W1} 用来调节比较电平。IC$_2$ 555 构成单稳态电路，K 是量程选择开关。3DJ6 场效应管构成恒流电路，表头 A 指示转速值。当电机带动转盘转动时，每到一个测量孔或测量条纹处时，光敏三极管 3DU 受光照射一次，便导通一次，使 IC$_1$ 555 输出一个高电平脉冲，在该脉冲的下降沿触发 IC$_2$ 555 定时输出高电平。也就是说，单稳态电路用来测量传感器输出光脉冲的频率，通过表头 A 即可得到转速值。

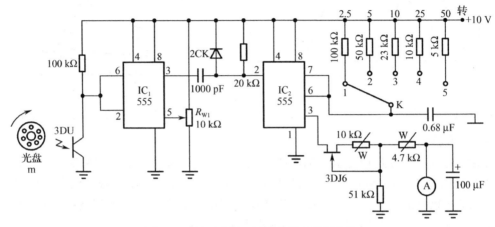

图 4-23　基于光敏三极管的转速测量电路

5）光电池

光电池是一种直接将光能转换为电能的光电器件。光电池在有光线作用时实质就是电源，电路中有了这种器件就不需要外加电源。

光电池的工作原理是光生伏特效应。如图 4-24（a）所示，光电池实际上是一个大面积的 PN 结，当光照射到 PN 结的一个面，如 P 型面时，若光子能量大于半导体材料的禁带宽度，那么 P 型区每吸收一个光子就产生一对自由电子和空穴，电子-空穴对从表面向内迅速扩散，在结电场的作用下，建立一个与光照度有关的电动势。光电池的工作电路可以等效为如图 4-24（b）所示的电路。根据材料不同，常见的光电池分为硅光电池和硒光电池。

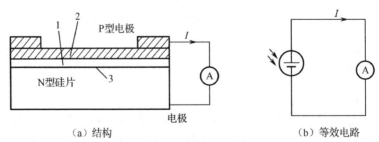

（a）结构　　　　　　　　　　　　（b）等效电路

1—硼扩散层；2—SiO$_2$ 膜；3—PN 结

图 4-24　硅光电池的结构和等效电路

光电池的基本特性有以下几种。

（1）光谱特性。

光电池对不同波长的光的灵敏度是不同的，不同材料的光电池的光谱响应峰值对应的入射光波长也是不同的。图 4-25 所示为硅光电池和硒光电池的光谱特性，由图 4-25 可知，与硒光电池相比，硅光电池可以在更宽的波长范围内得到应用。

（2）光照特性。

光照特性是指光电池的光电流和光照度之间的关系，以及光生电动势和光照度之间的关系。图 4-26 所示为硅光电池的光照特性。从图 4-26 中可以看出，短路电流在很大范围内与光照度呈线性关系，开路电压（负载电阻 R_L 无限大）与光照度的关系是非线性的，并且当光照度为 2000 lx 时就趋于饱和了。因此，在用光电池作为测量元件时，应把它当作电流源，而不宜把它当作电压源。

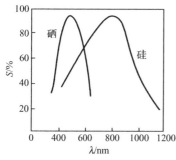

图 4-25 硅光电池和硒光电池的光谱特性

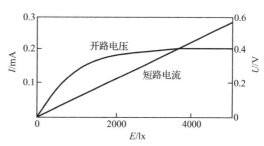

图 4-26 硅光电池的光照特性

（3）频率特性。

图 4-27 所示为光电池的频率特性，横坐标表示光的调制频率。由图 4-27 可见，硅光电池在很宽的频率范围内光电流基本维持稳定，因此有较好的频率特性。

（4）温度特性。

光电池的温度特性是描述光电池的开路电压和短路电流随温度变化的特性。由于它关系到应用光电池的仪器或设备的温度漂移，影响测量精度或控制精度等重要指标，因此温度特性是光电池的重要特性之一。硅光电池的温度特性如图 4-28 所示。从图 4-28 中可以看出，开路电压随温度升高而快速下降，短路电流随温度升高而缓慢增加。由于温度对光电池的工作有很大影响，因此在把它作为测量元件使用时，最好能保证温度恒定或采取温度补偿措施。

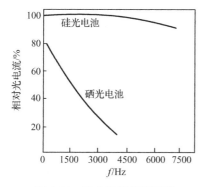

图 4-27 光电池的频率特性

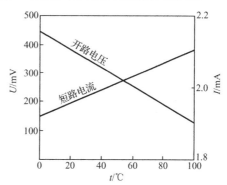

图 4-28 硅光电池的温度特性

（5）应用实例。

图 4-29 所示为基于光电池的自动路灯系统，其中集成运算放大器 U_3 构成电压比较电路，比较光电池的输出电压 U_{o24} 和基准电压的大小，当光线变暗，光电池输出电压 U_{o24} 低于基准电压时，集成运算放大器 U_3 输出低电平，三极管 Q_1 导通，路灯 CR_1 被点亮。

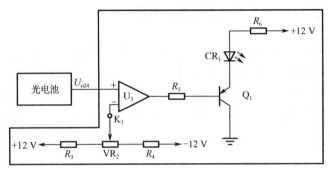

扫一扫看实例：基于光电池的自动路灯系统微课视频

图 4-29　基于光电池的自动路灯系统

4.2.2　光电式传感器的应用

光电式传感器是将光的变化转换为电的变化的一种传感器，其测量属于非接触式测量，其理论基础是光电效应，核心器件是光电器件，目前被广泛应用于生产的各个领域。依据被测物、光源、光电器件三者之间的关系，可以将光电式传感器分为四种类型，如图 4-30 所示。

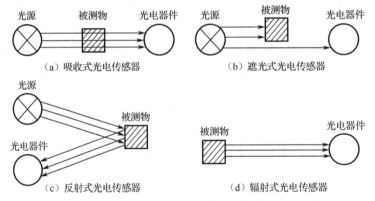

（a）吸收式光电传感器　　　　　（b）遮光式光电传感器

（c）反射式光电传感器　　　　　（d）辐射式光电传感器

图 4-30　光电式传感器的类型

（1）吸收式光电传感器。光源发的光穿过被测物，一部分由被测物吸收，剩余部分投射到光电器件上，光吸收量取决于被测物的某些参数。典型的例子有透明度计、浊度计。

（2）遮光式光电传感器。光源发出的光在到达光电器件的途中遇到被测物，照射到光电器件上的光被遮掉一部分，光电器件的输出反映了被测物的尺寸。典型的例子有振动测量、工件尺寸测量等。

（3）反射式光电传感器。光源发出的光投射到被测物上，然后从被测物表面反射到光电器件上，光电器件的输出反映了被测物的某些参数。典型的例子有反射式光电法测转速、测量工件表面粗糙度、测纸张的白度、烟雾报警器等。

（4）辐射式光电传感器。光源本身是被测物，被测物发出的光投射到光电器件上，光电器件的输出反映了光源的某些物理特性。典型的例子有光电高温比色温度计、光照度计、照相机曝光量控制等。

1. 光电式转速表

在转速测量过程中，传统的机械式转速表和接触式电子转速表均会影响被测物的旋转速度，并且对被测物旋转速度的大小也有一定的限制，不能很好地满足自动化的要求。光电式转速表可以在与被测物距离大于 10 mm 的地方以非接触方式测量，可以用于高速测量而不干扰被测物的转动。光电式转速表分为透射式（也叫作对射式）和反射式两种。图 4-31（a）所示为透射式光电转速表，在被测转轴上固定一个带孔的调制盘，调制盘一侧由光源产生光，透过测量孔到达光电器件，并转换成相应的电脉冲信号，该脉冲信号经过放大整形电路输出整齐的脉冲信号，转速通过该脉冲频率测定。图 4-31（b）所示为反射式光电转速表，在被测转轴上固定一个涂有黑白相间条纹的圆盘，它们具有不同的反射信号，并可转换成电脉冲信号。

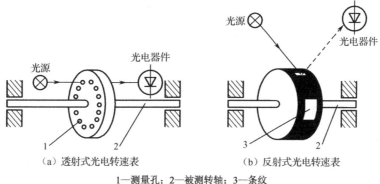

（a）透射式光电转速表　　　　（b）反射式光电转速表

1—测量孔；2—被测转轴；3—条纹

图 4-31　光电式转速表的原理

转速 n 与脉冲频率 f 之间的关系式为

$$n = 60f/N \tag{4-2}$$

式中，N 为调制盘测量孔数或黑白条纹数。

实际测量时，光源和光电器件是一个整体，即光电式传感器。透射式光电传感器的结构如图 4-32（a）所示，发光器件（光源）和接收器件（光电器件）分别位于凹槽的两边，被测物须置于凹槽中，因此其又称为凹槽型光电式传感器。图 4-32（b）所示为反射式光电传感器的结构，发光器件（光源）和接收器件（光电器件）同时位于反射物的另一侧。因为这种光电式传感器的体积很小，发光器件和接收器件在同一个塑料壳体中，所以其又称为光电断续器。光电断续器是价格便宜、结构简单、性能可靠的光电式传感器，应用非常广泛。例如，在复印机中用来检测复印纸的有无；在流水线上检测细小物体的暗色标记；用于检测防盗门的位置；用于检测物体接近与否；用于检测瓶盖及标签等。

光电式传感器的输出信号需要经过如图 4-33 所示的电路进一步处理，才可转换为频率信号。图 4-33 中 BG$_1$ 为光敏三极管，当传感器的输出光线照射 BG$_1$ 时，产生光电流，使

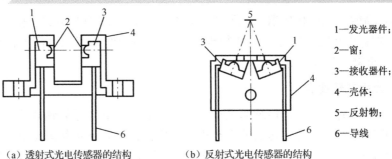

1—发光器件；

2—窗；

3—接收器件；

4—壳体；

5—反射物；

6—导线

（a）透射式光电传感器的结构　　（b）反射式光电传感器的结构

图 4-32　透射式和反射式光电传感器的结构

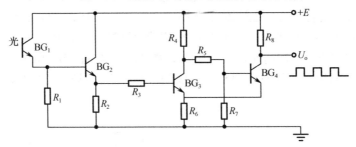

图 4-33　光电脉冲转换电路

R_1 上压降增大，导致晶体管 BG_2 导通，触发由晶体管 BG_3 和 BG_4 组成的射极耦合触发器，使 U_o 为高电平；反之，U_o 为低电平。U_o 可送到计数电路计数。

2. 光电式带材跑偏检测器

在冷轧带钢厂中，某钢在某些工艺过程（如连续酸洗、退火、镀锡等）中易产生跑偏，在其他工业部门的工艺过程（如印染、造纸、生产胶片和磁带等）中也会发生类似的问题。带材跑偏时，边缘经常与传送机械发生碰撞，易出现卷边，造成次品。光电式带材跑偏检测器用来检测带形材料在加工过程中偏离正确位置的大小及方向，从而为纠偏控制电路提供纠偏信号，如图 4-34 所示。

扫一扫看实例：光电式带材跑偏检测器微课视频

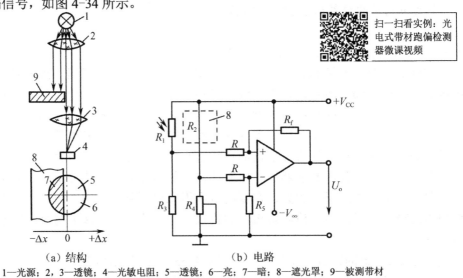

（a）结构　　　　　　（b）电路

1—光源；2，3—透镜；4—光敏电阻；5—透镜；6—亮；7—暗；8—遮光罩；9—被测带材

图 4-34　光电式带材跑偏检测器

光源 1 发出的光经透镜 2 汇聚为平行光束后，再经透镜 3 汇聚，入射到光敏电阻 4 上。透镜 2、3 分别安装在带材合适位置的上、下方，在平行光束到达透镜 3 途中，将有部分光线受到被测带材的遮挡，从而使到达光敏电阻的光通量减少。R_1、R_2 是同型号的光敏电阻，R_1 作为测量元件安装在带材下方，R_2 作为温度补偿元件用遮光罩覆盖。$R_1 \sim R_4$ 组成一个电桥电路，当带材处于正确位置（中间位置）时，通过预调电桥平衡，使放大器输出电压 U_o 为 0。如果带材在移动过程中左偏，遮光面积减小，光敏电阻的光照面积增加，阻值变小，电桥失衡，放大器输出+U_o；如果带材在移动过程中右偏，遮光面积增大，光敏电阻的光照面积减小，阻值变大，电桥失衡，放大器输出-U_o。输出电压 U_o 的正负及大小反映了带材走偏的方向及大小。输出电压 U_o 一方面通过显示器显示出来，另一方面被送到纠偏控制系统，作为驱动执行机构产生纠偏动作的控制信号。

3. 阅读环境光强监视器

扫一扫看实例：基于光敏电阻的阅读环境光强监视器微课视频

　　图 4-35 所示为阅读环境光强监视器电路，其可应用在台灯系统中，用于读书环境光强的监视。国家标准规定的阅读环境光照度不低于 100 lx。

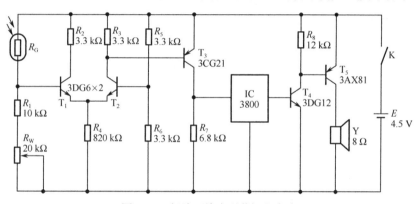

图 4-35　阅读环境光强监视器电路

　　图 4-35 中光敏电阻 R_G、R_1、R_W 构成采光电路，R_G 作为 T_1 上的偏置电阻，T_1 和 T_2 组成差动放大电路。IC 3800 是音乐集成控制电路，受 T_2 和 T_3 组成的复合电路控制。IC 3800 的输出信号经过 T_4、T_5 组成的复合功率放大电路后驱动扬声器 Y 工作，播放音乐以示警告。

　　当光照度低于 100 lx 时，光敏电阻 R_G 阻值增大，T_1 截止，T_2 和 T_3 导通，IC 3800 工作，扬声器 Y 播放音乐，提示报警；当光照度由小增大到 100 lx 时，R_G 阻值减小，T_1 导通，T_2 和 T_3 截止，IC 3800 不工作，扬声器不发声。

　　R_1 和 R_W 的值应根据 R_G 在 100 lx 光照度时的值进行调整，当光照度为 100 lx 时，电路开始报警，扬声器发声。另外，R_G 应尽可能选择光谱特性曲线峰值在波长为 55 nm 的绿色光附近的光敏电阻。

4. 光电式传感器的限位

　　光电式传感器被广泛应用于自动控制系统，典型应用有产品安装、缺件检测、行程控制、斜度控制、自动注料、库房警卫、产品技术、液面控制、定尺剪切等，这些应用都利用了光电式传感器的限位功能，因此光电式传感器有时又称为光电限位开关。

　　在自动化生产线或机器人系统中，经常会看到如图 4-36 所示的光电限位开关。其作用

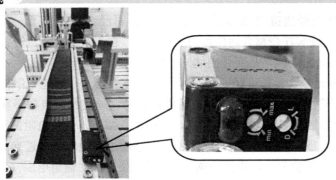

图 4-36 光电式传感器的限位应用

是判断物料块是否达到指定位置。当物料块达到其前方时，会将光电限位开关发出的光反射回去，被光电限位开关接收，从而判断前方是否有物料块。此类型的光电限位开关是可调节型的，侧面有两个旋钮，一个用于调节检测范围，顺时针为增大方向；另外一个用于改变开关模式。使用时可根据需要调整检测范围和开关模式。

5. 光电式传感器的选型

单独的光电器件，如光敏电阻、光敏二极管等一般用于构成分立电路，测量速度、位移等物理量时一般选择集成的光电式传感器。某公司 E3JK 系列光电式传感器的性能参数如表 4-1 所示，选型时要重点考虑如下技能指标。

（1）检测距离：这是光电式传感器最关键的参数。如表 4-1 所示，不同型号的传感器检测距离不一样。

（2）灵敏度调节：具备此功能的光电式传感器，可以根据实际需要适当调节检测范围。

（3）响应时间：代表传感器的反应速度。

（4）控制输出：有入光时 ON 和遮光时 ON 两种模式，可切换模式。

表 4-1 某公司 E3JK 系列光电式传感器的性能参数

性能参数	型 号			
	E3JK-TR11	E3JK-TR12	E3JK-TR13	E3JK-TR14
检测距离/m	40	5	40	5
标准检测物体	ϕ 17 mm 以上的不透明物体			
指向角	投光器、受光器，各 3° 以上			
光源（发光波长）	红外发光二极管（624 nm）		红外发光二极管（850 nm）	
电源电压	DC 24～240 (1±10%)V 脉动（p–p）10% 以下 AC 24～240(1±10%)V，50/60 Hz			
消耗功率	DC：3 W 以下（投光器 1.5 W 以下、受光器 1.5 W 以下） AC：3 W 以下（投光器 1.5 W 以下、受光器 1.5 W 以下）			
控制输出	继电器输出：1C 触点 AC 250V，3A（cosψ=1）以下；DC 5 V，10 mA 以上 开关模式切换：入光时 ON/遮光时 ON			

续表

性能参数	型　号			
	E3JK-TR11	E3JK-TR12	E3JK-TR13	E3JK-TR14
寿命（继电器输出）	机械：5000 万次以上（开关频率 1800 次/h）			
	电气：10 万次以上（开关频率 1800 次/h）			
响应时间	20 ms 以下			
灵敏度调节	单方向旋钮，仅受光器			
使用环境光照度	受光面光照度　白炽灯：3000 lx 以下。太阳光：11 000 lx 以下			
环境温度范围	动作时：−25～+55 ℃。保存时：−40～+70 ℃（不结冰、不凝露）			
环境湿度范围	动作时：35%～85%。保存时：35%～95%（不凝露）			

4.3　霍尔传感器

 扫一扫看霍尔式速度传感器微课视频

 扫一扫看霍尔式速度传感器教学课件

霍尔传感器是基于霍尔效应的一种传感器，是目前应用广泛的一种磁电式传感器。它可以用于检测磁场、微位移、转速、流量、角度，也可以用于制作高斯计、电流表、接近开关等。它可以实现非接触式测量，而且在很多情况下，可采用永磁铁来产生磁场，不需要附加能源。因此，这种传感器被广泛应用于自动控制、电磁检测等领域。霍尔传感器具有灵敏度高、线性度和稳定性好、体积小、质量轻、频带宽、动态性能好、寿命长和耐高温等特性。

4.3.1　霍尔传感器的外形及结构

霍尔传感器有霍尔元件（也称为霍尔器件）和霍尔集成电路两种类型，常见的霍尔传感器的外形如图 4-37 所示。

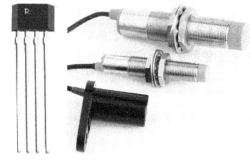

（a）霍尔元件　　　　（b）霍尔接近开关　　　　（c）线性霍尔集成电路　　　（d）霍尔电流传感器

图 4-37　常见的霍尔传感器的外形

1. 霍尔元件

霍尔元件的结构很简单，是由霍尔片、四根引线和壳体组成的，如图 4-38（a）所示。霍尔片是一块矩形半导体单晶薄片，引出四根引线：1、1′引线加激励电压或电流，称激励电极（控制电极）；2、2′引线为霍尔输出引线，称为霍尔电极。霍尔元件的壳体是用非导磁金属、陶瓷或环氧树脂封装的。在电路中，霍尔元件一般可用两种符号表示，如图 4-38（b）所示。

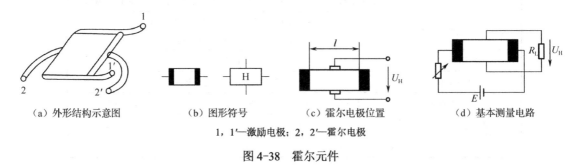

（a）外形结构示意图　　　（b）图形符号　　　（c）霍尔电极位置　　　（d）基本测量电路

1，1′—激励电极；2，2′—霍尔电极

图 4-38　霍尔元件

霍尔元件的材料有 InSb（碲化铟）、GaAs（砷化镓）和 Si（硅）等。目前，经常使用的霍尔元件是用碲化铟或砷化镓制成的，硅常用于霍尔集成电路。砷化镓霍尔元件在恒电流条件下工作时灵敏度温度系数小，其输出电压对应于磁场强度的线性度好，高频特性也很优良。其输出电压灵敏度比碲化铟霍尔元件小，不过最近市场上也有高灵敏度的砷化镓霍尔器件。

2. 霍尔集成电路

目前，霍尔传感器已从分立型结构发展到集成电路。霍尔集成电路是把霍尔元件、放大器、温度补偿电路及稳压电源等做在一块芯片上的集成电路型结构。与前者相比，霍尔集成电路具有微型化、可靠性高、寿命长、功耗低及负载能力强等特点，越来越受到人们的重视，应用日益广泛。

霍尔集成电路分线性型和开关型两大类。

1）线性型霍尔集成电路

线性型霍尔集成电路将霍尔元件和恒流源、线性差动放大器等放在一块芯片上，输出电压为伏级，比直接使用霍尔元件方便得多。较典型的线性型霍尔集成电路有 UGN3501 等。图 4-39 所示为 UGN3501 的引脚和输出特性曲线，它的特点是输出电压在一定范围内与磁感应强度呈线性关系。当磁感应强度为 0 时，它的输出电压等于 0；当感受到的磁场为正向（磁钢的 S 极对准霍尔集成电路的正面）时，输出为正；为反向时，输出为负。

UGN3501 常用于线性参数的测量，如 4.3.3 节中提到的高斯计和钳形电流表都使用了 UGN3501 来设计检测电路。

2）开关型霍尔集成电路

开关型霍尔集成电路将霍尔元件、稳压电路、放大器、施密特触发器、OC 门（集电极开路输出门）等放在一块芯片上。当外加磁场强度超过规定的工作点时，OC 门由高阻态变为导通状态，输出变为低电平；当外加磁场强度低于释放点时，OC 门重新变为高阻态，输出高电平。霍尔开关传感器可分为单稳态和双稳态两种类型，双稳态霍尔开关传感器具有两组对称的施密特整形电路。

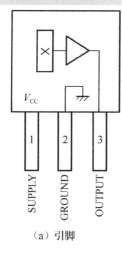

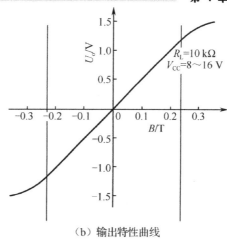

（a）引脚　　　　　　　　　（b）输出特性曲线

图 4-39　UGN3501

单稳态霍尔开关传感器 UGN3020 的引脚和内部电路如图 4-40（a）和（c）所示。霍尔开关传感器的磁特性是指由高电平翻转为低电平的导通磁感应强度和由低电平翻转为高电平的截止磁感应强度之间存在滞环宽度 ΔB，如图 4-40（d）所示。滞环宽度对霍尔开关传感器来说是必需的，因为在导通磁感应强度附近，如果没有滞环效应或滞环效应很小，那么由于磁噪声或磁钢振动等原因，电路的输出反复开启和关闭，形成类似于自激振荡的现象。滞环宽度越大，抗振动干扰能力就越强。

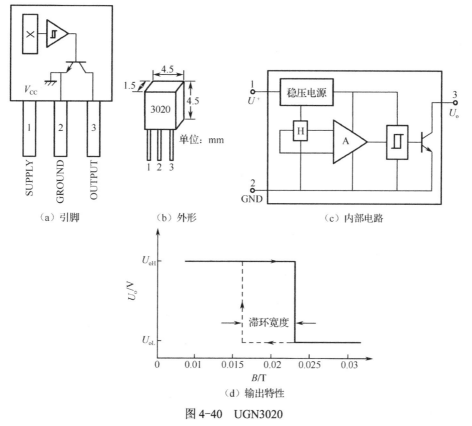

（a）引脚　　　　（b）外形　　　　　　（c）内部电路

（d）输出特性

图 4-40　UGN3020

开关型霍尔集成电路最具特点的应用是在无刷电机上。通常的直流电机采用电刷型整流子供电，这种供电机构工作时噪声大，电机的寿命由于换相器的严重磨损大大缩短。利用开关型霍尔集成电路代替整流子不仅可以根治有刷电机的上述弊端，而且可以对电机直接调速。例如，日本胜利公司的 HR7200 型录像机，由两个开关型霍尔集成电路和旋转磁钢构成电机本体，利用开关型霍尔集成电路 IC_1、IC_2 开关驱动晶闸管，从而通过控制流过电机绕组的电流方向来完成换向；调速则通过伺服系统控制定子中的电流来完成。由于采用电子换向，该电机运转十分平稳，几乎无干扰。

3）线性型和开关型霍尔集成电路的区分方法

两种类型的霍尔集成电路输出特性不同，检测时应分清各输出引脚的功能。

（1）给线性型霍尔集成电路加 5 V 直流电压，在没有任何磁场条件下，用万用表测得输出电压应为 0；当用磁钢逐渐接近线性型霍尔集成电路时，输出电压逐渐升高。

（2）开关型霍尔集成电路只有开关特性，当按（1）的方法测量时，万用表没有指针偏转的现象，只有开关两种电平变化。当磁场 S 极足够强时，开关型霍尔集成电路导通。若移去磁场，则有两种结果：对于锁存型霍尔集成电路，在磁场移去后，仍然保持导通状态，只有当出现 N 极磁场时，霍尔集成电路才截止；对于非锁存型霍尔集成电路，在磁场强度足够强时导通，在磁场移去时截止。锁存型霍尔集成电路常用于无刷电机测定磁场位置，非锁存型霍尔集成电路常用于制动断电开关和假助力等机构及车用里程速度传感器。

4.3.2 霍尔传感器的工作原理

1. 霍尔效应

置于磁场中的静止载流导体，当载流导体中的电流方向与磁场方向不一致时，载流导体上平行于电流和磁场方向的两个面之间产生电势，这种现象称为霍尔效应，该电势称为霍尔电势。在垂直于外磁场的方向上放置一块导电板，导电板通以电流 I，方向如图 4-41 所示。导电板中的电流使金属中的自由电子在电场力作用下做定向运动。此时，每个电子受洛伦兹力 f_1 的作用，f_1 的大小为

$$f_1 = eBv \tag{4-3}$$

式中，e 为电子电荷；v 为电子运动的平均速度；B 为磁场的磁感应强度。

f_1 的方向在图 4-41 中是向内的，此时电子除了沿电流反方向做定向运动，还在 f_1 的作用下漂移，使导电板内侧面积累负电荷，而外侧面积累正电荷，从而形成了附加内电场 E_H，该电场称为霍尔电场，电场强度为

$$E_H = \frac{U_H}{b} \tag{4-4}$$

式中，U_H 为电位差。

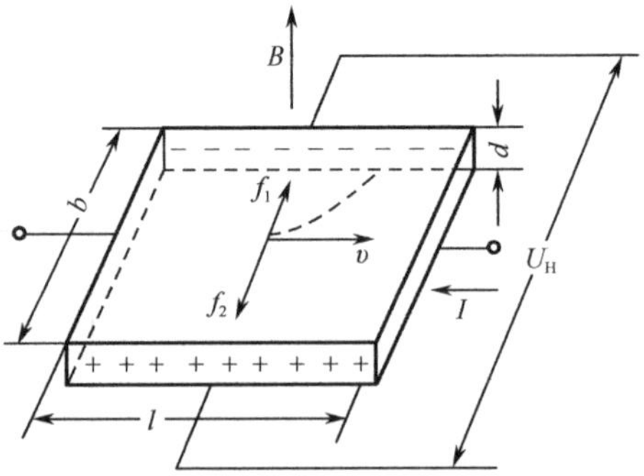

图 4-41 霍尔效应

霍尔电场的出现，使定向运动的电子除了受洛伦兹力作用，还受霍尔电场力的作用，该力的大小为 eE_H，其阻止电荷继续积累。随着

内、外侧面积累电荷的增加，霍尔电场强度增大，电子受到的霍尔电场力也增大，当电子所受洛伦兹力与霍尔电场力大小相等、方向相反，即

$$eE_H = eBv \tag{4-5}$$

时，有

$$E_H = Bv \tag{4-6}$$

此时电荷不再向两侧面积累，达到平衡状态。

若导电板单位体积内电子数为 n，电子定向运动的平均速度为 v，则激励电流 $I = nevbd$，即

$$v = \frac{I}{nebd} \tag{4-7}$$

将式（4-7）代入式（4-6），得

$$E_H = \frac{IB}{nebd} \tag{4-8}$$

将式（4-8）代入式（4-4），得

$$U_H = \frac{IB}{ned} \tag{4-9}$$

令 $R_H = \frac{1}{ne}$，称 R_H 为霍尔系数，其大小取决于导体载流子密度，则有

$$U_H = \frac{R_H IB}{d} = K_H IB \tag{4-10}$$

式中，$K_H = R_H/d$ 称为霍尔片的灵敏度。

若磁场不垂直于霍尔元件，而与其法线成某一角度 θ，则此时的霍尔电势为

$$U_H = K_H IB \cos\theta \tag{4-11}$$

由式（4-10）可见，霍尔电势正比于激励电流及磁感应强度，其灵敏度与霍尔系数 R_H 成正比，而与霍尔片厚度 d 成反比。为了提高灵敏度，霍尔元件常被制成薄片形状。霍尔系数等于霍尔片材料的电阻率 ρ 与载流子迁移率 μ 的乘积，即

$$R_H = \mu\rho \tag{4-12}$$

若要霍尔效应强，则要有较大的霍尔系数 R_H，因此要求霍尔片材料有较高的电阻率和载流子迁移率。一般金属材料载流子迁移率很高，但电阻率很低；绝缘材料电阻率极高，但载流子迁移率极低，故只有半导体材料才适合用于制造霍尔片。目前常用的霍尔片材料有锗、硅、砷化铟、锑化铟等。其中 N 型锗容易加工制造，其霍尔系数、温度特性和线性度都较好。N 型硅的线性度最好，其霍尔系数、温度特性与 N 型锗相当。锑化铟对温度最敏感，尤其在低温范围内温度系数大，但在室温时其霍尔系数较大。砷化铟的霍尔系数较小，温度系数也较小，输出特性线性度好。

2. 霍尔元件的主要特性参数

1）额定激励电流 I 和最大允许激励电流 I_M

额定激励电流 I 指的是当霍尔元件自身温升为 10 ℃时流过的激励电流。最大允许激励电流 I_M 指的是霍尔元件允许最大温升限制对应的激励电流。因为霍尔电势随激励电流增加而线性增加，所以使用时希望选用尽可能大的激励电流，但激励电流增大，霍尔元件的功

耗增大，温度升高，从而引起霍尔电势的温漂增大，因此每种型号的霍尔元件均规定了相应的最大允许激励电流，它的数值从几毫安至十几毫安，尺寸越大其值越大，大的可达几百毫安。改善霍尔元件的散热条件，可以使最大允许激励电流增大。

2）输入电阻 R_i 及输出电阻 R_0

激励电极间的电阻称为输入电阻 R_i。霍尔电极输出电势对电路外部来说相当于一个电压源，其电源内阻为输出电阻 R_0。它们均是纯电阻，可用直流电桥或欧姆表直接测量，阻值一般为几欧到几百欧，且输入电阻要大于输出电阻。以上电阻值是在磁感应强度为 0，且环境温度在 20 ℃±5 ℃时确定的。

3）不等位电势 U_0 和不等位电阻 r_0

当霍尔元件的激励电流为 I 时，若霍尔元件所处位置的磁感应强度为 0，则它的霍尔电势应该为 0，但实际不为 0，这时测得的空载霍尔电势称为不等位电势。产生的原因主要有：霍尔电极安装位置不对称或不在同一等电位面上；半导体材料不均匀造成电阻率不均匀或几何尺寸不均匀；激励电极接触不良造成激励电流不均匀分布。

不等位电势也可以用不等位电阻表示，有

$$r_0 = \frac{U_0}{I} \tag{4-13}$$

式中，U_0 为不等位电势；r_0 为不等位电阻；I 为激励电流。等位电势就是激励电流经不等位电阻产生的电压。

4）寄生直流电势 U

在外加磁场的磁感应强度为 0，霍尔元件用交流激励时，霍尔电极的输出除了有交流不等位电势，还有直流电势，称为寄生直流电势 U。它产生的原因有：激励电极与霍尔电极接触不良，形成非欧姆接触，造成整流效果；两个霍尔电极大小不对称，两个电极点的热容不同，散热状态不同，从而形成极间温差电势。寄生直流电势一般在 1 mV 以下，它是影响霍尔片温漂的因素之一。

5）霍尔电势温度系数 α

在一定磁感应强度和激励电流下，温度每变化 1 ℃霍尔电势变化的百分率称为霍尔电势温度系数 α，它与霍尔元件的材料有关。α 越小，设备精确度越大，必要时可以增加温度补偿电路。

6）灵敏度 K_H

灵敏度 K_H 反映了霍尔元件本身具有的磁电转换能力，单位为 mV/(mA·T)，数量级一般为 10^3，且数值越大，灵敏度越高。

另外，在选购霍尔传感器时还应注意以下参数。

（1）封装形式：常见的封装形式有 TO-92（三脚插片）封装、SOT-23（三脚贴片）封装。还有 SIP-4（四脚插片）封装、SOT-143（四脚贴片）封装和 SOT-89（四脚贴片）封装。

（2）霍尔工作点：单极开关的工作点一般为 60～200，双极开关的工作点在 100 内（单位为 GS）。

（3）热阻：霍尔元件工作时的功耗每增加 1 W，霍尔元件升高的温度值称为它的热阻，单位为 ℃/W。热阻反映了霍尔元件散热的难易程度，一般热阻越小散热越容易。

3. 霍尔元件的温度补偿

霍尔元件是采用半导体材料制成的，因此它们的许多参数具有较大的温度系数。当温度变化时，霍尔元件的载流子浓度、载流子迁移率、电阻率及霍尔系数都将发生变化，从而使霍尔元件产生温度误差。

为了减小霍尔元件的温度误差，除选用温度系数小的霍尔元件或采用恒温措施以外，还可以采用恒流源。由 $U_H = K_H IB$ 可看出：采用恒流源供电是有效措施，可以使霍尔电势稳定。但是也只能减小由输入电阻随温度变化引起的激励电流 I 变化的影响。

霍尔元件的灵敏度 K_H 也是温度的函数，它随温度的变化将引起霍尔电势的变化。霍尔元件的灵敏度系数与温度的关系可写为

$$K_H = K_{H0}(1 + \alpha \Delta T) \tag{4-14}$$

式中，K_{H0} 为温度 T_0 时的 K_H 值；$\Delta T = T - T_0$ 为温度变化量；α 为霍尔电势温度系数。

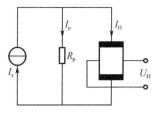

图4-42 恒流温度补偿电路

大多数霍尔元件的霍尔电势温度系数 α 是正值，它们的霍尔电势随温度升高而增加 $\alpha \Delta T$ 倍。但如果同时让激励电流 I_0 相应地减小，并能保持 $K_H \cdot I_0$ 不变，也就抵消了灵敏度系数 K_H 变化带来的影响。图4-42所示为按照该思路设计的既简单补偿效果又好的恒流温度补偿电路。电路中 I_s 为恒流源，分流电阻 R_p 与霍尔元件的激励电极并联。当霍尔元件的输入电阻随温度升高而增加时，旁路分流电阻 R_p 自动地增大分流，减小霍尔元件的激励电流 I_H，从而达到温度补偿的目的。

4.3.3 霍尔传感器的应用

霍尔元件结构简单、工艺成熟、体积小、寿命长、线性度好、频带宽，因此得到了广泛应用。例如，用于测量磁感应强度、电功率、电能、大电流、微气隙中的磁场；用于制成磁读头、磁罗盘、无刷电机；用于无触点发信，作为接近开关、霍尔电键；用于制成乘、除、平方、开方等计算器件；用于制作微波电路中的环行器和隔离器等。至于霍尔元件再经过二次或多次转换，用于非磁量的检测和控制，其应用领域就更广泛了，如测量微位移、转速、加速度、振动、压力、流量和液位等。

1. 霍尔传感器测量磁感应强度

磁感应强度测量方法很多，其中应用比较普遍的是以霍尔元件做探头的高斯计（或特斯拉计、磁强计）测量，高斯计的实物图如图4-43（a）所示。锗和砷化镓霍尔元件的霍尔电势温度系数小、线性范围大，适用于做测量磁感应强度的探头。把探头放在待测磁场中，探头的磁敏感面要与磁场方向垂直。控制电流由恒流源（或恒压源）供给，用电表或电位差计来测量霍尔电势。根据 $U_H = K_H IB$ 知，若控制电流 I 不变，则霍尔电势 U_H 正比于感应场强度 B，因此可利用它来测量磁感应强度。霍尔元件测量磁感应强度的能力，使其在宇航和人造卫星中得到广泛应用。

图4-43（b）所示为基于 UGN3501 的高斯计电路，其中运算放大器采用高精度运算放大器 CA3130。调试步骤：开启电源后，令磁感应强度 B 等于0，调节滑动变阻器阻值 W_1

使 DVM（数字电压表）的示值为 0，然后用一块标准的钕铝硼磁钢（B=0.1T）贴在探头端面上，调节 W_2 使 DVM 的示值为 1 V 即可。在使用该高斯计检测时，如果 DVM 的示值为-200 mV，则探头端面检测的是 S 极，磁感应强度为 0.02 T。若将 DVM 改为交流电压表，则该高斯计也可用来测量交变磁场的磁感应强度。

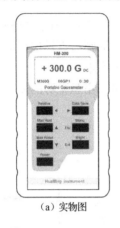

（a）实物图

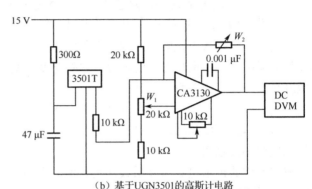

（b）基于UGN3501的高斯计电路

图 4-43　高斯计

扫一扫看实例：
霍尔电流计微课
视频

2. 霍尔传感器测量电流

由霍尔元件构成的电流传感器具有非接触式测量、测量精度高、不必切断电路电流、测量的频率范围广（从零到几千赫兹）和本身几乎不消耗电路功率等特点。根据安培定律，在载流导体周围将产生一个正比于该电流的磁场。用霍尔元件来测量这一磁场的磁感应强度，可得到正比于该磁感应强度的霍尔电势。通过测量霍尔电势的大小来间接测量电流的大小，这就是霍尔钳形电流表的基本测量原理，如图 4-44（a）所示。

图 4-44（c）所示为基于 UGN3501T 的钳形电流表电路，将霍尔元件置于钳形冷轧硅钢片的空隙中，当有电流流过导线时，就会在钳形硅钢片中产生磁场，其磁感应强度正比于流过导线电流的匝数。这个磁场作用于霍尔元件，感应出相应的霍尔电势，其灵敏度为 7 V/T，经过运算放大器 μA741 调零，线性放大后送入 DVM（数字电压表），组成数字式钳形电流表。调试步骤：当导线中的电流为 0 时，调节滑动变阻器的阻值 W_1、W_2 使 DVM 读数为 0；然后输入 50 A 的电流，调节 W_3 使 DVM 读数为 5 V；反向输入 50 A 的电流，DVM 读数为-5 V。反复调节 W_1、W_2、W_3，读数即可符合要求。同样，本电流表也可用于交流电流的测量，将 DVM 换成交流电压表即可，十分方便。

3. 霍尔传感器测量齿轮转速

图 4-45（a）所示为霍尔转速表的结构，其中 1 为磁铁，2 为霍尔元件，3 为齿盘。在转轴上安装一个齿盘，也可选取机械系统中的一个齿轮，将霍尔元件及磁路系统靠近齿盘，随着齿盘的转动，磁路的磁阻也发生周期性的变化，测量霍尔元件输出的脉动频率，该脉动频率经隔直、放大、整形后，就可以确定被测物的转速。

图 4-45（c）解释了在用霍尔传感器测量齿轮转速时磁阻发生周期性变化的原因。在测量时，只要金属旋转体的表面存在缺口或凸起，如图 4-45（b）所示，就会产生磁感应强度的脉动，从而引起霍尔电势的变化，产生转速信号。

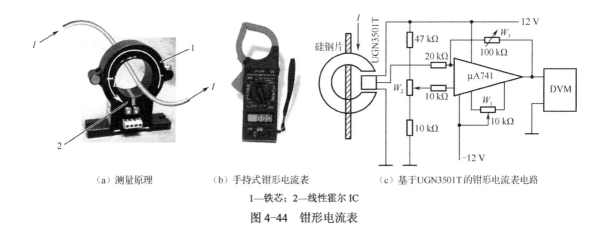

（a）测量原理　　　　　（b）手持式钳形电流表　　　　（c）基于UGN3501T的钳形电流表电路

1—铁芯；2—线性霍尔IC

图4-44　钳形电流表

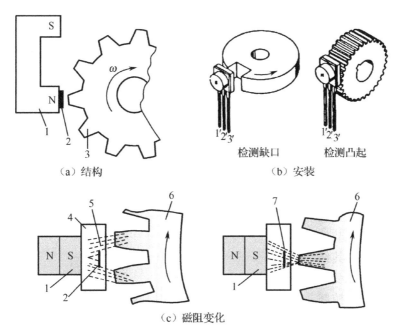

（a）结构　　　　　　　　　　　　　　　（b）安装

1—磁铁；2—霍尔元件；3—齿盘；4—塑料外壳；5—磁力线分散；6—齿轮圈；7—磁力线集中；1′，2′，3′—传感器引脚

图4-45　霍尔传感器测量齿轮转速

4. 霍尔传感器计数

　　SL3501T 霍尔开关传感器是具有较高灵敏度的霍尔集成电路，能够感受到很小的磁场变化，因而可对黑色金属零件进行计数检测。图 4-46 所示为钢球计数装置及电路，其中 1 是钢球，2 是非金属板，3 是 SL3501T 霍尔开关传感器，4 是磁钢。当钢球通过霍尔开关传感器时，传感器可输出峰值为 20 mV 的脉冲电压，该电压经运算放大器（μA741）放大后，驱动半导体三极管 VT（2N5812）工作，输出端便可接计数器进行计数，并由显示器显示检测数值。

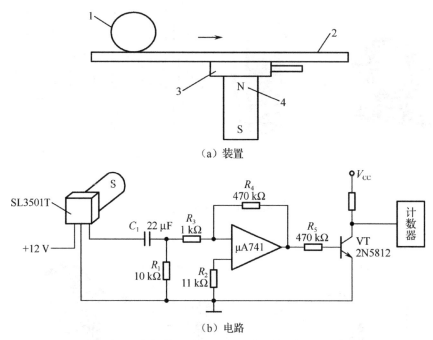

（a）装置

（b）电路

1—钢球；2—非金属板；3—SL3501T 霍尔开关传感器；4—磁钢

图 4-46　钢球计数装置及电路

5. 霍尔传感器自动供水

自动供水装置可实现凭牌定量供水，具有节约用水且卫生的优点，其结构如图 4-47 所示。由受控于控制电路的电磁阀控制锅炉的供水。当用水者取水时，将铁制的取水牌从投牌口投入，取水牌沿着由非磁性物质制作的滑槽向下滑行，当滑行到霍尔传感器的位置时，传感器输出信号经控制电路驱动电磁阀打开，水龙头便放出开水，经一定延时后，控制电路使电磁阀关闭，又恢复停止供水状态。

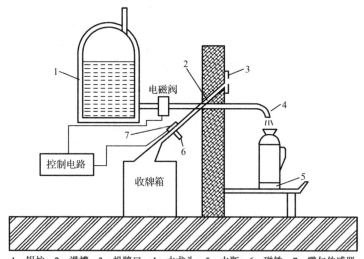

1—锅炉；2—滑槽；3—投牌口；4—水龙头；5—水瓶；6—磁铁；7—霍尔传感器

图 4-47　自动供水装置的结构

6. 汽车霍尔电子点火器

汽车霍尔电子点火器由于具有无触点、节油、能适应恶劣的工作环境和各种车速、冷起动性能好的特点，目前在国内外得到了广泛的应用，其结构如图 4-48 所示，将霍尔元件固定在汽车分电器的白金座上，在分火点上装一个叶片（隔磁罩），根据汽车发动机的缸数，在叶片侧边开出等间距的槽口。当槽口对准霍尔元件时，磁路通过霍尔元件形成闭合回路，霍尔元件输出高电平，电路导通；当非缺口对准霍尔元件时，叶片挡在霍尔元件和磁体之间，霍尔元件输出低电平，电路截止。当分电器工作时，叶片随分电器转动，从而会间断地旁路霍尔元件的磁路，使其输出周期性的脉冲波。

扫一扫看实例：汽车霍尔电子点火器微课视频

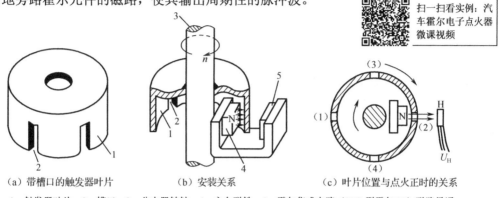

（a）带槽口的触发器叶片　　　（b）安装关系　　　（c）叶片位置与点火正时的关系

1—触发器叶片；2—槽口；3—分电器转轴；4—永久磁铁；5—霍尔集成电路（PNP 型霍尔 IC）磁路导通

图 4-48　汽车霍尔电子点火器的结构

汽车霍尔电子点火器电路原理图如图 4-49 所示，当霍尔元件输出低电平时，BG_1 截止，BG_2 和 BG_3 导通，点火线圈的初级有一恒定电流流过。当霍尔元件输出高电平时，BG_1 导通，BG_2 和 BG_3 截止，点火器的初级电流被截断，此时储存在点火线圈中的能量由次级线圈以高压电形式放出，提供击穿火花塞电极间隙的高压电，然后由火花塞将高压电引入燃烧室，产生电火花点燃汽油。

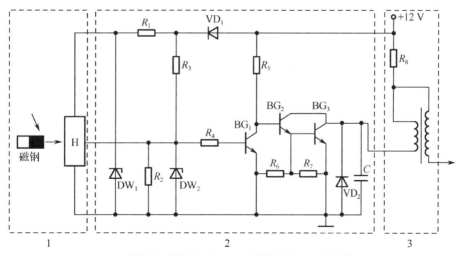

1—带霍尔传感器的分电器；2—开关放大器；3—点火线圈

图 4-49　汽车霍尔电子点火器电路原理图

7. 霍尔接近开关的选型

当霍尔接近开关接近或远离磁铁时，霍尔传感器的输出极性将发生改变，常用作限位开关。在购买和使用霍尔接近开关时，一定要认真读其特性参数。

【实例1】 某霍尔接近开关的特性参数如下。

（1）型号：JK8002D/JK8002C。

（2）红色线：正极。

（3）黑色线：负极。

（4）黄色线：信号输出。

（5）输入电压：JK8002D（DC 8～30 V），JK8002C（DC 5～24 V）。

（6）工作电流： 20 mA。

（7）检测距离：8 mm（最关键参数）。

（8）线长：JK8002D 长度 200 cm，JK8002C 长度 100 cm。

（9）输入方式：NPN 常开（平时输出低电平，感受到物体输出高电平）。

（10）外形：JK8002D（直径 12 mm），JK8002C（直径 8 mm）。

（11）可检测物体：永磁体。

（12）开关频率：100 kHz。

此实例中，（1）表示霍尔接近开关有不同型号，需要根据测量条件选择合适的型号。（2）～（4）表示有红、黑、黄三个引线端子，使用时要连接正确。（5）表示不同型号的霍尔接近开关的输入电压范围不一样。（6）表示工作电流为 20 mA。（7）表示检测距离大于 8 mm 时，霍尔传感器检测不到，因此一定要选择合适的检测距离。（8）表示不同的测量环境对引线长度也有要求。（9）表示输入方式为 NPN 常开，NPN 表示导通时输出高电平，截止时输出低电平。常开表示平时为断开状态，无信号输出，当感应到物体时才闭合，输出信号；常闭表示平时为闭合状态，持续信号输出，当感应到物体时才断开，关闭信号。因此 NPN 常开，表示平时截止，输出低电平；感应到物体时导通，输出高电平。此外还有 NPN 常闭、PNP 常开、PNP 常闭等其他类型。选购时要根据实际需要选择合适的类型。（10）表示外形为 JK8002D（直径 12 mm），JK8002C（直径 8 mm），有的测量环境对外形的尺寸也有要求。（11）表示可检测物体为永磁体，即被测物体必须是永磁体。（12）表示开关频率为 100 kHz。当被测物体的磁场变化频率大于开关频率时，霍尔传感器可能失效。

实验 4　光电式传感器测速

本实验基于天煌教仪公司的"THSCCG-2 型传感器检测技术实训装置"。实验装置简介见附录 E。

1. 实验目的

掌握光电式传感器测速的原理和方法。

2. 实验仪器

转动源、光电式传感器、直流稳压电源、频率/转速表、示波器。

3. 实验原理

光电式传感器是最常见的测速传感器之一，光电式传感器有反射型和透射型两种。光电式传感器测速示意图如图 4-50 所示。图 4-50（a）所示为透射型光电式传感器，传感器端部有发射管和光电池，发射管发出的光源通过转盘上的孔透射到接收管上，并转换成电信号，由于转盘上有 6 个等间距的透射孔，转动时将产生与转速及透射孔数有关的脉冲信号，对其进行计数处理即可得到转速值。图 4-50（b）所示为反射型光电式传感器，传感器的发射管和接收管都位于转盘的上方，发射管发出的光经过转盘上的非孔位置时可反射到接收管上，经过孔位置时则不能反射，因此随着转盘的转动，也能产生周期性的电信号。

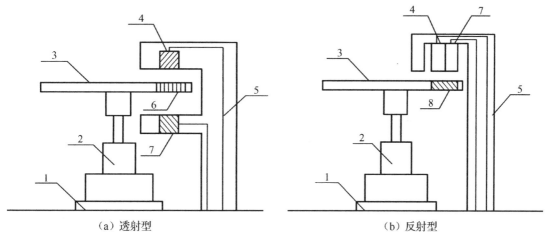

（a）透射型　　　　　　　　　　　　　（b）反射型

1—工作台；2—电机；3—转盘；4—发射管；5—支架；6—透射孔；7—接收管；8—金属片

图 4-50　光电式传感器测速示意图

4. 实验步骤

（1）连线：光电式传感器已安装在转动源（电机）上。将+5 V 电源接到三源板上"光电"电源端，"光电"信号输出端接频率/转速表（频率计）。实验连线如图 4-51 所示。

（2）记录数据：打开实训台电源开关，用电源驱动（0～24 V）转动源转动。调节驱动电压大小，使电机在不同速度下运行，在表 4-2 中记录光电式传感器的测量数据。

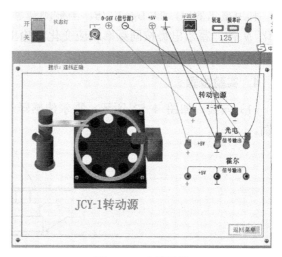

图 4-51　实验连线

141

表 4-2　实验数据记录

驱动电压/V	0	2	4	6	8	12	16	20
透射型频率/Hz								
透射型转速/r·min^{-1}								
反射型频率/Hz								
反射型转速/r·min^{-1}								

（3）观察波形：通过示波器观察光电式传感器的输出波形并记录下来。观察不同转速下光电式传感器输出波形的变化。

5．实验报告

（1）根据驱动电压和转速，作 *u-n* 曲线。并将透射型和反射型光电式传感器测得的曲线进行比较。

（2）思考：在同一转速下，透射型光电式传感器和反射型光电式传感器的输出波形一样吗？如果不同，为什么？

实验 5　霍尔传感器测速

本实验基于天煌教仪公司的"THSCCG-2 型传感器检测技术实训装置"。

1．实验目的

了解霍尔传感器的应用——测量转速。

2．实验仪器

霍尔传感器、直流电源、转动源、频率/转速表。

3．实验原理

利用霍尔效应，即 $U_H=K_HIB$，当被测圆盘上装上 N 个磁性体时，转盘每转一周，磁场变化 N 次，霍尔电势按同频率相应变化，输出电势通过放大、整形和计数电路后就可以测出被测旋转物的转速。

4．实验步骤

（1）安装：如图 4-52 所示，霍尔传感器已安装在支架上，且霍尔元件正对着转盘上的磁钢。

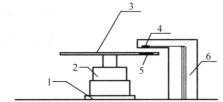

1—工作平台；2—电机；3—转盘；4—霍尔元件；5—磁钢；6—支架

图 4-52　霍尔传感器测速示意图

（2）连线：将+5 V 电源接到三源板上
"霍尔"电源端，"霍尔"信号输出端接频
率/转速表（切换到测转速位置）。实验连
线如图 4-53 所示。

（3）数据记录：打开实训台电源，
选 择 不 同 电 源 +4 V、 +6 V、 +8 V、
+10 V、 12 V（±6 V）、 16 V（±8 V）、
20 V（±10 V）、 24 V 驱动转动源，可以
观察到转动源转速的变化，待转速稳定
后在表 4-3 中记录相应驱动电压下得到
的转速值。

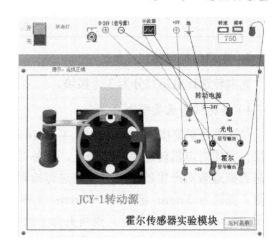

图 4-53　实验连线

表 4-3　数据记录

电压/V	+4	+6	+8	+10	12	16	20	24
转速/r·min⁻¹								

（4）观察波形：用示波器观测霍尔传感器输出的脉冲波形。

5. 实验报告

（1）分析霍尔传感器产生脉冲的原理。

（2）根据记录的驱动电压和转速，作 u–n 曲线。

实战项目 3　光电转速计的制作与调试

任务描述

制作与调试一台光电转速计，实现对电机转速的检测。

要求：

（1）完成光电转速计的设计、制作与标定工作；

（2）分小组完成仪器实物的设计与制作；

（3）提交系统设计报告和实物使用说明。

目标：

（1）提升对具体问题具体分析与设计的能力；

（2）掌握自制传感器的设计理念与原则，提升实施可行性分析的能力；

（3）掌握自制传感器的检测与处理系统构成基础，了解仪器的组成；

（4）掌握现场 6S 管理规范，养成良好的职业素养；

（5）树立安全文明生产意识，培养组织管理能力、团队合作能力，提高自学能力。

1. 电路结构与特点

光电转速计电路共分为 3 个模块。

1）转速信号采集模块

转速信号采集模块的电路如图 4-54 所示。通过使用红外对管设计一个转速信号采集模块，完成对电机转速信号的采集。红外对管是一种通过判断发射管与接收管之间红外线是否被遮蔽对产生的不同电压差进行检测的光电式传感器。本设计中采用的红外对管参数：直径为 3 mm；波长为 940 nm；工作电压为 1.2 V；工作电流为 20 mA；测量距离小于 20 cm。波段为红外光，受可见光干扰小。本模块中，红外线在连通时，输出低电平；在阻断时，输出高电平，即负逻辑组态。

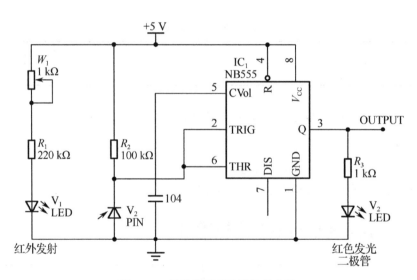

图 4-54　转速信号采集模块的电路

2）系统定时模块

以 555 定时器为主体构成系统定时模块，用于完成单位时间标定，完成对 IC_{2a} 与非门的开门时间的控制。本模块的电路如图 4-55 中 1 号区域所示。

3）计数显示模块

以 CC40110 和 LED 数码管为主体构成计数显示模块，用于转速计数与显示。本模块的电路如图 4-55 中 2 号区域所示。CC40110 完成被测信号计数与数码管 7 段编码功能。

2. 元器件清单

元器件清单如表 4-4 所示。

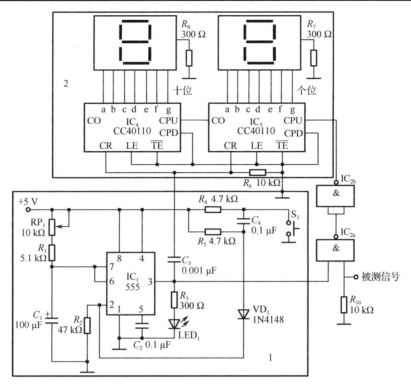

图 4-55　系统定时与计算显示模块的电路

表 4-4　元器件清单

序号	名　　称	型号及参数	规　格	数量	备　注
1	555 定时器	NE555N	DIP8	2	
2	与非门	74HC00	DIP14	1	
3	计数译码器	CC40110	DIP16	2	
4	IC 座		DIP8	2	
5	IC 座		DIP14	1	
6	IC 座		DIP16	2	
7	电容器	电解电容	100 μF-16 V	1	
8	电容器	瓷介	102	1	
9	电容器	瓷介	104	4	
10	按钮开关	6.3 mm×6.3 mm		1	
11	发光二极管	ϕ3 红高亮		1	
12	数码管	ULS-5101AS	单联共阴	2	
13	开关二极管	1N4148		1	

续表

序号	名　称	型号及参数	规　格	数量	备　注
14	碳膜电阻	1/8 W-5.1 kΩ		1	
15	碳膜电阻	1/8 W-47 kΩ		1	
16	碳膜电阻	1/8 W-4.7 kΩ		2	
17	碳膜电阻	1/8 W-10 kΩ		2	
18	碳膜电阻	1/8 W-300 Ω		3	
19	印制电路板	测频仪		1	
20	蓝白电位器	10 kΩ		1	
21	单排针			20	
22	精密电位器	10 kΩ		1	红外检测电路
23	碳膜电阻	1/8 W-220 Ω		1	
24	碳膜电阻	1/8 W-100 kΩ		1	
25	碳膜电阻	1/8 W-1 kΩ		1	
26	发光二极管		红 $\phi3$	1	
27	红外发射管			1	
28	红外接收管			1	
29	万能板		9 cm×15 cm	0.5	
30	焊锡丝			适量	
31	电机				自备
32	遮光装置		带缺口的硬纸板		自备

制作与调试

1. 制作

按照如图 4-54 和图 4-55 所示的电路结构与元器件尺寸完成电路的设计与制作。注意红外对管的安装位置，结合电机的遮光装置（带缺口的硬纸板），尽量使红外对管便于测速。调试时用手挡住红外发射管，发光二极管应有亮灭变化。

2. 调试

（1）信号采集模块：注意红外对管的安装位置，结合电机的遮光装置（带缺口的硬纸板），尽量使红外对管便于测速；调试时用手挡住红外发射管，发光二极管应有亮灭变化。

（2）系统定时模块：本模块应先用一标准信号源进行校正，输入频率为 0～99 Hz。例如，为使系统定时为秒，可外接一信号源（信号频率设置为 50 Hz），观察本电路 LED 数

码管显示是否也为 50，若数值不同，则通过调节图 4-55 中 RP$_1$ 电位器，使数值变为
50。此时 555 定时器的第 3 脚提供给 IC$_{2a}$ 的开门时间间隔为 1 s，即系统定时为秒。

（3）计数显示模块：将图 4-54 中的 OUTPUT 端口接到图 4-55 中的"被测信号"端
口。完成对采集到的电机转速信号进行计算并显示的功能。单位为 r/s。

总结与评价

1. 自我总结

（1）请总结你在整个任务完成过程中做得好的是什么，还有什么不足，有何打算。

（2）整个任务完成过程中出现了哪些问题？你是如何解决的？还有什么问题不能解
决？将调试中出现的问题和解决方案写到表 4-5 中。

表 4-5 调试中出现的问题与解决方法归纳表

故 障 内 容	故 障 现 象	故 障 原 因	排 除 方 法

2. 评价

（1）同学互评：

同学签字： 日期：

（2）教师评价：

教师签字： 日期：

被评价人签字： 日期：

知识梳理与总结 4

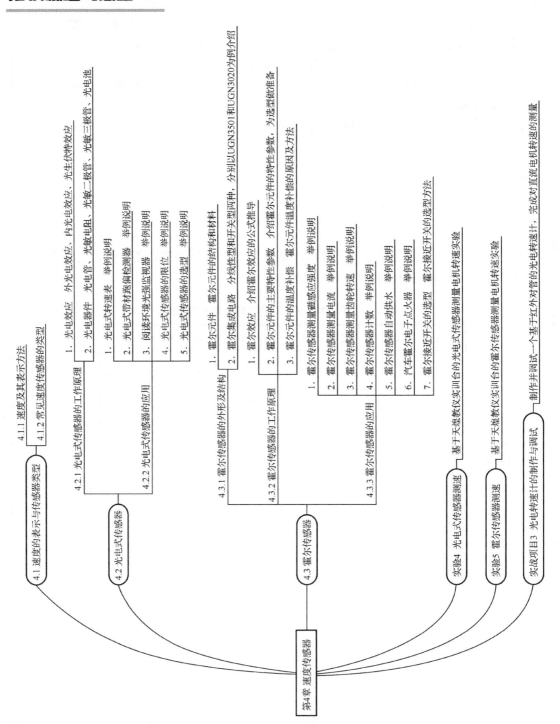

第4章 速度传感器

- 4.1 速度的表示与传感器类型
  - 4.1.1 速度及其表示方法
  - 4.1.2 常见速度传感器的类型

- 4.2 光电式传感器
  - 4.2.1 光电式传感器的工作原理
    - 1. 光电效应　外光电效应、内光电效应、光生伏特效应
    - 2. 光电器件　光电管、光敏电阻、光敏二极管、光敏三极管、光电池
  - 4.2.2 光电式传感器的应用
    - 1. 光电式转速表
    - 2. 光电式带材跑偏检测器　举例说明
    - 3. 阅读环境光强监视器　举例说明
    - 4. 光电式传感器的限位　举例说明
    - 5. 光电式传感器的选型　举例说明

- 4.3 霍尔传感器
  - 4.3.1 霍尔传感器的外形及结构
    - 1. 霍尔元件　霍尔元件的结构和材料
    - 2. 霍尔集成电路　分线性型和开关型两种，分别以UGN3501和UGN3020为例介绍
  - 4.3.2 霍尔传感器的工作原理
    - 1. 霍尔效应　介绍霍尔效应的公式推导
    - 2. 霍尔元件的主要特性参数　介绍霍尔元件的特性参数，为选型做准备
    - 3. 霍尔元件的温度补偿　霍尔元件温度补偿的原因及方法
  - 4.3.3 霍尔传感器的应用
    - 1. 霍尔传感器测量磁感应强度　举例说明
    - 2. 霍尔传感器测量测量电流　举例说明
    - 3. 霍尔传感器测量齿轮转速　举例说明
    - 4. 霍尔传感器计数　举例说明
    - 5. 霍尔传感器自动供水　举例说明
    - 6. 汽车霍尔电子点火器　举例说明
    - 7. 霍尔接近开关的选型　霍尔接近开关的选型方法

- 实验4 光电式传感器测速　基于天煌数仪实训台的光电式传感器测量电机转速实验

- 实验5 霍尔传感器测速　基于天煌数仪实训台的霍尔传感器测量电机转速实验

- 实验项目3 光电转速计的制作与调试　制作并调试一个基于红外对管的光电传感器测量电机转速，完成对直流电机转速的测量

扫一扫看习题 4 参考答案

习题 4

1. 什么是光电效应？

2. 常见的光电器件有哪些？工作原理分别是什么？

3. 说说霍尔电势产生的过程。霍尔电势的大小与哪些因素相关？

4. 为什么霍尔元件要进行温度补偿？主要有哪些补偿方法？补偿的原理是什么？

5. 图 4-56 所示为霍尔式转速测量装置的结构原理。调制盘上有 100 对永久磁极，N、S 极交替放置，调制盘由转轴带动旋转，在磁极上方固定一个霍尔元件，每通过一对磁极霍尔元件产生一个方脉冲送到计数器。假定在 t=5 min 采样时间内，计数器收到 N=150 000 个脉冲，求转速为多少（单位为 r/min）。

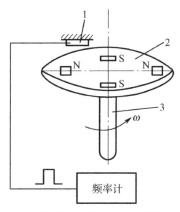

1—霍尔片；2—调制盘；3—转轴

图 4-56 霍尔式转速测量装置的结构原理

6. 目前在我国越来越多的商品外包装上都印有条形码符号。条形码是由黑白相间、粗细不同的线条组成的，它上面带有国家、厂家、商品型号、规格等许多信息。对这些信息的检测是通过光电扫描笔来实现的。请根据图 4-57 分析其工作原理。

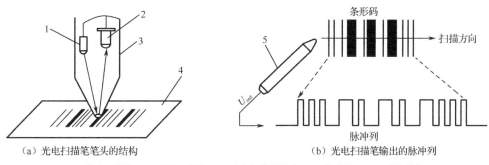

（a）光电扫描笔笔头的结构　　　　　　（b）光电扫描笔输出的脉冲列

1—发光二极管；2—光敏三极管；3—光电扫描笔笔头；4—条形码；5—光电扫描笔

图 4-57 光电扫描笔的扫码原理

7. 图 4-58 所示为某公司生产的型号为 LC0101 的压电式加速度传感器，其主要参数如下。

图 4-58　LC0101 压电式加速度传感器

（1）灵敏度：100 mV/g。

（2）量程：50 g。

（3）频率范围：（0.5～8000）（1±10%）Hz。

（4）分辨率：0.0002 g。

（5）线性：≤1%。

（6）横向灵敏度：≤5%。典型值：≤3%。

（7）温度范围：-40～+120 ℃。

（8）用途：模态试验。

试解释各特性参数的含义。

第5章

位移传感器

位移的测量是指位移、距离、位置、尺寸、角度、角位移等几何量的测量，是机械加工的重要工艺过程。许多参数，如力、形变、厚度、间距、振动、速度、加速度等非电量的测量也可以转换为位移的测量。

【知识目标】

掌握超声波传感器的测量原理；

掌握长光栅传感器的测量原理；

掌握光电编码器的测量原理。

【技能目标】

学会超声波传感器的使用方法；

学会长光栅传感器的使用方法；

学会光电编码器的使用方法；

学会选用合适的位移传感器。

5.1 位移的表示与传感器类型

位移表示物体（质点）的位置变化，用连接先后两位置的有向线段表示，其大小与路径无关，方向由起点指向终点。它是一个有大小和方向的物理量，即矢量。国际基本单位为 m，此外还有 cm、km 等。位移有线位移和角位移之分。线位移是指物体沿某一直线移动的距离。角位移是指物体绕某一点转动的角度。

根据测量方式的不同，位移测量分为绝对式测量和增量式测量。绝对式测量是指每个被测点都有一个对应的编码，常以二进制数据形式来表示。绝对式测量即使断电之后重新通电，也能读出当前位置的数据。增量式测量只能获得位移增量。移动部件每移动一个基本长度单位，位置传感器便发出一个测量信号，断电后数据丢失。

位移传感器根据输出信号的形式，可以分为模拟式位移传感器和数字式位移传感器两大类。其中模拟式位移传感器的典型代表是电位器、应变片、电容式传感器、电感式传感器、差动变压器、涡流探头、线性开关元件、线性霍尔元件、超声波传感器等。数字式位移传感器的典型代表是光栅传感器、光电编码器等。

本章主要介绍超声波传感器、光栅传感器、光电编码器。超声波传感器是利用超声波在超声场中的物理特性和各种效应而研制的装置，可检测厚度、液位高度、位移、流速、流量、车速、风速等物理量。光栅传感器是一种用于精密测量的位移传感器，属于数字式位移传感器，被广泛应用于自动化工业生产。光栅传感器是利用莫尔条纹原理，通过光电转换，以数字方式表示线性位移量的高精度位移传感器，现已被广泛应用于金属切削机床加工量的数字显示和数控机床加工中心位置环的控制。其测量输出的信号为数字脉冲信号，具有检测范围大、检测精度高、响应速度快的特点。光电编码器是一种旋转型编码器，能够测量精密的角位移，在自动化行业中通常与丝杠螺母等机构一起构成精准的位置定位系统。光电编码器是将位移量转换成数字代码形式并输出的传感器。其按结构形式分为直线式编码器和旋转式编码器，直线式编码器又称为编码尺，旋转式编码器又称为编码盘。光电编码器因具有高精度、高分辨率和高可靠性等特性被广泛用于各种位移测量。

5.2 超声波传感器

 扫一扫看超声波传感器教学课件

 扫一扫看超声波传感器微课视频

利用超声波在超声场中的物理特性和各种效应而研制的装置可称为超声波换能器、探测器或传感器，习惯上也称为超声波探头。常见的超声波传感器如图 5-1 所示。

超声波传感器是实现声、电转换的装置，它能发射超声波和接收超声回波，并将其转换成相应的电信号。

超声波传感器按其作用原理可分为压电式超声波传感器、磁致伸缩式超声波传感器和电磁式超声波传感器等。其中以压电式超声波传感器为最常用。压电式超声传感器的结构如图 5-2 所示，其核心部分为压电晶片，利用压电效应实现声、电转换。超声波传感器是可逆器件。超声波发送器是利用逆向压电效应制成的，即压电元件上施加电压，元件变形（也称应变）引起空气振动产生超声波，超声波以疏密波形式传播，传送给超声波接收器；超声波接收器是利用正向压电效应制成的，即接收到的超声波促使超声波接收器的振子随着相应频率进行振动，因为正向压电效应产生与超声波频率相同的高频电压。

（a）不锈钢超声波传感器　　　（b）超声波液位传感器　　　（c）超声波距离传感器

图 5-1　常见的超声波传感器

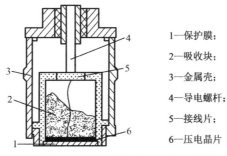

1—保护膜；

2—吸收块；

3—金属壳；

4—导电螺杆；

5—接线片；

6—压电晶片

图 5-2　压电式超声波传感器的结构

当超声波传感器与被测物体接触时，超声波传感器与被测物体表面间存在一层空气薄层，空气将引起三个界面间强烈的杂乱反射波，造成干扰和很大的衰减。为此，必须将接触面之间的空气排挤掉，使超声波能顺利地入射到被测物体中。在工业中，经常使用一种称为耦合剂的液体物质，使之充满接触层，起到传递超声波的作用。常用的耦合剂有自来水、机油、甘油、水玻璃、胶水、化学糨糊等。

5.2.1　超声波传感器的工作原理

1. 超声波的概念

机械振动在弹性介质内的传播称为波动，简称波。人能听见的声音频率为 20 Hz～20 kHz，即声波；超出此频率范围的声音，20 Hz 以下的声音称为次声波，20 kHz 以上的声音称为超声波。一般说话声音的频率范围为 100 Hz～8 kHz。声波频率的界限划分如图 5-3 所示。

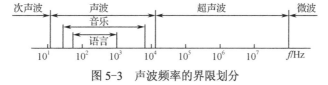

图 5-3　声波频率的界限划分

超声波的传播速度可以用式（5-1）计算，即

$$v = 331.5 + 0.6t \quad (\text{m/s}) \tag{5-1}$$

式中，v 的单位是 m/s；t 为环境温度（℃）。

根据式（5-1）可以计算出，超声波在常温下的传播速度大约为 345 m/s。该速度与传播速度为 3×10^8 m/s 的电磁波相比非常慢。不过，由于其波长短，因此提高了距离分辨率。一般情况下，超声波传感器用于近距离的位置检测。

2. 超声波的反射和折射

当超声波由一种介质入射到另一种介质中时，由于在两种介质中的传播速度不同，在介质分界面上会产生反射、折射和波型转换等现象。

由物理学知识知，当波在界面上产生反射时，入射角 α 的正弦与反射角 α' 的正弦之比等于波速之比。当入射波和反射波的波型相同时，波速相等，入射角 α 等于反射角 α'，如图 5-4 所示。当波在界面产生折射时，入射角 α 的正弦与折射角 β 的正弦之比，等于入射波在第一种介质中的波速 c_1 与折射波在第二种介质中的波速 c_2 之比，即

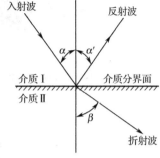

$$\frac{\sin\alpha}{\sin\beta} = \frac{c_1}{c_2} \qquad (5\text{-}2)$$

图 5-4　超声波的反射和折射

3. 超声波的波型

当声源在介质中的施力方向与波在介质中的传播方向不同时，声波的波型也有所不同。

质点振动方向与传播方向一致的波称为纵波，它能在固体、液体和气体中传播。

质点振动方向垂直于传播方向的波称为横波，它只能在固体中传播。

质点振动方向介于纵波和横波之间，沿着表面传播，振幅随着深度的增加而迅速衰减的波称为表面波，它只能在固体的表面传播。

横波只能在固体中传播，纵波能在固体、液体和气体中传播，表面波随深度增加衰减很快，故为了测量各种状态下的物理量，多采用纵波。

4. 声波的衰减

声波在介质中传播时，随着传播距离的增加，能量逐渐衰减，其衰减的程度与声波的扩散、散射和吸收等因素有关。在理想介质中，声波的衰减仅来自声波的扩散，即随声波传播距离增加而引起的声能的衰减。散射衰减是固体介质中的颗粒界面或流体介质中的悬浮粒子使声波散射而引起的声能的衰减。吸收衰减是由介质的导热性、黏滞性及弹性滞后造成的，介质吸收声能并转换为热能。

5. 超声波的测量原理

超声波传感器使用声波来检测物体，测量的基本原理如图 5-5 所示，即

$$v = s/t \qquad (5\text{-}3)$$

当传播速度 v 和传播时间 t 固定时，可以推算出传播距离 s，这是超声波测距、测厚度、测位移的原理；当传播速度 v 和传播距离 s 固定时，可以推算出传播时间，这是超声波测流速、测流量的原理。

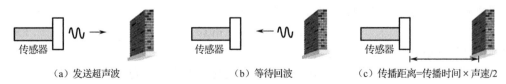

　（a）发送超声波　　　　　　　（b）等待回波　　　　（c）传播距离=传播时间×声速/2

图 5-5　超声波传感器测量的基本原理

总之，超声波具有频率高、波长短、绕射现象少，特别是方向性好、能够成为射线而定向传播等特点。超声波在液体、固体中的穿透能力很强，尤其是在不透明的固体中，它可穿透几十米。超声波碰到杂质或分界面会产生显著反射形成回波，碰到活动物体能产生多普勒效应。超声波的这些特性使它在检测技术中获得了广泛的应用，如超声波探伤、厚度测量、流速测量、超声显微镜及超声成像等。

5.2.2　超声波传感器的应用

1. 超声波测厚度

超声波测厚度的方法有共振法、干涉法和脉冲回波法等。用脉冲回波法进行厚度测量的工作原理如图 5-6 所示。

超声波传感器与被测物体表面接触。主控制器控制发射电路，使超声波传感器发出的超声波到达被测物体底面反射回来，该脉冲信号又被超声波传感器接收，经接收放大器放大后加到示波器垂直偏转板上，标记发生器输出时间标记脉冲信号，同时加到该垂直偏转板上，扫描电压则加在水平偏转板上。因此，在示波器上可直接读出发射与接收超声脉冲的时间间隔 t。被测物体的厚度 h 为

$$h = ct/2 \tag{5-4}$$

式中，c 为超声波的传播速度。

数字式超声波测厚仪，其体积小到可以握在手中，质量不到 1 kg，精度可达 0.01 mm。一种手持式超声波测厚仪如图 5-7 所示。

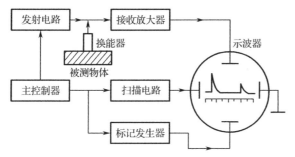

图 5-6　用脉冲回波法进行厚度测量的工作原理　　图 5-7　一种手持式超声波测厚仪

2. 超声波测液位

在化工、石油和水电等部门，超声波传感器被广泛应用于油位和水位等的液位测量。用脉冲回波法进行液位测量的工作原理如图 5-8 所示。超声波传感器发出的超声波通过介质到达液面，经液面反射后又被超声波传感器接收。通过测量发射与接收超声波的时间间隔和超声波在介质中的传播速度，即可求出超声波传感器与液面之间的距离。根据传声方式和使用的超声波传感器数量的不同，可以分为单传感器液介质式［见图 5-8（a）］、单传感器气介质式［见图 5-8（b）］、单传感器固介质式［见图 5-8（c）］和双传感器液介质式［见图 5-8（d）］等测量方式。

3. 超声波测流量

超声波测流量的方法多种多样，如传播速度变化法、波速移动法、多普勒效应法、流动听声法等。目前应用较广的测量方法主要有时差法、相位差法及频率差法。

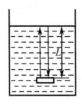 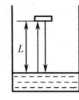 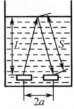

（a）单传感器液介质式　　（b）单传感器气介质式　　（c）单传感器固介质式　　（d）双传感器液介质式

图 5-8　用脉冲回波法进行液位测量的工作原理

1）时差法测量

超声波在流体中传播时，在静止液体和流动流体中的传播速度是不同的，利用这一特点可以求出流体的流速，再根据管道中流体的截面积，便可知道流体的流量。

如果在流体中设置两个超声波传感器，它们既可以发射超声波又可以接收超声波，一个装在上游，一个装在下游，其距离为 L，如图 5-9（a）所示。若设顺流方向的传播时间为 t_1，逆流方向的传播时间为 t_2，流体静止时的超声波传播速度为 c，流体流速为 v，则

$$t_1 = \frac{L}{c+v} \tag{5-5}$$

$$t_2 = \frac{L}{c-v} \tag{5-6}$$

一般来说，液体的流速远小于超声波在流体中的传播速度，因此超声波的传播时间差为

$$\Delta t = t_2 - t_1 = \frac{2Lv}{c^2 - v^2} \tag{5-7}$$

由于 $c \gg v$，由式（5-7）便可得到流体的流速，即

$$v = \frac{c^2}{2L}\Delta t \tag{5-8}$$

在实际应用中，超声波传感器安装在管道的外部，从管道的外面透过管壁发射和接收超声波，不会给管道内流动的流体带来影响，如图 5-9（b）所示。此时超声波的传输时间为

$$t_1 = \frac{\dfrac{D}{\cos\theta}}{c + v\sin\theta} \tag{5-9}$$

$$t_2 = \frac{\dfrac{D}{\cos\theta}}{c - v\sin\theta} \tag{5-10}$$

推导得到流速为

$$v = \frac{c^2 \cos\theta}{2D\sin\theta}\Delta t = \frac{c^2}{2L\sin\theta}\Delta t \tag{5-11}$$

在实际测量时，考虑到由于管径大，安装不方便，可以将超声波传感器安装在管道的同侧，如图 5-9（c）所示。

根据式（5-8）和式（5-11）可知，用时差法测量得到的流速的精度由 Δt 的测量精度决定，同时 c 并不是常数，而是温度的函数，因此测量时需要保证温度恒定。

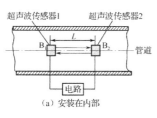
（a）安装在内部

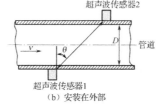
（b）安装在外部

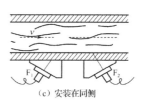
（c）安装在同侧

图 5-9 超声波测流量的原理

2）相位差法测量

如图 5-9（b）所示，当超声波传感器 1 发射、超声波传感器 2 接收时，接收信号相对发射信号的相位角为

$$\varphi_1 = \frac{L}{c + v\sin\theta}\omega \tag{5-12}$$

式中，ω 为超声波的角频率。

当超声波传感器 2 发射、超声波传感器 1 接收时，接收信号相对发射信号的相位角为

$$\varphi_2 = \frac{L}{c - v\sin\theta}\omega \tag{5-13}$$

相位差为

$$\Delta\varphi = \varphi_1 - \varphi_2 = \frac{2vL\omega\sin\theta}{c^2 - v^2\sin^2\theta} \tag{5-14}$$

由于 $c \gg v$，由式（5-14）便可得到流体的流速，即

$$v = \frac{c^2}{2\omega L\sin\theta}\Delta\varphi \tag{5-15}$$

由式（5-15）可知，用相位差法测量以测量相位角代替精确测量时间可以提高精度。

3）频率差法测量

如图 5-9（b）所示，当超声波传感器 1 发射、超声波传感器 2 接收时，超声波的重复频率为

$$f_1 = \frac{c + v\cos\theta}{L} \tag{5-16}$$

当超声波传感器 2 发射、超声波传感器 1 接收时，超声波的重复频率为

$$f_2 = \frac{c - v\cos\theta}{L} \tag{5-17}$$

频率差为

$$\Delta f = f_1 - f_2 = \frac{2v\cos\theta}{L} \tag{5-18}$$

由式（5-18）可得到流体的流速为

$$v = \frac{L}{2\cos\theta}\Delta f \tag{5-19}$$

由式（5-19）可知，用频率差法测量的流速与 Δf 有关，与 c 无关，因此可以提高精度。

4. 超声波探伤

超声波探伤法是利用超声波在物体中传播的一些物理特性来发现物体内部的不连续性，即缺陷或裂纹的一种方法，是无损检测的一种重要手段。常用的超声波探伤法有共振法、穿透法、脉冲反射法。

1）共振法

共振法是根据声波（频率可调的连续波）在工件中呈共振状态来测量工件厚度或判断工件有无缺陷的方法。这种方法主要用于检测表面较光滑的工件的厚度，也可用于检测复合材料的黏合质量和钢板内的夹层缺陷。当超声波在工件内传播时，若入射波与反射波同相位（工件厚度为超声波波长 λ 的一半或整数倍），则引起共振。用共振法测厚度的公式为

$$\delta = n\frac{\lambda}{2} = \frac{nc}{2f} \tag{5-20}$$

在测得共振频率 f 和共振次数 n 后，便可计算材料的厚度。共振法的特点是可精确地测厚，特别适合测量薄板及薄壁管的厚度。

2）穿透法

穿透法又称透射法，是根据超声波穿透工件后能量的变化状况来判断工件内部质量的方法。穿透法将两个超声波传感器分别置于工件相对的两面，一个发射超声波，使超声波从工件的一个界面透射到另一个界面，在该界面处用另一个超声波传感器来接收超声波。当工件内无缺陷时，接收到的超声波能量较强；一旦有缺陷，超声波就受缺陷阻挡，在缺陷后形成声影，这样就可根据接收到的超声波能量的大小来判定缺陷的大小。探测灵敏度除与仪器有关以外，还与声影的缩小有关，声影的缩小是由超声波在缺陷边缘绕射造成的。穿透法的特点：探测灵敏度较低，不能发现小的缺陷；根据能量的变化可判断有无缺陷，但不能定位缺陷；适宜探测超声波衰减大的材料；可避免盲区，适宜用于探测薄板；对两个超声波传感器的相对位置和距离要求较高。

3）脉冲反射法

脉冲反射法是将脉冲超声波入射至被测工件后，传播到有声阻抗差异的界面上（如缺陷与工件的界面）时，产生反射超声波，在荧光屏上显示波在工件中的反射状况，根据反射的时间及波形来判断工件内部缺陷情况及材料性质的方法。脉冲反射法又分为一次脉冲反射法和多次脉冲反射法。

（1）一次脉冲反射法：如图 5-10 所示，高频发生器产生的高频电脉冲加在超声波发射器上产生高频的超声波信号，超声波向工件内部传播，一部分超声波遇到缺陷反射回来，另一部分超声波传播至工件底部后才反射回来，这两部分都被超声波传感器接收变成电信号，最后在显示屏上显示出来。由发射波 T、缺陷波 F、底波 B 在显示屏上的位置可以看出缺陷情况；由缺陷波的幅度，可判断缺陷的大小。当缺陷波面积大于声束截面时，超声波全部由缺陷处反射回来，显示屏上只有发射波 T 和缺陷波 F；当工件无缺陷时，显示屏上只有发射波 T 和底波 B，没有缺陷波 F。

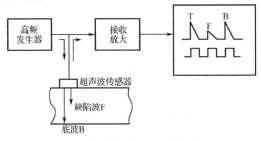

图 5-10 一次脉冲反射法探伤的原理

（2）多次脉冲反射法：如图 5-11 所示，多次脉冲反射法是以多次底波为依据进行探伤的方法。超声波由底部反射回来，一部分被超声波传感器接收，另一部分又折回底部，如此反复，直到声能全部衰减为止。当工件内无缺陷时，显示屏上出现呈指数趋势递减的多次反射底波；当工件内有吸收性缺陷时，声波在缺陷处的衰减很大，底波反射的次数很少，甚至消失，以此判断有无缺陷及缺陷的严重程度。

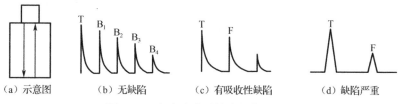

（a）示意图　　　（b）无缺陷　　　（c）有吸收性缺陷　　　（d）缺陷严重

图 5-11　多次脉冲反射法探伤的原理

5. 超声波防盗报警器

多普勒效应是为纪念奥地利物理学家和数学家克里斯琴·约翰·多普勒（Christian Johann Doppler）而命名的，他于 1843 年首先提出了这一理论，主要内容为：物体辐射的波长因为波源和观测者的相对运动而产生变化。当运动在波源前面时，波被压缩，波长变得较短，频率变得较高；当运动在波源后面时，会产生相反的效应，波长变得较长，频率变得较低。波源的速度越快，产生的效应越大。根据频率的变化程度，可以计算出波源循着观测方向运动的速度。

多普勒效应在交通上可以用于测量车速，在医学上可以用于测量血流速度（多普勒检查），还可以用于贵重物品、机密室的防盗系统。超声波防盗报警器的工作原理如图 5-12 所示。

图 5-12 上半部分为发射电路，下半部分为接收电路。发射器发射出频率 $f=40$ kHz 左右的超声波。如果有人进入信号的有效区域，相对速度为 ν，从人体反射回接收器的超声波将由于多普勒效应发生频率偏移 Δf。经检波器、低通滤波器、低频放大器等电路处理后，偏移频率 Δf 将转换为电压信号，驱动声、光报警器工作，实现防盗报警功能。

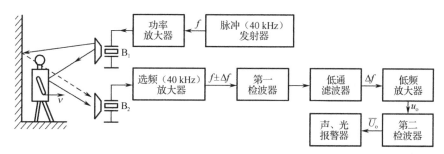

图 5-12　超声波防盗报警器的工作原理

6. 超声波诊断仪

超声波诊断仪是通过向人体内发射超声波，接收人体各组织反射回来的超声波并加以处理和显示，根据超声波在人体不同组织中传播特性的差异进行诊断的仪器。由于超声波对人体无损害，超声波诊断仪操作简单，出结果迅速，受检查者无不适感，软组织成像清晰，因此超声波诊断仪已经成为临床上重要的现代诊断工具。超声波诊断仪种类很多，最

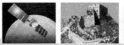

常见的有 B 型超声波诊断仪（俗称 B 超）和彩色多普勒超声波诊断仪（俗称彩超）。

1）B 型超声波诊断仪

超声波频率在 20 kHz 以上。医学中常用的超声波频率范围一般为 1 MHz～10 MHz。超声波波长短，易于集中成一束射线，因此具有很好的直线定向传播特性。超声波在人体内传播过程中，各种组织的声学界面产生不同的反射波和透射波，其中一部分可以返回到超声波传感器，再由超声波传感器将声信号转换成电信号，并由主机接收放大以声像形式显示在屏幕上。

B 型超声波诊断仪是利用声束进行一维扫查，工作时超声波传感器不动而发射的超声束不断变动传播方向，即做平行移动或做扇形转动，并用亮度（灰阶）表示回波幅度大小，显示组织或器官的切面图。根据超声束驱动方式不同，可将 B 型超声波诊断仪分为机械式和电子式两大类，详细分类如表 5-1 所示。

表 5-1　B 型超声波诊断仪的分类

超声束驱动方式	声束扫查方式	聚集方式	成像速度	类　型
机械式	机械矩形扫查	单晶片几何聚集	非实时或准实时	体表式
	机械扇形扫查	单晶片几何聚集	实时	体表式
	机械径向扫查	单晶片几何聚集	实时或准实时	体腔式
电子式	线阵	横向几何聚集和侧向电子聚集或二维电子聚集	实时	体表式或体腔式
	凸阵		实时	
	相控阵		实时	

超声波能够区分两个相邻界面回声信号最短距离的能力称为分辨力。通常，频率越高，则波长越短，分辨力越高，穿透能力越弱；反之，则波长越长，分辨力越低，穿透能力越强。因此，检查浅表器官，如甲状腺、乳腺等，多采用高频传感器，如线阵 7.5 MHz 传感器；检查心脏、腹部等深部脏器，则采用低频传感器，如凸阵 3.5 MHz 传感器，以增加其穿透性。

2）彩色多普勒超声波诊断仪

彩色多普勒超声波诊断仪的理论基础是多普勒效应。在超声系统中，由超声波传感器产生并采集声波信号。当红细胞游向超声波传感器时，超声波的反射频率会高出其原始频率；当红细胞游离超声波传感器时，频率会降低。多普勒超声技术在医学领域多用于对人体血流的探测和测量，其主要反射物为血红细胞。因此，彩色多普勒超声波诊断仪图像不是彩色的 B 型超声波诊断仪图像，而是在黑白 B 型超声波诊断仪图像基础上叠加彩色实时血液显像，每个彩色的点表示小区域内血液流量的平均值，不同的颜色代表血液流量的速度及检测方式的不同。通常，红色表示迎向超声波传感器的血液方向，蓝色表示远离超声波传感器的血液方向。

7. 超声波传感器的选型

超声波传感器的主要性能指标如下。

（1）工作频率：压电晶片的共振频率，当加到它两端的交流电压的频率和压电晶片的共振频率相等时，输出的能量最大，灵敏度也最高。

（2）工作温度：由于压电材料的居里点一般比较高，特别是诊断用的超声波传感器使用功率小，因此超声波传感器的工作温度比较低，可以长时间工作而不失效。医疗中用的超声波传感器的温度比较高，需要单独的制冷设备。

（3）灵敏度：主要取决于压电晶片本身。机电耦合系数大，灵敏度高；反之，灵敏度低。

在选用超声波传感器时，我们要重点关注以上性能指标。表 5-2 所示为某公司 E4C 系列超声波传感器的性能参数，该系列传感器的特点是：不受检测物体的颜色、透明度、材质（金属、非金属）的影响；检测物体的距离与检测位置（阈值）以数字显示，一目了然；工件有无的设定、背景影响的去除均可简单地设置（示教功能）；放大器单元已配有模拟量输出型应用。除了测量范围、振动频率（工作频率）、工作温度、响应速度，我们还需要特别关注一个参数——近距离盲区，这是由超声波传感器软硬件的响应时间决定的。

表 5-2 某公司 E4C 系列超声波传感器的性能参数

特性参数	型 号				
	E4C-DS30	E4C-DS30L	E4C-DS80	E4C-DS80L	E4C-DS100
测量范围/nm	60～275		85～735		110～910
标准测量物体	100 mm×100 mmSUS 平板				
近距离盲区/mm	0～50		0～70		0～90
响应速度/ms	30		100		125
振动频率/kHz	约 390			约 255	
环境温度范围	工作时：−25～+70 ℃。保存时：−40～+85 ℃（无结冰、结露）				
环境湿度范围	工作和保存时：35%RH～85%RH（无结露）				
绝缘电阻	50 MΩ 以上（DC 500 V 兆欧表）				
耐电压	AC 1000 V，50/60 Hz，1 min				
振动（耐久）	10～55 Hz（双振幅 1.5 mm），X、Y、Z 方向各 2h				
冲击（耐久）	500 m/s²，X、Y、Z 方向各 3 次				
保护结构	IP65				
指示灯	（黄色）亮灯：检测范围内显示 （绿色）亮灯：电源显示				
质量/g	约 150				
材质	外壳：黄铜镀镍。振动器面：玻璃环氧树脂、聚氨酯				

5.3 光栅传感器

 扫一扫看长光栅位移传感器教学课件

光栅是由很多等节距的透光缝隙和不透光的刻线均匀相间排列成的光电器件。20 世纪 50 年代，人们利用光栅莫尔条纹现象，把光栅作为测量器件用于机床和计算仪器，设计、制造了很多形状的光栅传感器。光栅传感器是一种数字式传感器，它直接把非电量转换为数字量输出。光栅传感器主要用于长度和角度的精密测量和数控系统的位置检测等，还可以用于能够转换为长度的速度、加速度、位移等其他物理量的测量。它具有检测精度和分辨率高、抗干扰能力强、稳定性好、易与计算机连接、便于信号处理和实现自动化测量等特点。

光栅传感器分为长光栅传感器和圆光栅传感器两大类，其中长光栅传感器用于线性位

移量的高精度测量，圆光栅传感器用于角度的高精度测量，它们的工作原理基本类似。本节重点介绍长光栅传感器的结构、工作原理及应用实例。光栅传感器的外形如图 5-13 所示。

（a）长光栅传感器　　　　　　　　　（b）圆光栅传感器

图 5-13　光栅传感器的外形

5.3.1　光栅传感器的工作原理

扫一扫看长光栅位移传感器微课视频

1. 光栅

光栅是由很多等节距的透光缝隙和不透光的刻线均匀相间排列成的光电器件。从光栅的光线走向来看，光栅可分为透射式光栅和反射式光栅两类。透射式光栅用光学玻璃作为基体，在上面均匀地刻画出等间距、等宽度的条纹，如图 5-14（a）所示，刻画的地方不透光，没有刻画的地方透光，形成连续的透光区和不透光区。反射式光栅用不锈钢作为基体，在其上用化学方法制作出明暗相间的条纹，形成强反光区和不反光区，如图 5-14（b）所示。图 5-14 中，a 为栅宽，b 为缝宽，一般 $a=b$，$W=a+b$ 为光栅栅距。长光栅的栅线密度一般是几十到几百线每毫米。光栅的栅线密度直接决定了光栅传感器的测量精度。

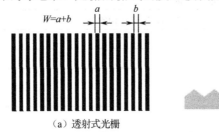

（a）透射式光栅　　　　　　　　　（b）反射式光栅

图 5-14　光栅

2. 莫尔条纹

把两块光栅栅距相等的光栅平行安装，并且使光栅刻痕相对保持一个较小的夹角 θ，由于人眼的视觉干扰效果，透过光栅组可以看到一组明暗相间的条纹，即莫尔条纹。

（a）光栅 a　　　　　　　（b）光栅 b　　　　　　　（c）叠加效果

图 5-15　莫尔条纹的形成原理

莫尔条纹有如下特性。

1）放大性

光栅传感器是用于精密测量的传感器，其能分辨的最小单位为一个栅距。但光栅栅距很小，用肉眼很难分辨，用光电器件也难以分辨。莫尔条纹是放大了的光栅栅距，能被光电器件分辨。如图 5-16 所示，莫尔条纹宽度 L 与光栅栅距 W 之间存在放大关系，即

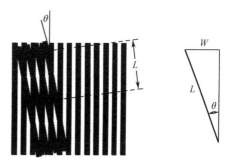

图 5-16　莫尔条纹的放大作用

$$L = \frac{W}{\sin\theta} \approx \frac{W}{\theta} \qquad (5-21)$$

式中，θ 为两光栅的夹角，当 θ 减小时，莫尔条纹宽度 L 变大。

【实例 1】 一直线光栅，每毫米刻线数为 50，主光栅与指示光栅的夹角为 $\theta = 1.8°$，分辨力、放大倍数、莫尔条纹的宽度分别为多少？

解： 分辨力 $\Delta = W = 1/50 = 0.02$ mm $= 20$ μm。

放大倍数 $1/\theta = 1/(1.8° \times 3.14/180°) \approx 31.84$。

莫尔条纹的宽度 $L = W/\theta \approx 0.637$ mm。

2）同步性

当两光栅沿着与栅线垂直的方向相对移动时，莫尔条纹也沿着近似垂直光栅的移动方向移动。当光栅移动一个栅距 W 时，莫尔条纹移动一个条纹的间距 L；当光栅反向移动时，莫尔条纹也反向移动。两者具有严格的一一对应关系。

3）准确性

莫尔条纹是由光栅的大量栅线共同形成的，如图 5-15（c）所示，所以对光栅栅线的刻画误差有平均作用，通过莫尔条纹获得的精度比栅线刻画的精度要高。

3. 光栅传感器的结构

光栅传感器由照明系统（由光源和透镜组成）、光栅副（由主光栅和指示光栅组成）和光电器件等组成，如图 5-17 所示。

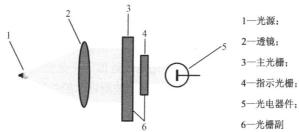

1—光源；
2—透镜；
3—主光栅；
4—指示光栅；
5—光电器件；
6—光栅副

图 5-17　光栅传感器的结构

1）光源

光源可以采用钨丝灯泡或半导体发光元件。其中钨丝灯泡的工作温度为-40～+130 ℃，与光电器件相比其转换效率低，使用寿命短；半导体发光元件，如砷化镓发光二极管，工作温度为-60～+100 ℃，转换效率高达 30%，使用寿命长，响应快。

2）光栅副

光栅副由光栅栅距相等的主光栅和指示光栅组成，它们互相重叠，又不完全重合，两者栅线间错开一个小角度，以便得到莫尔条纹。主光栅和指示光栅之间有相对运动，有时主光栅固定不动，指示光栅运动；有时指示光栅固定不动，主光栅运动。通常主光栅长度决定了测量范围。

3）光电器件

光电器件的作用是感受莫尔条纹的移动，并将其转换为电信号。

根据结构的不同，长光栅传感器分为透射式长光栅传感器和反射式长光栅传感器，其结构分别如图 5-18（a）和（b）所示。透射式长光栅传感器的光源和光电器件在不同侧，反射式长光栅传感器的光源和光电器件在同侧。

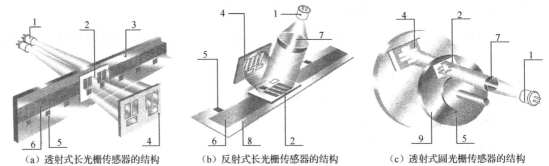

（a）透射式长光栅传感器的结构　　（b）反射式长光栅传感器的结构　　（c）透射式圆光栅传感器的结构

1—红外光源（IRED）；2—栅格；3—刻线玻璃；4—光电二极管接收器；5—参考点标志；6—刻线轨迹；7—透镜；

8—刻线钢带；9—刻度盘

图 5-18　光栅传感器的结构

4. 光栅传感器测量位移的原理

长光栅传感器中有两块光栅，分别为主光栅和指示光栅，它们合起来叫光栅副。测量时，主光栅和指示光栅相对运动。光源发出的光，经过透镜变成平行光后，照射到由主光栅和指示光栅组成的光栅副上，在后面形成莫尔条纹；光电器件感受莫尔条纹的变化，输出如图 5-19（b）所示的电信号。在 a 处，两光栅刻线重叠，透过的光强最大，光电器件输出的电信号也最大；在 c 处，由于光被遮去一半，光强减小；在 d 处，光全被遮去而成全暗，光强为 0。随着光栅的移动，光强的变化为亮→半亮半暗→全暗→半暗半亮→全亮，光栅移动一个栅距，莫尔条纹也经历了一个周期，移动一个条纹间距。光强的变化需要通过光电转换电路转换为输出电压的变化，输出电压的变化曲线近似为正弦曲线。其通过后续的整形转换电路和逻辑电压转换电路，就变成了一个脉冲信号。被测物体的位移就等于栅距乘以脉冲数。

5. 光栅传感器辨向技术

在实际应用中，由于被测物体的移动往往是往复运动，既有正向运动，又有反向运动，因此要正确辨别光栅的运动方向，必须在光栅传感器中加入辨向电路，可在相距 1/4 莫尔条纹宽度（$W/4$）的位置安装两个光电器件，如图 5-20（a）所示。它们能获得 2 个相位相差 90° 的信号 u_1 和 u_2，将输出信号送入如图 5-20（b）所示的辨向电路，其中 Y_1、Y_2 为与门。

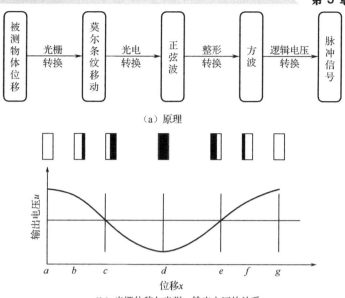

（a）原理

（b）光栅位移与光强、输出电压的关系

图 5-19 光栅传感器测位移原理

图 5-20（c）中，给出了 u_1、u_2 及整形后 u'_1、u'_2 的波形，最下方的波形图中实心三角形代表 Y_1 的输出；空心三角形代表 Y_2 的输出。当光栅沿正方向移动时，u'_1 经微分电路后产生的脉冲正好发生在 u'_2 的"1"电平时，从而经 Y_1 输出一个计数脉冲；u'_1 经反相电路和微分电路后产生的脉冲，与 u'_2 的"0"电平相遇，Y_2 被阻塞，无脉冲输出。当光栅沿反方向移动，u'_1 的微分脉冲发生在 u'_2 为"0"电平时，Y_1 无脉冲输出；u'_1 的反相微分脉冲则发生在 u'_2 的"1"电平时，Y_2 输出 1 个计数脉冲。这说明 u'_2 的电平状态作为与门的控制信号，来控制在不同的移动方向时 u'_1 产生的脉冲输出。这样就可以根据移动方向正确地给出加计数脉冲或减计数脉冲，再将其输入可逆计数器，实时显示相对于某个参考点的位移量。

6. 光栅传感器细分技术

细分电路是用来提高测量精度的。当利用光栅传感器进行测量时，零件每移动一个栅距，输出一个脉冲。测量的分辨率为一个栅距。若要提高测量精度，可以增加栅线的密度，减小栅距，但这种方法受到制造工艺和成本的限制。

细分技术就是在光栅移动一个栅距、莫尔条纹变化一个周期时，不输出一个脉冲，而输出若干个均匀分布的脉冲，从而提高分辨率。细分越多，分辨率越高。由于细分后计数脉冲提高了，因此细分又称为倍频。细分的方法有很多种，常用的细分方法是直接细分，当细分数为四时，称为四倍频细分，如图 5-21 所示。

电路采用 10MB 晶振产生全局时钟 CLK，A、B 信号为相位相差 90°的正交信号。首先 A、B 信号分别经 D 触发器（Q_1 和 Q_2）后变为 A′、B′信号，再经过第二级 D 触发器（Q_3 和 Q_4）后变为 A″、B″信号。D 触发器对信号进行整形，消除输入信号中的尖脉冲影响，在后续倍频电路中不再使用原始信号 A、B，因而提高了系统的抗干扰性能。然后采用组合时序逻辑器件对 A′A″、B′B″信号进行逻辑组合，得到两路输出脉冲：当 A 超前于 B 时，ADD 为加计数脉冲，MINUS 保持高电平；当 A 滞后于 B 时，ADD 保持高电平，MINUS 为减计数脉冲。

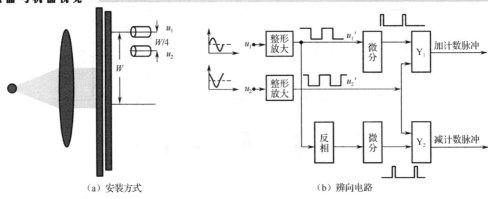

（a）安装方式　　　　　　　　　　　（b）辨向电路

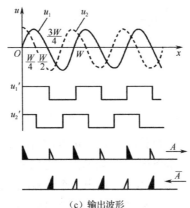

（c）输出波形

A—光栅移动正方向；$\overline{A}$—光栅移动反方向

图 5-20　光栅传感器辨向技术

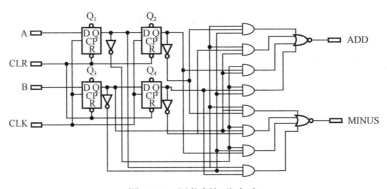

图 5-21　四倍频细分电路

利用这种方法，可在一个周期内输出四个脉冲，所以又称该电路为四倍频电路，其分辨率提高了四倍，当栅距 $W=10\ \mu m$ 时，分辨力为 $2.5\ \mu m$，即脉冲当量为 $2.5\ \mu m$；当 $W=4\ \mu m$，其分辨力为 $1\ \mu m$。

5.3.2　光栅传感器的使用

1. 光栅数显装置

光栅传感器作为数控机床直线轴的位置检测器件，相当于人的眼睛，用于监视直线轴在执行数控系统发出的移动指令后，是否能准确地运行到数控系统指令要求的位置。

如果数控机床上没有安装光栅传感器，那么当数控系统发出直线轴的移动指令后，直线轴到达数控系统指令要求的位置完全依靠数控系统调试的精度和机械传动精度来保障。数控机床使用一段时间后，由于电气调试参数的修改和机械误差的加大等原因，直线轴到达的位置很可能和数控系统指令要求的位置相差很多，这时候数控系统根本不知道，维修和操作数控机床的人员也不知道，要想知道这个差距，维修人员就要对机床上进行精度检测。所以如果数控机床上没有安装光栅传感器，维修人员就要定期对数控机床的精度进行检查，一旦忘记检测数控机床的精度，就很可能导致加工的产品精度超差甚至报废。

如果数控机床上安装了光栅传感器，上述问题就不用人来操心了，而由光栅传感器来完成相应任务。如果该直线轴由于机械等原因没有准确到达指定位置，那么光栅传感器作为位置检测器件，会向数控系统发出指令，使该直线轴能够到达比较准确的位置，直到光栅传感器的分辨率分辨不出来为止。这时的光栅传感器发挥了独立于机床之外的监督功能，像人的眼睛一样，一直监视着直线轴的位置，保证了直线轴能够达到数控系统指令要求的位置。

图 5-22 所示的光栅数显装置，就是基于光栅传感器的测直线位移装置，一般安装在数控机床上。当数控系统发出直线轴的移动指令后，光栅随着直线轴移动，将光栅传感器的输出信号经过放大、整形、辨向、细分、计数处理后，在显示屏上实时显示位移值。当直线轴到达数控系统指令要求的位置后，光栅数显装置还能发出到位信号，通知数控系统停止直线轴的移动，这样就能保证直线轴精确地到达指定位置。

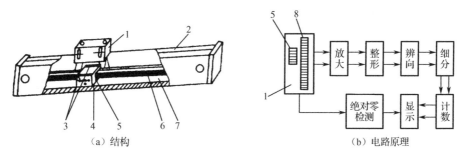

（a）结构　　　　　　　　　　　（b）电路原理

1—读数头；2—壳体；3—发光接收线路板；4—指示光栅座；5—指示光栅；6—光栅刻线；7—光栅尺；8—主光栅

图 5-22　光栅数显装置

2. 长光栅位移传感器的安装

长光栅位移传感器通常用于铣床、车床、磨床、火花机、线切割机、自动升降机等设备中精密位置的定位，使用前必须严格按规定安装。

安装时光栅尺必须以机床导轨为基准并相互平行。

（1）光栅尺量程的中心应处于机床行程的中心位置，必须保证光栅尺的实际量程大于机床的最大行程，以免将光栅尺撞坏。

（2）光栅尺应安装在接近机床传动丝杆的位置。安装时可选择固定光栅尺或固定读数头。

（3）安装光栅尺的位置应不妨碍机床操作，不减少机床原有的使用功能。

（4）安装后，光栅尺应不容易受到撞击。在加工时，光栅尺不受到机床的手柄、制动装置或其他凸出部位的影响。

（5）光栅尺应竖装（读数头在下，尺体在上），条件不许可时，也可以平装，切不可倒装（读数头在上，尺体在下）。切勿将尺体封条密封口正对机床冷却油液喷出处。

3. 长光栅传感器的选型

某长光栅传感器的主要性能指标如下。

（1）有效量程：50～1000 mm。

（2）输出信号：TTL、HTL、ELA-422-A、11 μApp、1 Vpp。

（3）栅距：0.04 mm（25线对）、0.02 mm（50线对）。

（4）分辨率：10 μm、5 μm、1 μm、0.5 μm。

（5）响应速度：120 m/min、60 m/min、30 m/min、15 m/min。

（6）零位参考点：每100 mm一个、每500 mm一个（距离编码）。

（7）精度：+3 μm，+5 μm，+15 μm。

（8）工作温度：0～+50 ℃。

（9）存储温度：−40～+50 ℃。

（10）防护等级：IP53。

长光栅传感器选型时，要重点关注以上性能指标。其中，有效量程是指长光栅传感器能检测的位移长度范围，一般根据实际需要可以定制传感器量程。栅距由长光栅传感器光栅栅线密度决定，栅线越密，栅距越小。分辨率是指长光栅传感器能分辨的最小位移单位。响应速度是指光栅能移动的最快速度，应大于被测物体的移动速度。精度是指实际的位移与理论位移最大的差。

5.4 光电编码器

扫一扫看光电编码器教学课件

　　光电编码器是将位移量转换成数字代码形式输出的传感器，广泛应用于测量转轴的转速、角位移、丝杠的线位移等。它具有测量精度高、分辨率高、稳定性好、抗干扰能力强、便于与计算机连接、适宜远距离传输等特点，其外形如图 5-23 所示。光电编码器也是一种光电式传感器。

　　光电编码器根据光电盘和内部结构的不同分为增量式编码器（又称脉冲盘式编码器）和绝对式编码器两种。增量式编码器输出的是一系列脉冲，需要一个计数系统对脉冲进行累计计数，一般还需要一个基准数据，即零位基准才能完成角位移测量，因此断电后无记忆功能。绝对式编码器不需要基准数据及计数系统，它在任意位置都可给出与位置相对应的固定的数字码，因此断电后有记忆功能。

图 5-23 光电编码器的外形

5.4.1　光电编码器的工作原理

1. 增量式编码器的工作原理

增量式编码器的结构如图 5-24 所示，它由光源（发光二极管）、旋转光栅盘、固定光栅盘、光电器件（光电晶体管）等组成。旋转光栅盘为主光栅，随着转轴一起旋转，固定光栅盘为指示光栅，光栅盘的特点是栅线均匀分布。光源发出的光经过两块光栅盘后形成莫尔条纹，光电器件将莫尔条纹的变化转换为电脉冲的变化。转轴的旋转位移为电脉冲个数和栅距的乘积。这和长光栅传感器测位移的原理是一样的。

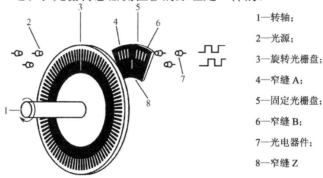

1—转轴；
2—光源；
3—旋转光栅盘；
4—窄缝 A；
5—固定光栅盘；
6—窄缝 B；
7—光电器件；
8—窄缝 Z

图 5-24　增量式编码器的结构

固定光栅盘有 A、B、Z 三个窄缝。其中 A、B 两个窄缝的间距是莫尔条纹距离的 $m+1/4$ 倍，m 为正整数，由于彼此错开 1/4 节距，两个窄缝相对应的光电器件产生的信号 A、B 相位相差 90°。当光栅盘正转时，A 信号超前 B 信号 90°；当光栅盘反转时，B 信号超前 A 信号 90°，这样就可以判别光栅盘旋转的方向。窄缝 Z 用于产生定位信号，每转一圈仅产生一个脉冲，可作为测量的起始基准。

在具体使用时，为了辨别旋转方向，可以采用如图 5-25 所示的鉴相与双向计数电路，鉴相电路用 1 个 D 触发器和 2 个与非门组成，计数电路用 3 片 74LS193 组成。增量式编码盘两个码道产生的光电脉冲被两个光电器件接收，产生 A、B 两个输出信号，这两个输出信号经过放大、整形后，产生 OUT-A 和 OUT-B 脉冲，将它们分别接到 D 触发器的 CLK 端和 D 端。D 触发器在 CLK 脉冲（OUT-A）的上升沿触发。当顺时针旋转时，OUT-A 脉冲超前 OUT-B 脉冲 90°，D 触发器的 $Q=1$，$\bar{Q}=0$，上面与非门打开，计数脉冲 W_3 送至双向计数器 74LS193 的加脉冲输入端 CU，进行加法计数。此时，下面与非门关闭，其输出为高电平 W_4。当逆时针旋转时，OUT-B 脉冲超前 OUT-A 脉冲 90°，D 触发器的 $Q=0$，$\bar{Q}=1$，上面与非门关闭，其输出为高电平 W_3。此时，下面与非门打开，计数脉冲 W_4 送至双向计数器 74LS193 的减脉冲输入端 CD，进行减法计数。分别用 $Q=1$ 和 $\bar{Q}=1$ 控制双向计数器是正向还是反向计数，即可将光电脉冲变成编码输出。由零位产生的脉冲信号 OUT-L 接至双向计数器的复位端，实现每转动一圈复位一次双向计数器的目的。无论是正转还是反转，双向计数器每次反映的都是相对于上次角度的增量，故这种测量方式称为增量式测量。

综上可得出以下结论。

（1）当转轴旋转时，光电编码器有相应的脉冲输出，其旋转方向的判别和脉冲数量的增减需要通过外部的鉴相与双向计数电路实现。

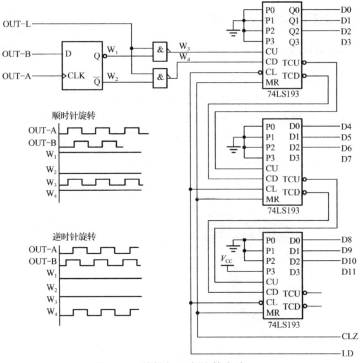

图 5-25　鉴相与双向计数电路

（2）其计数点可任意设定，并可实现多圈的无限累加和测量，还可以把每转发出一个脉冲的 C 信号作为参考机械零位。

（3）光电编码器的转轴转一圈输出固定的脉冲，输出脉冲数与码盘的刻度线相同。

（4）输出信号为一串脉冲，每个脉冲对应一个分辨角 α，对脉冲进行计数 N，就是对 α 的累加，即角位移 $\theta = \alpha N$。例如，分辨率 $\alpha = 0.325°$，脉冲数 $N=1000$，则角位移 $\theta = \alpha N = 0.325° \times 1000 = 352°$。

2. 绝对式编码器的工作原理

绝对式编码器也称为码盘式编码器，它将角度转换为电脉冲信号，能方便地与数字系统连接。绝对式编码器按结构可分为接触式、光电式和电磁式三种，后两种为非接触式编码器。目前市场上约 90% 的旋转编码器为光电式编码器。

光电式编码器采用照相腐蚀工艺，在一块圆形光学玻璃上刻有透光和不透光的同心码道。在几个码道上，装有相同个数的光电器件。当光源经光学系统形成一束平行光投射在码盘上时，转动码盘，光经过码盘的透光区和不透光区，在码盘的另一侧就形成了光脉冲，光脉冲照射在光电器件上就产生与光脉冲相对应的电脉冲，码盘上的码道数就是该码盘的数码位数。图 5-26（a）所示为 6 码道的光电式编码器（码道从外到里为 $C_1 \sim C_6$），代表该编码器是 6 位数码的。由于每一码位有一个光电器件，当码盘旋至不同位置时，各个光电器件根据受光照与否将间断光转换成电脉冲信号，因此这是一种绝对式编码器，该编码器在转轴的任何位置都可以输出一个固定的与位置相对的数码，即使断电后仍有记忆功能。

光电式编码器的精度和分辨率取决于码盘的精度和分辨率，即取决于码道数。图 5-26（a）所示为 6 位 8421 码盘。黑色处代表不透光，白色处代表透光。当码盘转动某一角度后，系统就输出一个数码；码盘转动一圈，电刷就输出 2^6=64 种不同的 6 位二进制数码。由此可知，二进制码盘能分辨的旋转角度为 $\alpha = 360°/2^n$。若 n=6，则 α =5.625°。码盘码道越多，数码位数越多，分辨精度越高。当然，分辨精度越高，对码盘制作和安装要求也越严格。但是，由于制作工艺的限制，当码道增加到一定数量后，工艺就难以实现，因此一般取码道数 n<9。另外可采用其他方法，如插值法，来提高精度和分辨率。

使用 8421 码盘虽然比较简单，但是对码盘的制作和安装都要求严格，否则会产生错码。例如，当码盘输出数码由二进制 0111 过渡到 1000 时，本来应由 7 变成 8，但是如果码盘制作工艺不精，可能会出现（1000～1111）8～15 的任一十进制数，这样就产生了非单值误差。若使用循环码制则可避免此问题，6 位编码盘对应的数码如表 5-3 所示，码盘如图 5-26（b）所示。循环码的特点是相邻两个数码间只有一位二进制数码变化，即使制造或安装不精确，产生的误差最多也只在最低位，这在一定程度上可消除非单值误差。因此采用循环码码盘比采用 8421 码盘的精度更高。

表 5-3　6 位编码盘对应的数码

角　度	二 进 制 码	循 环 码	十 进 制 数
0	000000	000000	0
1α	000001	000001	1
2α	000010	000011	2
3α	000011	000010	3
4α	000100	000110	4
5α	000101	000111	5
6α	000110	000101	6
7α	000111	000100	7
8α	001000	001100	8
9α	001001	001101	9
10α	001010	001111	10
11α	001011	001110	11
12α	001100	001010	12
13α	001101	001011	13
14α	001110	001001	14
15α	001111	001000	15

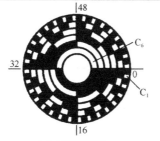

（a）6位8421码盘

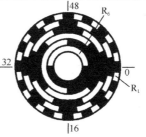

（b）循环码码盘

图 5-26　6 码道的光电式编码器

综上所述，可得出如下结论。

（1）绝对式编码器按照角度直接进行编码，能直接把被测转角用数码表示出来。当转轴旋转时，有与位置对应的数码（如二进制数码、循环码等）输出。从数码大小的变更，即可判别正反方向和转轴所处的位置，无需辨向电路。

（2）绝对式编码器具有记忆功能，当停电或关机后，再开机重新测量时，仍可准确读出停电或关机位置的数码。

（3）一般情况下，测量范围为 0～360°。

（4）最小分辨率角 $\alpha = 360°/2^n$。

除光电式编码器外，市面上还有接触式编码器和电磁式编码器。

接触式编码器的码盘是在铜箔板上制作的某种码制图形的盘式印制电路板，电刷是一种活动触头结构，当在外界力的作用下旋转码盘时，电刷与码盘接触就产生某种码制的某一数码输出。接触式编码器的特点是分辨率受电刷影响，不可能太高。

电磁式编码器的码盘是用磁化方法制成的，按编码图形制作成磁化区（磁导率高）和非磁化区（磁导率低）的圆盘。它采用了小型磁环或微型马蹄形磁芯作磁头，磁头靠近时不接触码盘表面。每个磁头（环）上绕有两个绕组，原边绕组是用恒幅、恒频的正弦波激励，该绕组被称为询问绕组，输出绕组（或读出绕组）通过感应码盘将磁化信号转换为电信号。当询问绕组被激励以后，输出绕组产生同频信号，但其幅值和两绕组匝数比有关，也与磁头附近有无磁场有关。当磁头对准磁化区时，磁路饱和，输出电压很低；当磁头对准非磁化区时，输出电压会很高。输出电压经逻辑状态的调制，就得到方波输出，几个磁头同时输出就形成了数码。电磁式编码器的特点是不易受尘埃和结露影响，成本比光电式编码器低。

5.4.2 光电编码器的应用

光电编码器是非接触式测量，允许高速转动，有较高的寿命和可靠性，所以它在自动控制和自动测量技术中得到了广泛的应用。例如，绝对多头、多色的电脑绣花机和工业机器人都使用它作为精确的角度转换器。我国已有 16 位绝对式编码器和 25 000 脉冲/圈的增量式编码器，并形成了系列产品，为科学研究和工业生产提供了对位移量进行精密检测的手段。

1. 位移和转速测量

光电编码器的典型应用就是位移测量，包括角位移测量和直线位移测量。增量式编码器的角度等于输出脉冲个数乘以脉冲当量（转角/脉冲）；绝对式编码器的角度可由脉冲信号直接读出。

在进行直线位移测量时，通常把光电编码器装在伺服电机轴上，伺服电机轴与丝杠结构相连，当伺服电机轴转动时，由丝杠带动工作台或刀具或夹具移动，这时光电编码器的转角对应直线移动部件的移动量，因此可根据伺服电机轴和丝杠的传动及丝杠的导程来计算移动部件的位移，反过来也能控制工作台或刀具或夹具准确定位。

光电编码器的典型应用就是轴环式数显表，它是将光电编码器及数字显示电路装在一起的数字式转角测量仪，常用于车床、铣床等中小型机床的进给量和位移量的显示，可安装在不同的加工轴上。

光电编码器还可以用于测量转速，转速可由光电编码器发出的脉冲频率来测量。

$$n = \frac{N_1}{N} \cdot \frac{60}{t} \tag{5-22}$$

式中，n 为待测转速；t 为测速采样时间；N_1 为 t 时间内测得的脉冲个数；N 为光电编码器每转脉冲数，即分辨率。

2. 光电编码器在电脑绣花机中的应用

电脑绣花机是机电一体化的缝纫设备，主要由计算机和机头机械组成。实现计算机对机头机械自动运行控制的主要部件之一就是增量式编码器。电脑绣花机的工作过程：首先将绣花样品分解成若干个子样，计算机对子样通过 X、Y 方向的步进电机实现自动移绷、刺针等动作。固定绣品的绷框在 X、Y 合成方向向前进一步后，机头上的绣针向绣品刺一针，计算机连续不断地根据绣品运动轨迹数据，向步进电机发送刺绣数据，步进电机就一步步动作，针按一定步距刺绣。机头针杆的运动量是由 Z 方向的电机旋转带动的，在机械装置的帮助下，电机的旋转运动转变为机头针杆的上下直线运动，电机每转动一圈，机头针杆上下运动一次，针按一定步距向绣品刺一针。光电编码器在电脑绣花机中的作用是确定机头针杆进针的位置，以及检测电脑绣花机的刺绣速度，以保证机头针杆的动作和移绷动作准确协调进行。

光电编码器将 Z 方向的电机旋转一圈的相位分解成如图 5-27 所示的几部分。光电编码器的角度对应如下动作：入布（115°）表示针开始刺向绣品；出布（230°）表示机头针将出布。出布以后，再产生移绷动作；最高位表示机头针杆上抬的位置，即停针位；最低位（173°）表示针刺向布的距离。

假设电脑绣花机采用每转输出 1024 个脉冲、转速为 1000 r/min 的光电编码器，根据图 5-27，需要将入布、出布等信

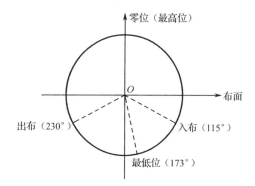

图 5-27　电机旋转一圈的动作分解

号转换成对应的脉冲数。如图 5-28 所示，光电编码器每转一圈，A 相输出 1024 个脉冲，B 相输出 1 个脉冲，整形后，A 相脉冲加到计数器的计数脉冲端 CLK。当计数器计到第 327（115×1024/360）个脉冲时，译码器译出入布信号；当计数器计到第 654（230×1024/360）个脉冲时，译码器译出出布信号。计算机在接收到入布信号后，从内存中读取一针必要的数据及其他的控制信号，控制电脑绣花机正常运转，从而完成绣品的刺绣。

3. 光电编码器的选型

光电编码器的典型性能指标如下。

（1）分辨率：分辨率是指光电编码器转动一周产生的脉冲周期数，即脉冲数/转；码盘刻线越多，分辨率越高；通常为几百到几万脉冲数/转。

（2）精度：精度是指在所选分辨率范围内，确定任一脉冲相对另一脉冲位置的能力。精度由刻线、码盘机械同心度、读数响应速度、温度特性等各种因素决定。精度是实际角度与理论角度最大的差，从零位算起计 100 个脉冲理论为 100°，实际为 99.99°，差值为 0.01°，如果在一转中它是最大值，那么精度为 0.01°，它的产生是系统导致的。

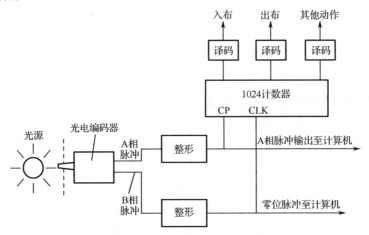

图 5-28　绣花机控制信号的形成

（3）稳定性：稳定性是指光电编码器保持稳定输出的能力。

（4）响应频率：响应频率取决于光电器件、电子线路的响应速度；每种光电编码器在其分辨率一定的情况下，最高转速也是一定的，即它的响应频率是受限制的。

$$f_{max} = \frac{R_{max} \times N}{60} \qquad (5-23)$$

式中，f_{max} 为最大响应频率；R_{max} 为最高转速；N 为分辨率。

（5）输出相位：增量式编码器一般输出三相，即 A、B、Z，其中 A、B 为错开 90° 的正交信号，作用是分辨方向；Z 为圈数信号。

光电编码器选型时要重点关注以上性能指标，请参考如表 5-4 所示的某光电编码器的性能参数表。

表 5-4　某光电编码器的性能参数表

参　数	型　号			
	E6C2-CWZ6C	E6C2-CWZ5B	E6C2-CWZ3E	E6C2-CWZ1X
电源电压	DC 5（1-5%）～ 24（1+15%）V 纹波（p-p）5%以下	DC 12（1-10%）～ 24（1+15%）V 纹波（p-p）5%以下	DC 5（1-5%）～ 12（1+10%）V 纹波（p-p）5%以下	DC 5（1±5%）V 纹波（p-p）5%以下
消耗电流	80 mA 以下	100 mA 以下		160 mA 以下
分辨率（脉冲数/转）	10、20、30、40、50、60、100、200、300、360、400、500、600、720、800、1000、1024、1200、1500、1800、2000	100、200、360、500、600、1000、2000	10、20、30、40、50、60、100、200、300、360、400、500、600、720、800、1000、1024、1200、1500、1800、2000	
输出相	A、B、Z 相			A、$\overline{A}$、B、$\overline{B}$、Z、$\overline{Z}$ 相
输出形式	NPN 集电极开路输出	PNP 集电极开路输出	电压输出（NPN 输出）	线性驱动器输出×2

续表

参　数	型　号			
	E6C2-CWZ6C	E6C2-CWZ5B	E6C2-CWZ3E	E6C2-CWZ1X
输出容量	施加电压：DC 30 V 以下。负载电流：35 mA 以下。残留电压：0.4 V 以下（负载电流为 35 mA 时）	施加电压：DC 30 V 以下。负载电流：35 mA 以下。残留电压：0.4 V 以下（负载电流为 35 mA 时）	输出电阻：2 kΩ。输出电流：20 mA 以下。残留电压：0.4 V 以下（负载电流为 20 mA 时）	输出电流 H 等级：I_o=−20 mA。I 等级：I_S=20 mA。输出电压：U_o=2.5 V 以上；U_S=0.5 V 以下
最高响应频率/kHz	100	50	100	
输出相位差	A、B 的相位相差 90°±45°　（1/4T±1/8T）			
起动转矩	10 mN·m 以下			
惯性力矩	$1×10^{-6}$ kg·m^2 以下（600P/R 以下为 $3×10^{-7}$ kg·m^2 以下）			
最大轴负载	径向：50 N。横向：30 N			
允许最高转速/r·min^{-1}	6000			
环境温度范围	工作时：−10～+70 ℃。保存时：−25～+85 ℃（无结冰）			
环境湿度范围	工作和保存时，各 35%～85%RH（无结露）			
绝缘电阻	100 MΩ 以上（充电部整体与外壳之间）			
耐电压	AC 500 V，50/60 Hz，1 min（导线端整体与外壳之间）			
振动（耐久）	10～500 Hz，上下振幅 2 mm 或 150 m/s^2，X、Y、Z 各方向 11 min×3 次扫描			
冲击（耐久）	1000 m/s^2，X、Y、Z 各方向 3 次			
保护结构	IEC 标准 IP64、公司内部标准防油			
连接方式	导线引出型（标准导线长 2 m）			
质量/g	约 400			

实验 6　超声波测距

本实验基于天煌教仪公司的"THSCCG-2 型传感器检测技术实训装置"。

1. 实验目的

学习超声波测距的方法，学习测量误差的计算方法。

2. 实验仪器

超声波传感器实验模块、超声波发射接收器、反射板、直流稳压电源。

3. 实验原理

超声波是听觉阈值以外的振动，其频率范围为 10^4～10^{12} Hz，超声波在介质中可产生三种形式的振荡：横波、纵波和表面波。其中横波只能在固体中传播，纵波能在固体、液体和气体中传播，表面波随深度的增加衰减很快。超声波测距中采用纵波，使用超声波的频率为 40 kHz，其在空气中的传播速度近似为 340 m/s。

当超声波传播到两种不同介质的分界面上时，一部分被反射，另一部分透射过分界面。但若超声波垂直入射界面或以一很小的角度入射，则入射波完全被反射，几乎没有透射过分界面的折射波。这里采用脉冲反射法测量距离，因为脉冲反射不涉及共振机理，与被测物体的表面光洁度关系不密切。被测 $D=cT/2$，其中 c 为声波在空气中的传播速度，T 为超声波发射到返回的时间间隔。为了方便处理，发射的超声波被调制成 40 kHz 左右，具有一定间隔的调制脉冲波信号。超声波测距系统如图 5-29 所示，系统由超声波发射部分、接收部分、MCU 和显示部分组成。

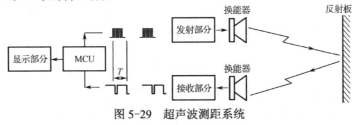

图 5-29　超声波测距系统

4．实验步骤

（1）连接电路。将超声波发射接收器引出线接至超声波传感器实验模块（T 为发射，R 为接收，上正下负，地线接接收部分测试点的黑色反转座），并将+15 V 直流稳压电源接到超声波传感器实验模块。

（2）记录数据。打开实训台电源，将反射板正对超声波发射接收器，并逐渐远离超声波发射接收器。用直板尺测量超声波发射接收器到反射板的距离，从 10 cm 至 100 cm，每隔 10 cm 记录一次超声波传感器实验模块显示的距离值，填入表 5-5。

表 5-5　数据记录

实际距离/cm	10	20	30	40	50	60	70	80	90	100
测量距离/cm										
实际相对误差										
示值相对误差										

（3）计算实际相对误差和示值相对误差。

（4）测量盲区和最大测量距离。

实验 7　长光栅传感器测线位移

本实验基于天煌教仪公司的"THSCCG-2 型传感器检测技术实训装置"。

1．实验目的

了解长光栅传感器测线位移的原理与应用。

2．实验仪器

JCY-5 光栅线位移传感器检测装置、光栅传感器实验模块。

3．实验原理

长光栅传感器的工作原理，详见 5.3.1 节。

4．实验步骤

（1）打开主控台电源，将直流稳压电源+15 V、+5 V 接到 JCY-5 光栅线位移检测装置和光栅传感器实验模块。

（2）将采集卡的模拟量和开关量电缆接到采集卡接口（采集卡的地线要接到直流稳压

电源地），采集卡接口 DO1～DO4 分别接到 JCY-5 光栅线位移传感器检测装置"步进电机驱动模块"的 A～D。光栅角位移传感器输出通过一根排线接到光栅传感器实验模块的"光栅传感器输入-线位移"。

（3）通过 USB 电缆将 USB 数据采集卡接入计算机，并打开 THSRZ-1 V1.3 软件，选择"系统"菜单下的脚本编辑器，在弹出的窗口中选择"文件"→"打开"，在弹出的对话框中选择 JavaScript 程序"步进电机控制"（在软件安装路径下的"JS 脚本"文件夹内），认真阅读并理解程序，选择"调试"→"步长设置"，在弹出的对话框中设置单位步长时间。选择"调试"→"启动"。

（4）通过改变"步长设置"的时间控制步进电机转动的速度。设置好光栅传感器实验模块。

5. 实验报告

（1）根据实验得出步进电机每走一步光栅尺的位移，编写一段 JavaScript 程序使光栅尺前进 20 mm。

（2）将限位传感器的输出端接采集卡接口开关量输入端 DI，编写一段 JavaScript 程序使光栅尺在两个限位开关之间来回运动。

实验 8　光电编码器测角位移

本实验基于天煌教仪公司的"THSCCG-2 型传感器检测技术实训装置"。

1. 实验目的

了解光电编码器的工作原理与应用。

2. 实验仪器

JCY-4 光栅角位移传感器检测装置、光栅传感器实验模块。

3. 实验原理

光电编码器的工作原理详见 5.4.1 节。

4. 实验步骤

（1）打开主控台电源，将直流稳压电源 15 V、5 V 接到 JCY-4 光栅角位移检测装置和光栅传感器实验模块。

（2）将采集卡的模拟量和开关量电缆接到采集卡接口（采集卡的地线要接到直流稳压电源地），采集卡接口 DO1～DO4 分别接到 JCY-4 光栅角位移传感器检测装置"步进电机驱动模块"的 A～D。光栅角位移传感器输出通过一根排线接到光栅传感器实验模块的"光栅传感器输入-角位移"。

（3）通过 USB 电缆将 USB 数据采集卡接入计算机，并打开 THSRZ-1 V1.3 软件，选择"系统"菜单下的脚本编辑器，在弹出的窗口中选择"文件"→"打开"，在弹出的对话框中选择 JavaScript 程序"步进电机控制"（在软件安装路径下的"JS 脚本"文件夹内），认真阅读并理解程序，选择"调试"→"步长设置"，在弹出的对话框中设置单位步长时间。选择"调试"→"启动"。

（4）通过改变"步长设置"的时间控制步进电机转动的速度。设置好光栅传感器实验模块，读出步进电机的步距。

5. 实验报告

根据实验所得步进电机的步距，编写一段 JavaScript 程序使步进电机转过 90°。

知识梳理与总结 5

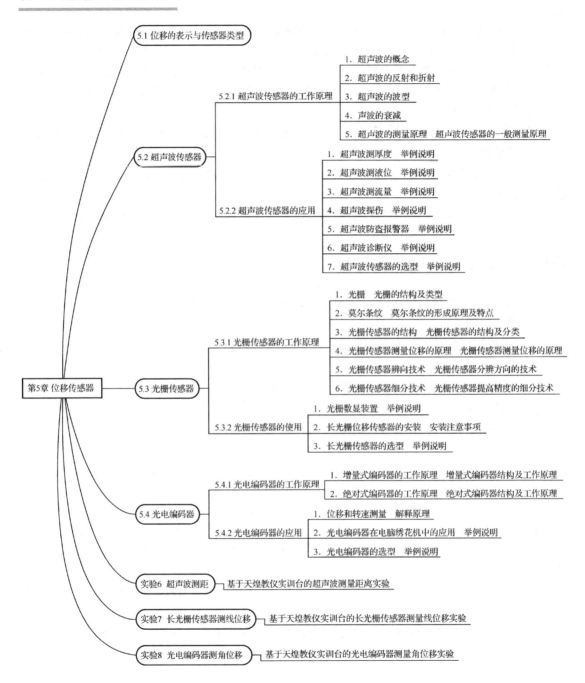

- 第5章 位移传感器
  - 5.1 位移的表示与传感器类型
  - 5.2 超声波传感器
    - 5.2.1 超声波传感器的工作原理
      1. 超声波的概念
      2. 超声波的反射和折射
      3. 超声波的波型
      4. 声波的衰减
      5. 超声波的测量原理　超声波传感器的一般测量原理
    - 5.2.2 超声波传感器的应用
      1. 超声波测厚度　举例说明
      2. 超声波测液位　举例说明
      3. 超声波测流量　举例说明
      4. 超声波探伤　举例说明
      5. 超声波防盗报警器　举例说明
      6. 超声波诊断仪　举例说明
      7. 超声波传感器的选型　举例说明
  - 5.3 光栅传感器
    - 5.3.1 光栅传感器的工作原理
      1. 光栅　光栅的结构及类型
      2. 莫尔条纹　莫尔条纹的形成原理及特点
      3. 光栅传感器的结构　光栅传感器的结构及分类
      4. 光栅传感器测量位移的原理　光栅传感器测量位移的原理
      5. 光栅传感器辨向技术　光栅传感器分辨方向的技术
      6. 光栅传感器细分技术　光栅传感器提高精度的细分技术
    - 5.3.2 光栅传感器的使用
      1. 光栅数显装置　举例说明
      2. 长光栅位移传感器的安装　安装注意事项
      3. 长光栅传感器的选型　举例说明
  - 5.4 光电编码器
    - 5.4.1 光电编码器的工作原理
      1. 增量式编码器的工作原理　增量式编码器结构及工作原理
      2. 绝对式编码器的工作原理　绝对式编码器结构及工作原理
    - 5.4.2 光电编码器的应用
      1. 位移和转速测量　解释原理
      2. 光电编码器在电脑绣花机中的应用　举例说明
      3. 光电编码器的选型　举例说明
  - 实验6 超声波测距——基于天煌教仪实训台的超声波测量距离实验
  - 实验7 长光栅传感器测线位移——基于天煌教仪实训台的长光栅传感器测量线位移实验
  - 实验8 光电编码器测角位移——基于天煌教仪实训台的光电编码器测量角位移实验

习题 5

扫一扫看
习题 5 参
考答案

1．什么是超声波？它有什么特性？

2．什么叫超声波传感器？常用超声波传感器的工作原理有哪几种？

3．简述超声波测量厚度的原理。

4．莫尔条纹是如何产生的？它有什么特性？

5．简述光栅传感器测量位移的原理。

6．在精密车床上使用刻线为 5400 条/周的圆光栅传感器进行长度检测时，检测精度为 0.01 mm，则该车床丝杠的螺距为多少？

7．试设计一个位移检测系统，采用几种传感器，分别从量程、使用环境、安装和经济性等方面比较它们各自的特点。

第 **6** 章

机 器 视 觉

机器视觉是给机器装上一双智慧的"眼睛",让机器具备"视觉"功能,使其能够看、能够检测、能够判断,以替代传统的人工检测。机器视觉主要是指工业领域的视觉,属于系统工程领域。

【知识目标】

掌握视觉传感器的工作原理、技术参数;

掌握机器视觉系统的组成、工作原理并了解其应用场合;

了解视觉处理的相关理论;

了解主流的视觉处理软件。

【技能目标】

学会调试机器视觉系统;

学会 VisionPro 视觉处理软件的基本使用方法。

6.1　机器视觉的识别与测量

扫一扫看机器视觉概述教学课件

扫一扫看机器视觉概述微课视频

机器视觉在自动化生产中发挥着越来越重要的作用，包括引导、识别、测量、检测等。

机器视觉的引导作用主要是指将元件在二维或三维空间内的位置和方向报告给机器人或机器控制器，让执行机构能够定位元件，以便将元件对位。如图 6-1（a）所示，机器视觉系统能够引导悬挂式机器人（蜘蛛机器人）去抓取不同颜色的物体，并将其放置在不同的位置上。机器视觉的引导作用在许多应用中能够实现比人工定位高得多的速度和精度，如将元件放入货盘或从货盘中取出元件、对输送带上的元件进行包装、对元件进行定位和对位等。机器视觉的引导作用通常会触发执行机构的抓取等动作，因此机器视觉系统需要准确获得元件的坐标信息（X、Y、Z 方向）。

机器视觉的识别作用包括颜色识别、形状识别、条形码识别、二维码识别等。使用机器视觉实现识别，最为广泛的应用就是将代码或字符串直接标记到元件表面。各行各业的制造商都采用这种方法来进行防错，以实现高效的流程监控和质量监控。直接标记能够确保可追溯性，从而提高资产跟踪和元件真伪验证能力。另外，直接标记还可以提供单元级数据，通过记录成品构成子组件中元件的系谱，提高技术支持和质保维修服务水平。基于二维码的汽车轮毂识别如图 6-1（b）所示。

机器视觉的测量作用主要是指尺寸测量，如图 6-1（c）所示。机器视觉系统不是固定不动的，而是安装在机器人的法兰盘末端，随着机器人一起运动的。目的是多角度拍摄被测物体的尺寸，形成各方位的图像，结合三维打印系统可以实现三维扫描和打印的功能。

机器视觉的检测作用是机器视觉工业领域最主要的应用之一，几乎所有产品都需要被检测，而人工检测存在着较多的弊端，如人工检测准确性低，长时间工作的话，更是无法保证准确性，而且检测速度慢，容易影响整个生产过程的效率。机器视觉在图像检测方面应用非常广泛。例如，2000 年 10 月发行的第五套人民币中，1 元硬币的侧边增强了防伪功能，鉴于生产过程的严格控制要求，在造币的最后一道工序上安装了视觉检测系统。玻璃瓶的缺陷检测，主要包括尺寸检测、瓶身外观缺陷检测、瓶肩部缺陷检测、瓶口检测等。如图 6-1（d）所示，利用机器视觉能够轻而易举地检测出右边的瑕疵品。

典型的机器视觉系统就是由工业机器人与视觉组成的伺服系统，也称为机器人视觉系统或手眼系统。

机器视觉系统的工作过程如下：首先，成像系统将被摄取目标转换成图像信号，传送给图像处理系统；然后，图像处理系统根据像素分布和亮度、颜色等信息进行运算，以抽取目标的特征，如面积、长度、数量、位置等，并根据预设的判据来输出结果，如尺寸、角度、偏移量、个数、合格/不合格、有/无等；最后，末端执行机构进行定位或分选等相应的控制动作。

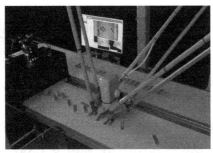

（a）引导作用　　　　　　　　　　　（b）二维码识别

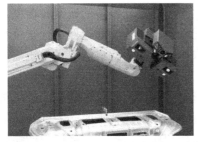

（c）尺寸测量　　　　　　　　　　（d）瑕疵品检测

图 6-1　机器视觉的应用

6.2　机器视觉系统的构成

机器视觉系统的主要工作包括三部分：图像的获取，图像的处理和分析，图像的输出和显示。为了完成这些工作，机器视觉系统的构成包括如下部分，如图 6-2 所示。

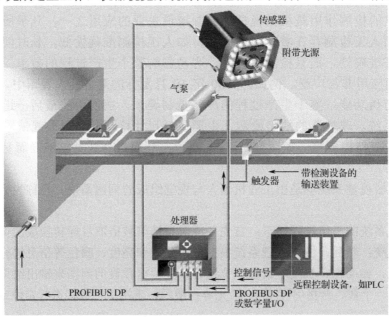

图 6-2　典型机器视觉系统的构成

（1）图像摄取装置：由光源、镜头和传感器等组成。光源用于对待检测的元件进行照明，让元件的关键特征能够凸显出来，确保相机能够清楚地"看到"这些特征；镜头用于采集图像，并将图像以光线的形式呈现给传感器；传感器一般指工业相机，用于将光线转化成数字图像。

（2）图像处理系统：指图像处理软件，负责接收传感器的数字图像信号并对其进行分析，提取出关键的图像信息。一般安装在 PC 或专门的视觉处理器上。

（3）处理器：指机器视觉系统中的主控部件，如 PLC。

（4）执行机构：如气泵、工业机器人。

（5）显示系统：如触摸屏、显示屏。

下面分别介绍机器视觉系统的关键构成部分。

6.2.1　光源

光源是为确保机器视觉系统正常取像获得足够光信息而提供照明的装置。和人的眼睛一样，机器视觉系统看不到物体，只能看到从物体表面反射过来的光。光源的作用就是给物体提供光线，将被测物体与背景尽量明显区分，将运动目标"凝固"在图像上，增强待测目标边缘清晰度、消除阴影、抵消噪光，以获得高品质、高对比度的图像。光源是一个视觉应用开始工作的第一步，合适的光源可以提高系统检测精度、运行速度及工作效率。如图 6-3 所示，因为选择了合适的光源，图中待测芯片的引脚与背景清晰地区分开来。

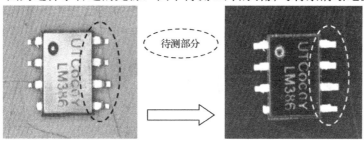

图 6-3　选择合适光源的成像效果

光源按成光原理可分为荧光灯、卤素灯+光纤导管、LED 光源及激光光源、紫外光光源等，它们都是目前使用广泛的光源。

光源按结构可分为以下几种。

（1）环形光源：环形光源是指 LED 排列成圆锥形状以斜角照射在被测物体表面，通过漫反射方式照亮一小片区域的光源。环形光源可以突出显示被测物体的边缘和高度变化，突出原本难以看清的部分，更能突出物体的三维信息。应用领域：PCB 基板检测，IC 元件检测，显微镜照明，液晶校正，塑胶容器检测，集成电路印字检查，如图 6-4（a）所示。

（2）背光源：背光源是指背光照明光源。背光照明是相对于入射光照明而言的。入射光照明指光源在相机和被测物体之间；而背光照明使用从被测物体背面照射的照明方式，被测物体在相机和光源之间。采用背光照明可以获得稳定的高对比度图像，能突出物体的外形轮廓特征，尤其适合作为显微镜的载物台。应用领域：机械零件尺寸的测量，电子元件、IC 元件的外形检测，胶片污点检测，透明物体划痕检测等。

（3）条形光源：条形光源是较大方形结构被测物体的首选光源；颜色可根据需求搭配，自由组合；照射角度与安装随意可调。应用领域：金属表面检查，图像扫描，表面裂缝检测，LCD 面板检测等，如图 6-4（b）所示。

（4）圆顶光源：圆顶光源是指 LED 环形光源安装在碗状表面内且向圆顶内照射，来自环形光源的光通过高反射率的扩散圆顶进行漫反射，实现均匀照明的光源，如图 6-4（c）所示。对应形状复杂的工件，圆顶光源可以将工件的各个角度照亮，从而消除反光不均匀，获得工件整体的无影图像。应用领域：饮料罐上的日期文字检查、手机按键上的文字检查，金属、玻璃等反射性较强的物体表面检测，弹簧表面的裂缝检测等。

（5）同轴光源：同轴光源从侧面将光线发射到反光镜上，反光镜再将光线反射到工件上，提供了几近垂直角度的光线，从而能够获得比传统光源更均匀、更明亮的照明，提高机器视觉的准确性。同轴光源可以消除物体表面不平整引起的阴影，从而减少干扰；部分采用分光镜设计，减少了光损失，提高了成像清晰度，均匀照射物体表面。应用领域：最适宜用于检测反射率极高的物体，如金属、玻璃、胶片、晶片等表面的划伤检测，芯片和硅晶片的破损检测，Mark 点定位，包装条码识别，如图 6-4（d）和（e）所示。同轴光源的造价较高。

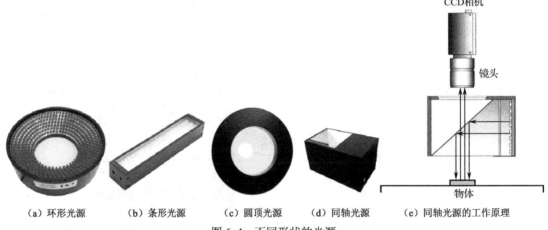

（a）环形光源　　　（b）条形光源　　　（c）圆顶光源　　（d）同轴光源　　（e）同轴光源的工作原理

图 6-4　不同形状的光源

光源的颜色也对图像的成像有影响。LED 光源有多种颜色可以选择，包括红、绿、蓝、白等。针对不同检测物体的表面特征和材质，选用不同颜色，也就是不同波长的光源，能够达到更加理想的拍摄效果。当某种颜色的光源照射在同种颜色的物体上时，视野中的物体吸收了这种颜色的光，因此它就是发亮的。应用此特征可以过滤掉检测中的无用信息，如使用红色光源可以过滤掉红色文字。如图 6-5 所示，用红色光源照射三个不同颜色的瓶盖，因为瓶盖中红色图案吸收了红色的光，所以右上角的红色瓶盖变得发亮。同时可以应用互补色增加图像的对比度，如红色背景使用绿色光源等。

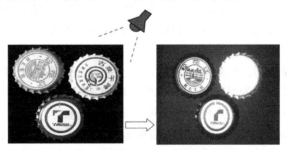

图 6-5　红色光源照射不同颜色物体

不同颜色的光源有不同的适用范围，如表 6-1 所示。

表 6-1　光源颜色的适用范围

光源颜色	适用范围
白色	适用性光，亮度高，拍摄彩色图像时使用较多
红色	可以透过一些比较暗的物体，如底材为黑色的透明软板孔、绿色电路板的线路检测
绿色	红色背景产品、银色背景产品
蓝色	银色背景产品（钣金、车加工件等）、薄膜上的金属印制品

6.2.2　镜头

扫一扫看工业相机与镜头微课视频

镜头是由一块或多块光学玻璃或塑料组成的透镜组，用于收集光线，产生锐利的图像。镜头等同于针孔成像中的针孔，所不同的是：一方面，镜头的透光孔径比针孔大很多倍，能在同等时间内接纳更多的光线，使相机能在很短时间内（毫秒级到秒级）获得适当的曝光；另一方面，镜头能够聚集光束，可以在相机胶片上产生比针孔成像效果更为清晰的影像。

镜头根据有效像场的大小可划分为 1/3 英寸摄像镜头、1/2 英寸摄像镜头、2/3 英寸摄像镜头、1 英寸摄像镜头（1 英寸=2.54 cm），还有许多情况下会使用电影摄影及照相镜头，如 35 mm 电影摄影镜头、135 型摄影镜头、127 型摄影镜头、120 型摄影镜头，还有许多大型摄影镜头。

镜头根据焦距可划分为变焦镜头和定焦镜头。变焦镜头有不同的变焦范围；定焦镜头可分为鱼眼镜头、短焦镜头、标准镜头、长焦镜头、超长焦镜头等多种型号。

工业摄像机常用的镜头和摄像机之间的接口有 C 接口、CS 接口、F 接口、V 接口、T2 接口、徕卡接口、M42 接口、M50 接口等。接口类型的不同和镜头性能及质量并无直接关系，只是接口不同，一般也可以找到各种常用接口之间的转接口。F 接口是通用型接口，一般适用于焦距大于 25 mm 的镜头；当物镜的焦距小于 25 mm 时，物镜的尺寸不大，一般采用 C 接口或 CS 接口。

除了常规的镜头，工业视觉检测系统中常用到的还有很多专用的镜头，如微距镜头、远距镜头、远心镜头、红外镜头、紫外镜头、显微镜头等。不同镜头的特点及应用如表 6-2 所示。

表 6-2　不同镜头的特点及应用

镜头类别	百万像素（Megapixel）低畸变镜头	微距（Macro）镜头	广角（Wide-angle）镜头	鱼眼（Fisheye）镜头	远心（Telecentric）镜头	显微（Micro）镜头
特点及应用	最普通，种类最齐全，图像畸变也较小，价格比较低，应用广泛	一般是指成像比例为 2:1～1:4 的特殊设计的镜头	主要用于对检测视角要求较宽，对图形畸变要求较低的检测场合	可用于管道或容器的内部检测	主要是为纠正传统镜头的视差而特殊设计的镜头，应用于被测物体不在同一物面上的场合	一般成像比例大于 2:1 时应选用显微镜头

要选择合适的镜头，先要理解与工业相机相关的几个关键参数。

（1）焦距：光学系统中衡量光的聚集或发散的度量方式，是指从透镜中心到光聚集焦点的距离，也就是相机中从镜片光学中心（光心）到视觉传感器成像平面的距离。短焦距的光学系统往往比长焦距的光学系统具有更佳的聚集光的能力。

焦距的计算公式为

$$焦距 = \frac{镜头到物体的距离 \times 视觉传感器尺寸}{视野}$$

焦距计算示例如图6-6所示。

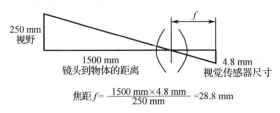

焦距 $f = \dfrac{1500\ mm \times 4.8\ mm}{250\ mm} = 28.8\ mm$

图6-6　焦距计算示例

当镜片光学中心到视觉传感器成像平面的距离调整为焦距时，远距离的物体就能在视觉传感器上形成清晰的影像。在应用中，如果工作距离不变，可选择定焦镜头；如果工作距离时变，可选择变焦镜头。机器视觉系统中常用定焦镜头，并且都要手动调整光圈，一般不允许自动调整光圈，镜头上有调焦环和光圈环两个环，为了防止误碰，工业镜头的两个环都有锁定螺钉。注意，调焦环不是用来调整焦距的，而是用来调整像距的，保证清晰图像落在焦平面上，如图6-7所示。常见的工业镜头焦距有5 mm、8 mm、12 mm、25 mm、35 mm、50 mm、75 mm等。一般来讲，焦距越小，价格越贵。

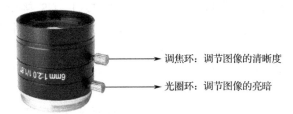

调焦环：调节图像的清晰度

光圈环：调节图像的亮暗

图6-7　镜头焦距和光圈的调节

（2）分辨率：在物体反差无限大的时候（就是所有物像在纯白和纯黑下）镜头记录物体细节的能力，其国际标准单位是线对/mm，表示在像平面1 mm内可以分辨开的黑白相间的线条对数。一般说的百万像素级的镜头，分辨率为100线对/mm。影响分辨率的因素：镜头材质、结构和加工精度等。镜头光圈越大，分辨率越高；光波波长越短，分辨率越高；同档次的固定焦距镜头比可变焦距镜头分辨率要高。

（3）视野：视野又叫视场角，是指图像采集设备所能覆盖的范围，即物体在某一方向上可被检测到的区域。

（4）工作距离：指从镜头前端到被测物体表面的距离，该距离若小于最小工作距离，系统一般不能清晰成像。

（5）光圈：对于已经制造好的镜头，不能随意改变镜头的直径，但是可以通过在镜头内部加入多边形或圆形且面积可变的孔状光栅来达到控制镜头进光量的目的，这个装置就是光圈。光圈是相机上用来控制镜头孔径大小的部件，用以控制景深和镜头成像质量，同时可以和快门协同控制进光量。光圈的大小（光圈系数、光圈值）用 f 值表示：

$$f\text{值} = \frac{\text{镜头的焦距}}{\text{光圈孔径}}$$

当光圈孔径不变时，镜头中心与感光器件距离越远，f 值越大，光圈越小；反之，f 值越小，光圈越大。一般通过调光圈孔径大小来调节光圈，完整的光圈值系列如下：F1，F1.4，F2，F2.8，F4，F5.6，F8，F11，F16，F22，F32，F44，F64。f 值每升高一个等级，意味着光圈孔径的面积（即进光量）减少一半。在拍摄高速运动物体的时候，由于曝光时间短，需要使用大光圈。光圈大小可通过镜头上的光圈环调节，如图6-7所示。

（6）景深：以镜头最佳聚焦时的物平面为中心，其前后存在一个范围，在此范围内镜头都可以清晰成像。景深通常由工作距离、焦距及光圈大小决定。景深与工作距离、焦距、光圈大小等的关系：光圈越小，景深越大；工作距离越长，景深越大；焦距越短，景深越大。工作距离、视野、景深等参数如图6-8所示。

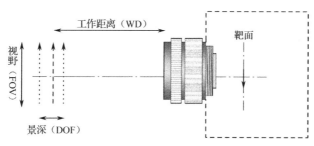

图6-8　工作距离、视野、景深等参数

（7）镜头畸变：镜头在成像时，特别是用短焦距镜头拍摄大视场时，图像会产生形变，这种情况叫作镜头畸变。这是由镜头的光学结构和成像特性导致的，原因是视场中局部放大倍数不一致造成图像扭曲。拍摄的视场越大，所用镜头的焦距越短，畸变的程度就越明显，一般有桶形畸变和枕形畸变两种，可以通过图像标定减弱这种平面畸变的影响。

（8）镜头的选择要注意如下几点。

① 视场范围、光学放大倍数及期望的工作距离：在选择镜头时，我们会选择视场比被测物体稍大一点的镜头，以有利于进行运动控制。

② 景深要求：对于对景深有要求的项目，尽可能使用小的光圈；在选择有放大倍率的镜头时，在项目许可的条件下尽可能选用低倍率镜头。如果项目要求比较苛刻，则倾向于选择高景深的尖端镜头。

③ 注意与光源的配合，选配合适的镜头。

④ 镜头和视觉传感器（工业相机）是配套使用的，在选择镜头时，还要考虑镜头与视觉传感器的匹配性：镜头接口是否为工业标准接口，如 C/CS 接口；镜头成像面是否大于或等于视觉传感器尺寸。例如，相机 CCD 为 1/2 英寸的，而镜头为 1/3 英寸的，则该镜头与相机不匹配。

6.2.3　工业相机

工业相机即用在工业生产中的视觉传感器。工业相机是机器视觉系统中的一个关键组件，其最本质的功能就是将光信号转变成有序的电信号。与传统的民用相机相比，工业相机在图像稳定性、抗干扰性和传输能力上有着更大的优势，是组成整个机器视觉系统的关键部分。选择合适的工业相机也是机器视觉系统设计的重要环节，工业相机的选择不仅直接决定采集到的图像分辨率、图像质量等，同时与整个系统的运行模式直接相关。

工业相机的选择要依据其特性参数，表 6-3 所示为两种型号工业相机的特性参数。下面来分析这些参数的含义。

表 6-3　两种型号工业相机的特性参数

特 性 参 数	SV3-30M（C）	SV4-30M（C）
分辨率	640 像素×480 像素	640 像素×480 像素
照相器件	1/3 CCD	1/3 CMOS
像素尺寸	7.4 μm×7.4 μm	6.0 μm×6.0 μm
扫描方式	逐行扫描	逐行扫描
曝光方式	全局曝光	全局曝光
帧率/（帧·s^{-1}）	30	60
快门	电子快门（0.1～15 ms）	电子快门（0.1～15 ms）
通信方式	100 Mbit/s 以太网/RS485	100 Mbit/s 以太网/RS485
工作温度/℃	0～50	0～50
保存温度/℃	−10～+60	−10～+60
外形尺寸	118 mm×60 mm×43 mm	118 mm×60 mm×43 mm
质量/g	290	290
功耗/W	3.5	3.5

1. 色彩

按色彩分，工业相机分为黑白相机和彩色相机，如表 6-3 中型号 SV3-30M（C），其中 M 代表黑色相机，C 代表彩色相机。

2. 像素

像素（Picture Element 或 Pixel）是图像显示的基本单位，通常被视为图像的最小完整采样。每张图片都是由色点组成的，每个色点称为一个像素。若一张图片由 30 万个色点组成，则这张图片就是 30 万像素的，如表 6-3 中型号 SV3-30M（C），其中"30"就代表 30 万像素。我们常说相机是多少像素的，这个像素就是说这款相机的感光器件（传感器）有多少个，有 100 万个感光器件的相机就是 100 万像素的相机，有 4000 万个感光器件的相机就是 4000 万像素的相机，以此类推。一台 100 万像素的相机拍摄的照片洗成 5 吋[①]会比

---

① 5 吋（英寸）照片尺寸为 12.7 cm×8.9 cm。

洗成 6 吋[①]清晰一点。

像素尺寸（Pixel Size）是指一个像素的大小。像素尺寸和像素（分辨率）共同决定了相机靶面的大小。目前工业数字相机像素尺寸一般为 3～10 μm，一般像素尺寸越小，制造难度越大，图像质量也越不容易提高。像素尺寸是没有固定长度的，不同设备上一个单位像素色块的大小是不一样的。表 6-3 中两种型号的工业相机，其像素尺寸就不一样。

像素深度（Pixel Depth）：每像素数据的位数，一般常用的是 8 bit，对于工业数字相机一般还会有 10 bit、12 bit 等。

3. 分辨率

分辨率是指图像或显示系统对细节的分辨能力。常见的分辨率有屏幕分辨率和图像分辨率。

屏幕分辨率：屏幕每行的像素点数乘以每列的像素点数。每个屏幕都有自己的像素点。屏幕分辨率越高，所呈现的色彩越多，清晰度越高。例如，高清（High Definition，HD）是一类分辨率的简称，特指分辨率为 1920 像素×1080 像素，也就是平时所说的 1080P；分辨率达到 4090 像素×2160 像素，则可以称为 4K。

图像分辨率：图像分辨率是指每英寸图像内的像素点数。图像分辨率是有单位的，叫作像素每英寸。分辨率越高，像素的点密度越高，图像越逼真。做大幅的喷绘时，要求图像分辨率要高，就是为了保证每英寸的画面上拥有更多的像素点。

对于工业相机而言，分辨率一般是指图像分辨率。因此本章中的分辨率特指图像分辨率。

表 6-3 中分辨率为 640 像素×480 像素，表示水平方向上有 640 个像素点，垂直方向上有 480 个像素点。640 像素×480 像素就有 307 200 总像素，约为 30 万像素（通常只取前两位作为有效数字），因此称该系列相机是 30 万像素的。

4. 照相器件

照相器件（感光芯片）是工业相机的核心，一般是指固体摄像器件，其功能是把光学图像转换为电信号，即把入射到传感器光敏面上按空间分布的光强信息（可见光、红外辐射等），转换为按时序串行输出的电信号——视频信号，而视频信号能再现入射的光辐射图像。目前应用最广的照相器件主要有三大类：电荷耦合器件（Charge Coupled Device，CCD）图像传感器、互补金属氧化物半导体（CMOS）图像传感器、电荷注入器件（Charge Injection Device，CID）。前两种用得比较多，其外形如图 6-9 所示。

(a) CCD　　　　　(b) CMOS

图 6-9　CCD 和 CMOS 图像传感器的外形

图像采集和处理的过程，最基本的任务是把实物尽量真实地反映到虚拟的图像上。照相器件（感光芯片）的设计思想就是分割被描述区域，用相应的灰度填

---

① 6 吋照片尺寸为 15.2 cm×10.2 cm。

充。CMOS 和 CCD 最大的区别是，CMOS 的电荷到电压转换过程是在每个像素上完成的，如图 6-10 所示。CCD 在图像的质量上更有优势，而常见的高速相机则会采用 CMOS 芯片。

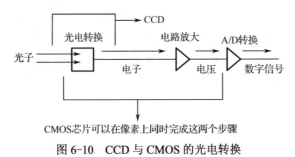

图 6-10　CCD 与 CMOS 的光电转换

1）CCD

CCD 是贝尔实验室的 W. S. Boyle 和 G. E. Smith 于 1970 年发明的，由于有光电转换、信息存储、延时和将电信号按顺序传送等功能，且集成度高、功耗低，因此得到了飞速发展，是图像采集及数字化处理必不可少的关键器件，被广泛应用于科学、教育、医学、商业、工业、军事等领域。

CCD 图像传感器具有如下四项功能。

（1）电荷产生。

CCD 图像传感器是在半导体硅片上制作成百上千（万）个光敏元（MOS），并在半导体硅平面上按线阵或面阵进行有规则的排列构成的。图 6-11 所示的光敏元结构是由 P 型半导体、二氧化硅绝缘层和金属电极组成的。由于光电效应，CCD 中的光电二极管受光照会产生电荷，内部响应与外部光的照射使半导体硅原子中释放出电子。

（2）电荷存储。

当金属电极上加正电压时，由于电场作用，电极下 P 型硅区里的空穴被排斥出耗尽区。对电子而言，P 型硅区是一个势能很低的区域，称为"势阱"。当有光线入射到硅片上时，在光子作用下产生电子-空穴对，空穴被电场作用排斥出耗尽区，而电子被附近势阱俘获，如图 6-12 所示。

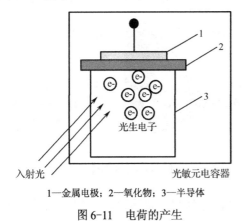

1—金属电极；2—氧化物；3—半导体

图 6-11　电荷的产生　　　　　　　图 6-12　电荷的存储（势阱）

电极上所加的电压越高，势阱越深，电荷留在势阱内的量越多。只要电压存在，电子就能存储在势阱里。由于绝缘氧化物层使得电子无法穿过而到达电极，因此存储在势阱里的电子形成了电荷包，其电荷量的多少与光照强度及照射时间成正比，于是所有电极下的电荷包就组成了与景物相对应的电荷像。

（3）电荷转移（传输功能）。

当一个 CCD 芯片感光完毕后，每个像素所转换的电荷包就按照一行的方向转移出 CCD 感光区域，为下一次感光释放空间。势阱的深浅由电极上所加电压的大小决定。电荷在势阱内可以流动，它总是从相邻浅阱流进深阱，这种电荷流动称为电荷转移。若有规律地改变电极电压，则势阱的深度就会随之变化，势阱内电荷就可以按人为确定的方向转移，最终由输出端输出。

下面以三相控制方式为例说明控制电荷定向转移的过程。

三相控制是指在线阵列的每个像素上有三个金属电极 P_1、P_2、P_3，依次在其上施加三个相位不同的控制脉冲 Φ_1、Φ_2、Φ_3，如图 6-13 所示。当在 P_1 极施加高电压时，在 P_1 下方产生电荷包（$t=t_0$）。当在 P_2 极加上同样的电压时，由于两电势下面势阱间的耦合，原来在 P_1 下的电荷将在 P_1、P_2 两电极下分布（$t=t_1$）；当 P_1 回到低电位时，电荷包全部流入 P_2 下的势阱中（$t=t_2$）。然后，将 P_3 的电位升高，P_2 回到低电位，电荷包从 P_2 下转移到 P_3 下的势阱中（$t=t_3$），如此控制，使 P_1 下的电荷转移到 P_3 下。随着控制脉冲的分配，少数载流子便从 CCD 的一端转移到终端。终端的输出二极管搜集了少数载流子，送入放大器处理，便实现了电荷的转移。

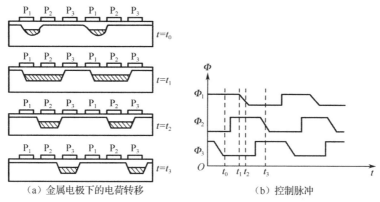

（a）金属电极下的电荷转移　　　　　（b）控制脉冲

图 6-13　三相 CCD 电荷的转移

（4）电荷检测。

CCD 工作过程的第四步是电荷的检测，就是将转移到输出端的电荷转化为电流或电压。输出类型主要有以下三种：电流输出、浮置栅放大器输出、浮置扩散放大器输出。

CCD 图像传感器工作的全过程，包括电荷产生、电荷存储、电荷转移和电荷检测四部分，如图 6-14 所示。利用 CCD 的光电转移和电荷转移的双重功能，得到幅度与各光生电荷包成正比的电脉冲序列，从而将照射在 CCD 上的光学图像转换成了电信号"图像"。由于 CCD 能实现低噪声的电荷转移，并且所有光生电荷都通过一个输出电路检测，且具有良好的一致性，因此对图像的传感具有优越的性能。

CCD 有两种基本类型：一种是电荷包存储在半导体与绝缘体之间的界面上，并沿界面转移，这类器件称为表面沟道 CCD（SCCD）；另一种是电荷包存储在离半导体表面一定深度的半导体内，并在半导体内沿一定方向转移，这类器件称为体沟道或埋沟道 CCD（BCCD）。CCD 还可以分为线阵和面阵两种类型，线阵 CCD 是把 CCD 像素排成一条直线的器件，面阵 CCD 是把 CCD 像素排成一个平面的器件。

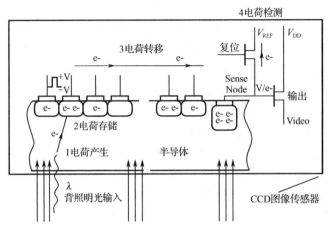

图 6-14　CCD 工作的全过程

2）CMOS

CMOS 图像传感器与 CCD 图像传感器的研究几乎是同时起步的。但由于受当时工艺水平的限制，CMOS 图像传感器图像质量差、分辨率低、噪声高和光照灵敏度不够，因此没有得到重视和发展；而 CCD 图像传感器因为有光照、灵敏度高、噪声低、像素多等优点，一直主宰着图像传感器市场。由于集成电路设计技术和工艺水平的提高，CMOS 图像传感器过去存在的缺点，现在都可以找到办法克服，而且它固有的优点更是 CCD 图像传感器无法比拟的，因而它再次成为研究的热点。

一个典型的 CMOS 图像传感器通常包含一个图像传感器核心（将离散信号电平多路传输到一个单一的输出，这与 CCD 图像传感器很相似），以及所有的时序逻辑、单一时钟及芯片内的可编程功能，如增益调节、积分时间、窗口和 A/D 转换器。事实上，当一位设计者购买了 CMOS 图像传感器后，得到的是一个包括图像阵列逻辑寄存器、存储器、定时脉冲发生器和 A/D 转换器等在内的全部系统。与传统的 CCD 图像传感器相比，把整个图像系统集成在一块芯片上不仅降低了功耗，而且具有质量较轻，占用空间较少，以及总体价格更低的优点。

CCD 型和 CMOS 型固态图像传感器在光检测方面都利用了硅的光电效应原理，不同点在于像素光生电荷的读出方式。

CMOS 芯片直接整合了放大器和 A/D 转换器，当感光二极管受到光照，产生模拟的电信号之后，电信号首先被该感光器件中的放大器放大，然后直接转换成对应的数字信号。换句话说，在 CMOS 图像传感器中，每个感光器件都可产生最终的数字输出，所得数字信号合并之后被直接送交 DSP 芯片处理。问题恰恰发生在这里，CMOS 感光器件中的放大器属于模拟器件，无法保证每个像点的放大率都保持严格一致，致使放大后的图像数据无法代表拍摄物体的原貌。体现在最终的输出结果上，就是图像中出现大量的噪声，图像品质明显比采用 CCD 图像传感器低。不过，目前这方面的技术已大幅改善。

3）照相器件尺寸

表 6-3 中，照相器件为 1/3 CCD，是指 CCD 的尺寸为 1/3 英寸。在像素一样的情况下，照相器件尺寸越大，感光面积越大，图像质量越好；当然，尺寸越大，价格也越贵。常见的照相器件尺寸如表 6-4 所示。

表 6-4　常见的照相器件尺寸

尺寸/in	靶面尺寸		
	宽/mm	高/mm	对角线/mm
1	12.7	9.6	16
2/3	8.8	6.6	11
1/2	6.4	4.8	8
1/3	4.8	3.6	6
1/4	3.2	2.4	4

5. 扫描方式

扫描方式分逐行扫描和隔行扫描。

所谓隔行扫描，即每帧扫描的行数不变，故图像的清晰度不变，但每帧图像分为两场传送。第一场（奇数场）传送 1,3,5…（奇数行）；第二场（偶数场）传送 2,4,6…（偶数行）。逐行扫描相对于隔行扫描，是一种先进的扫描方式，是指在对显示屏显示图像进行扫描时，从屏幕左上角的第一行开始逐行进行，整个图像扫描一次完成。因此图像显示画面闪烁小，显示效果好。

6. 曝光方式

曝光方式（Exposure）分为全局曝光和卷帘曝光。全局曝光的方式比较简单，也就是说光圈打开后，整个图像芯片同时曝光，其缺点是存在机械极限的最小曝光时间；卷帘曝光是指当光圈打开后，还存在具有一定时间间隔的卷帘来控制传感器的曝光时间，其优点是具有更小的曝光时间，缺点是不适合拍摄运动的物体。线阵相机都采用逐行曝光的方式，可以选择固定行频和外触发同步的采集方式，曝光时间可以与行周期一致，也可以设定一个固定的时间；面阵相机有帧曝光、场曝光和滚动行曝光等几种常见曝光方式，工业数字相机一般都提供外触发采图的功能。

7. 帧率

帧率为相机采集传输图像的速率，用每秒显示图像的帧数（帧/s，或 fps）表示。由于人眼视觉暂留效果，当画面之帧率高于 16 帧/s 的时候，就会被认为是连贯的。面阵相机的帧率一般为每秒采集的帧数，线阵相机的帧率为每秒采集的行数。目前国产相机在帧率参数上还落后于进口相机，进口相机的帧率可达到 200～300 帧/s。

8. 快门

快门（Shutter）速度一般可达到 10 μs，高速相机还可以更快。

9. 光谱响应特性

光谱响应特性（Spectral Range）是指视觉传感器对不同光波的敏感特性，一般响应范围是 350～1000 nm，一些相机在靶面前加了一个滤镜，用于滤除红外光线，如果系统需要对红外感光，则可去掉该滤镜。

10. 通信方式（接口类型）

1）GIGE 千兆网接口

千兆网协议稳定，GIGE 千兆网接口的工业相机是近几年市场应用的重点。GIGE 千兆网接口使用方便，只要连接到千兆网卡上，即能正常工作。在千兆网卡的属性中，也有与 1394 接口中的 Packet Size 类似的巨帧。设置好此参数，可以达到更理想的效果。其传输距离远，可传输 100 m；可多台同时使用，CPU 占用率小。

2）USB 2.0 接口

所有计算机都配置有 USB 2.0 接口，方便连接，不需要采集卡。USB 2.0 接口，是最早应用的数字接口之一，开发周期短，成本低廉，是目前最为普通的类型，其缺点是传输速率较慢，理论速度只有 480 Mbit/s（60 MB/s）。在传输过程中 CPU 参与管理，占用及消耗的资源较多。USB 2.0 接口不稳定，而相机通常没有固定的螺钉，因此在经常运动的设备上，可能会有松动的危险；传输距离近，信号容易衰减。

3）USB 3.0 接口

USB 3.0 接口在 USB 2.0 接口的基础上新增了两组数据总线；为了保证向下兼容，USB 3.0 接口保留了 USB 2.0 接口的一组传输总线。在传输协议方面，USB 3.0 除了支持传统的 BOT 协议，新增了 USB Attached SCSI Protocol（USAP），可以完全发挥 5 Gbit/s 的高速带宽优势；但协议的稳定性让人担心，传输距离问题依然没有得到解决。

4）Camera Link 接口

Camera Link 接口需要单独的 Camera Link 采集卡，不便携，成本高。其传输速度是目前的工业相机中最快的一种；一般用于高分辨率高速面阵相机，或者线阵相机；传输距离近，可传输距离为 10 m。

5）1394（火线）接口

1394 接口在工业领域中的应用还是非常广泛的。其协议、编码方式都非常不错，传输速度也比较稳定，只不过由于早期苹果公司的垄断，其没有被广泛应用。1394 接口都有固定的螺钉。1394 接口的缺点是未能普及，因此计算机上通常不包含 1394 接口，而需要额外的采集卡，传输距离仅为 4.5 m。其占用 CPU 资源少，可多台同时使用，但由于接口的普及率不高，已慢慢被市场淘汰。

6.3 机器视觉软件

机器视觉软件是机器视觉系统中进行自动化处理的关键部件，根据具体应用需求，对软件包进行二次开发，可自动完成图像采集、显示、存储和处理任务。前期专用的图像处理软件将像素分布和亮度、颜色等信息转变成数字信号，机器视觉软件再对这些信号进行各种运算来抽取目标的特征，进而根据判别的结果控制现场的设备动作。视觉检测软件集成在机器视觉系统中，包括适合各种测量对象和测量内容，以及各种测量工具的软件。然后对这些测量工具进行适当的组合来满足当前项目的需求，最后执行，就能进行符合目的的测量。

常见的机器视觉软件标志如图 6-15 所示，下面对常用软件做简要介绍。

图 6-15 常见的机器视觉软件标志

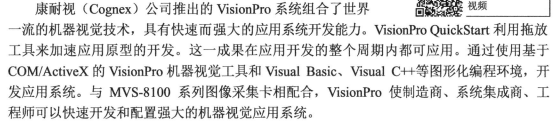

扫一扫看 VisionPro 视觉软件教程微课视频

1. VisionPro

康耐视（Cognex）公司推出的 VisionPro 系统组合了世界一流的机器视觉技术，具有快速而强大的应用系统开发能力。VisionPro QuickStart 利用拖放工具来加速应用原型的开发。这一成果在应用开发的整个周期内都可应用。通过使用基于 COM/ActiveX 的 VisionPro 机器视觉工具和 Visual Basic、Visual C++等图形化编程环境，开发应用系统。与 MVS-8100 系列图像采集卡相配合，VisionPro 使制造商、系统集成商、工程师可以快速开发和配置强大的机器视觉应用系统。

1）快速建立原型和易于集成

VisionPro 的两层软件结构便于建立原型和集成。交互层利用拖放工具和 ActiveX 控件来加速应用系统的开发；在程序层，将原型应用开发成用户解决方案。基于 COM/ActiveX 技术，使 VisionPro 系统易于集成第三方实用程序（如图形函数），而且对整个机器（如 I/O、机器人控制、工厂通信）具有基于 COM 控件应用的易于集成性特点。

2）先进的机器视觉软件

Cognex 公司的视觉工具库提供了用于测量、检测、制导和识别的视觉软件程序组。即使是在最具挑战性的视觉应用中，这些工具也具有高可靠性。

3）硬件灵活性

VisionPro 的用户可在较大范围内选择 MVS-8100 系列图像采集卡，以开发视觉应用。经 VisionPro 测试和证明，这些图像采集卡为主机提供了用于图像处理和显示的高速图像转移，以获得快速的视觉应用操作。多相机输入、高速图像转移及对高分辨率相机的支持，提高了 VisionPro 系统的采集灵活性。

2. HALCON

HALCON 是德国 MVTec 公司开发的一套完善、标准的机器视觉算法包，拥有应用广泛的机器视觉集成开发环境。它节约了产品成本，缩短了软件开发周期——HALCON 灵活的架构便于机器视觉、医学图像和图像分析应用的快速开发。在欧洲及日本的工业界，它已经是公认具有最佳效能的机器视觉软件。

HALCON 源自学术界，它有别于市面上一般的商用软件包。事实上，这是一套图像处理库，由 1000 多个各自独立的函数以及底层的数据管理核心构成。其中包含了各类滤波，色彩及几何，数学转换，形态学计算分析，校正，分类辨识，形状搜寻等基本的几何及影像计算功能，由于这些功能大多并不是针对特定工作设计的，因此只要用得到图像处理的地方，就可以用 HALCON 强大的计算分析能力来完成工作。其应用范围几乎没有限制，涵盖医学、遥感探测、监控，以及工业上的各类自动化检测。

HALCON 支持 Windows、Linux 和 Mac OS X 操作环境，它保证了投资的有效性。整个函数库可以用 C、C++、C#、Visual Basic 和 Delphi 等多种普通编程语言访问。HALCON 为大量的图像获取设备提供接口，保证了硬件的独立性。它为百余种工业相机和图像采集卡提供接口，包括 GenlCam、GIGE 和 IIDC 1394 等接口。

3. OpenCV

OpenCV 是一个基于 BSD 许可（开源）发行的跨平台计算机视觉库，可以运行在 Linux、Windows、Android 和 Mac OS 操作系统上。它是轻量级而且高效的，由一系列 C 函数和少量 C++类构成，同时提供了 Python、Ruby、MATLAB 等语言的接口，实现了图像处理和计算机视觉方面的很多通用算法。OpenCV 用 C++语言编写，它的主要接口也是 C++语言接口，但是依然保留了大量的 C 语言接口。该库也有大量的 Python、Java 和 MATLAB/OCTAVE（版本 2.5）的接口。这些语言的 API 接口函数可以通过在线文档获得，如今也提供对于 C#、Ch、Ruby、GO 的支持。所有新的开发和算法都用的是 C++接口。

由于 OpenCV 的开源性，人们可以基于 OpenCV 进行二次开发，开发出更友好的人机界面，方便使用者操作。

4. MATLAB

MATLAB 不是专门的机器视觉软件，但包含了很多机器视觉处理工具箱，如 Image Processing Toolbox（图像处理工具箱）、Computer Vision System Toolbox（计算机视觉工具箱）、Image Acquisition Toolbox（图像采集工具箱）。MATLAB 一般用于 PC 上的图像处理研究。

5. LabVIEW

美国 NI 公司的应用软件 LabVIEW 的编程速度是最快的。LabVIEW 是基于程序代码的一种图形化编程语言。其提供了大量的图像预处理、图像分割、图像理解函数库和开发工具，用户只要在流程图中用图标连接器将需要的子 VI（Virtual Instruments，LabVIEW 开发程序）连接起来就可以完成目标任务。任何一个 VI 都由三部分组成：可交互的用户界面、流程图和图标连接器。LabVIEW 编程简单，而且对工件的正确识别率很高。

6. Omron-FZ

Omron 公司开发了一款功能强大的机器视觉软件 Omron-FZ，该软件提供了强大的图像处理和识别功能。和上述机器视觉软件不同的是，该软件不能用于二次开发，使用者也不需要太多的机器视觉处理理论基础。该软件体积小，便于直接集成到机器视觉系统中，用于实际的机器视觉处理工作。

下面使用安装在 PC 上的机器视觉软件对视觉检测进行模拟实验，直接输入本地图像作为检测对象。而在实际中，机器视觉软件安装在机器视觉系统中，软件界面通过显示交互，机器视觉系统通过相机采集到的图像作为检测输入，在视觉检测软件读入图片，完成与真实环境相同的检测项目。

实验 9 基于 Omron-FZ 的工件形状搜索

1. 实验目的

本实验介绍的是使用 Omron-FZ 检测正方形图像的方法。形状搜索是机器视觉系统最常见的功能之一，不同软件的设置原理也基本相似。形状搜索适用于检测对象有无，过程大致为先加载标准图像，将其设置为模型，然后将输入图像和模型进行对比，根据对比的相似度来确定检测对象的有无。

通过本实验，了解机器视觉软件进行形状识别和搜索的步骤。

2. 实验步骤

使用 Omron-FZ 进行工件形状搜索的一般步骤如表 6-5 所示。

扫一扫看实验 9 基于 Omron-FZ 的工件形状搜索微课视频

表 6-5　使用 Omron-FZ 工件形状搜索的一般步骤

序号	操作步骤	示意图
1	打开安装在 PC 上的机器视觉处理软件 Omron-FZ	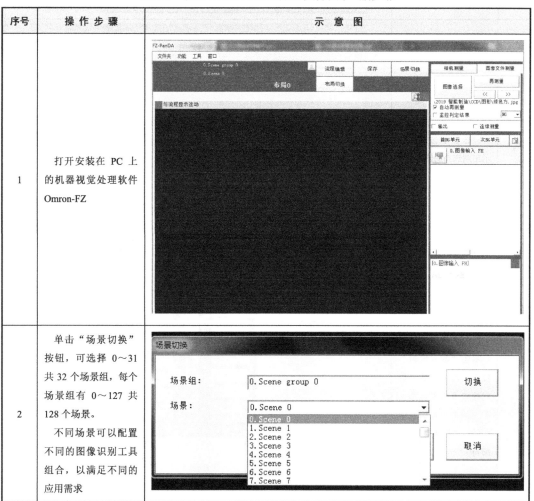
2	单击"场景切换"按钮，可选择 0～31 共 32 个场景组，每个场景组有 0～127 共 128 个场景。 不同场景可以配置不同的图像识别工具组合，以满足不同的应用需求	

序号	操作步骤	示意图
3	选择"图像文件测量"→"图像选择"，在弹出的对话框中选择需要检测的图像文件	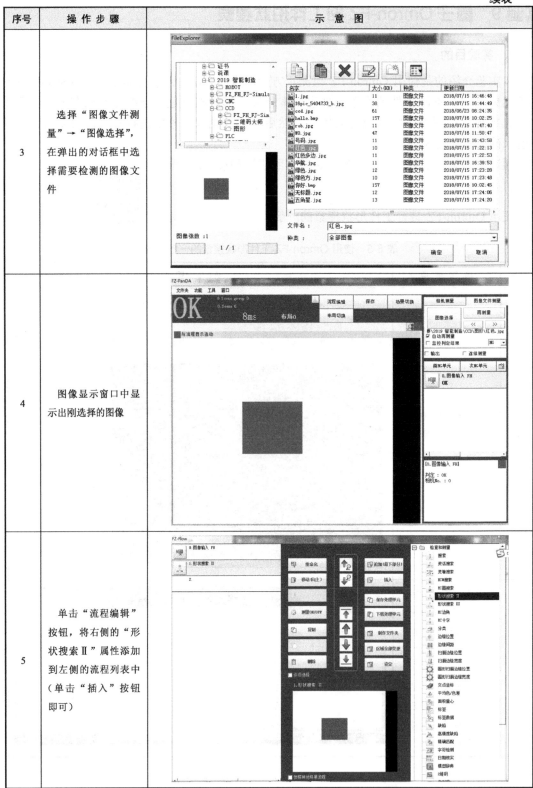
4	图像显示窗口中显示出刚选择的图像	
5	单击"流程编辑"按钮，将右侧的"形状搜索Ⅱ"属性添加到左侧的流程列表中（单击"插入"按钮即可）	

续表

序号	操 作 步 骤	示　意　图
6	在主界面中，单击"形状搜索Ⅱ"图标	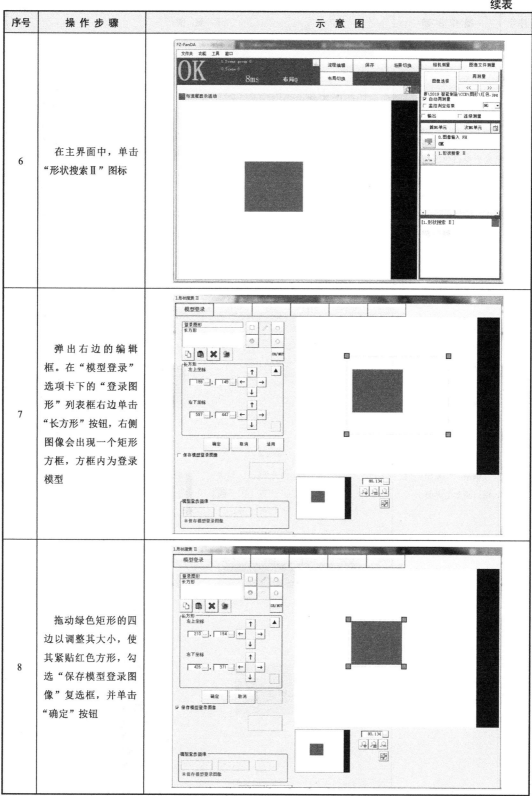
7	弹出右边的编辑框。在"模型登录"选项卡下的"登录图形"列表框右边单击"长方形"按钮，右侧图像会出现一个矩形方框，方框内为登录模型	
8	拖动绿色矩形的四边以调整其大小，使其紧贴红色方形，勾选"保存模型登录图像"复选框，并单击"确定"按钮	

序号	操作步骤	示意图
9	单击"区域设定"选项卡下的"编辑"按钮，调整外侧矩形大小至白色区域的边缘，即将相机视野调整到最大。单击"确定"按钮	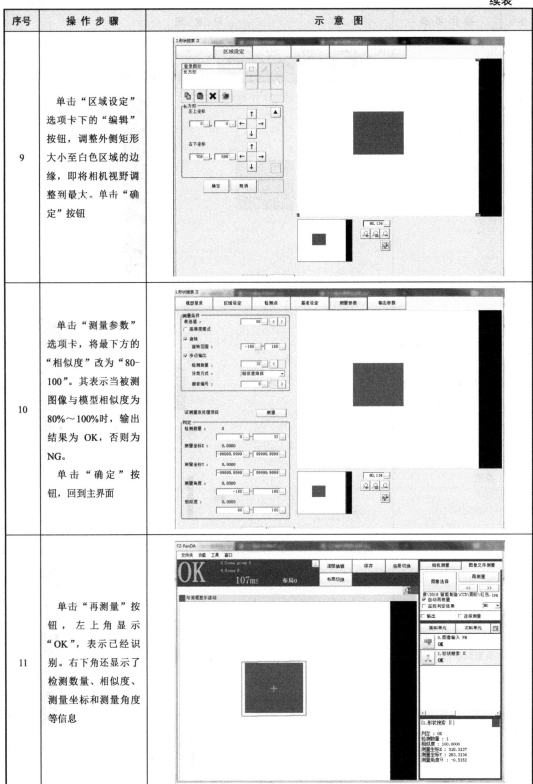
10	单击"测量参数"选项卡，将最下方的"相似度"改为"80-100"。其表示当被测图像与模型相似度为80%～100%时，输出结果为OK，否则为NG。 单击"确定"按钮，回到主界面	
11	单击"再测量"按钮，左上角显示"OK"，表示已经识别。右下角还显示了检测数量、相似度、测量坐标和测量角度等信息	

续表

序号	操作步骤	示　意　图
12	单击"图像选择"按钮，选择六边形图像，不是四边形，因此相似度为 0，判定结果为 NG	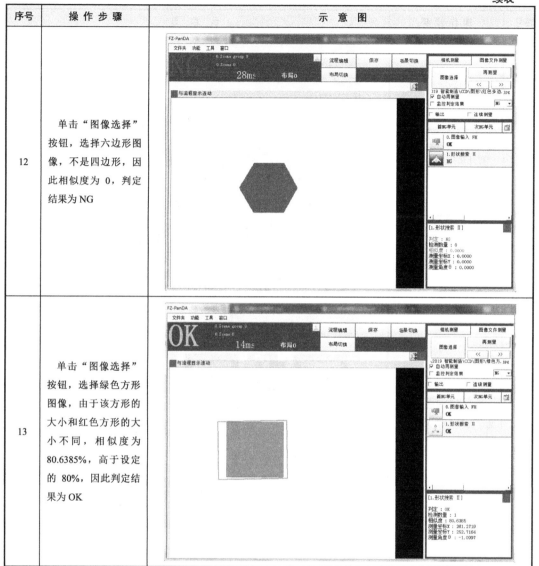
13	单击"图像选择"按钮，选择绿色方形图像，由于该方形的大小和红色方形的大小不同，相似度为 80.6385%，高于设定的 80%，因此判定结果为 OK	

实验 10　基于 Omron-FZ 的二维码识别

1. 实验目的

在工业生产过程中，给复杂工件贴上二维码标签相当于给工件贴上了唯一的身份证，利用机器视觉进行识别时省去了形状识别、颜色识别等步骤，直接利用二维码识别简单快捷且正确率高。

通过本实验，了解机器视觉系统进行二维码识别的基本步骤。

2. 实验步骤

扫一扫看实验 10 基于 Omron-FZ 的二维码识别微课视频

使用 Omron-FZ 进行二维码识别的一般步骤如表 6-6 所示。

表 6-6　使用 Omron-FZ 进行二维码识别的一般步骤

序号	操 作 步 骤	示 意 图
1	打开软件	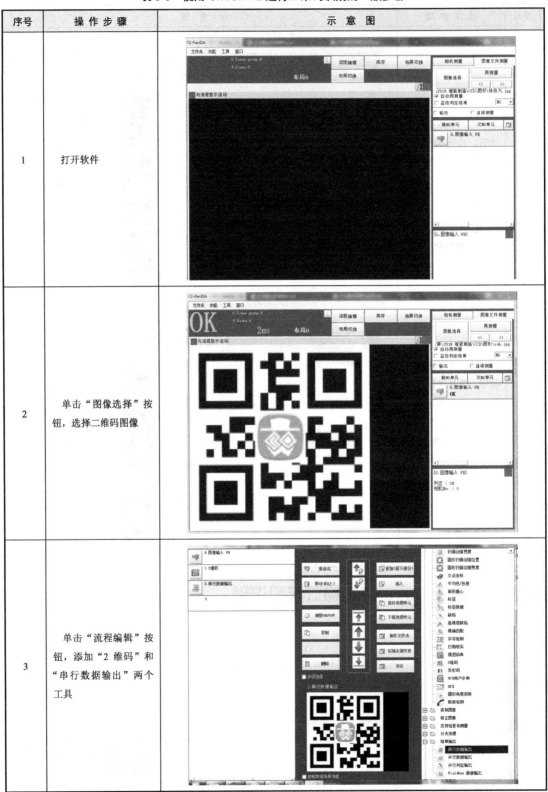
2	单击"图像选择"按钮，选择二维码图像	
3	单击"流程编辑"按钮，添加"2 维码"和"串行数据输出"两个工具	

续表

序号	操 作 步 骤	示 意 图
4	单击"二维码"工具图标，进入编辑界面。将登录图形设置为"长方形"，并将其大小拖曳至图像大小。单击"确定"按钮	
5	单击"测量参数"选项卡下的"示教"按钮，识别出二维码的相关信息，图中二维码的字符数为 5，字符串为"hello"	
6	单击"结果设定"选项卡，将索引号 0 的比较字符串设置为"hello"，将索引号 1 的比较字符串设置为"nihao"。也就是说，识别结果为"hello"的二维码标记为 0，识别结果为"nihao"的二维码标记为 1	

序号	操作步骤	示 意 图
7	单击"确定"按钮，回到主界面。可以看到该二维码的索引号为0，字符数为5，字符串为"hello"，判定结果为OK	
8	更换二维码，可以看到该二维码的索引号为0，字符数为5，字符串为"nihao"，判定结果也为OK	
9	更改设置，目的是只识别字符串为"hello"的二维码	

续表

序号	操作步骤	示　意　图
10	再次测量，识别数据没变，但因为字符串为"nihao"，因此判定结果为 NG	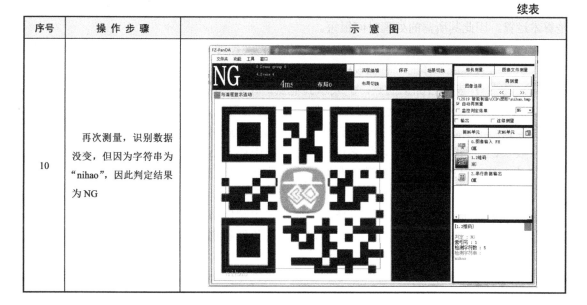

实验 11　基于 VisionPro 的钢管数量检测

1. 实验目的

了解 VisionPro 的基本使用方法；

熟悉图像二值化、Blob 分析等相关理论。

扫一扫看基于 VisionPro 的钢管数量检测微课视频

2. 实验相关理论

1）图像的二值化

一幅数字图像是一个二维阵列，阵列元素值称为灰度值或强度值。实际上，图像在量化成数字图像前是一个连续强度函数的集合，场景信息就包含在这些强度值中。图像强度通常被量化成 256 个不同灰度级，对某些应用来说，也常有 32 个、64 个、128 个或 512 个灰度级的情况，在医疗领域甚至使用高达 4096 个灰度级（12 bit）。很明显，灰度级越高，图像质量越好，但所需的内存也越大。

在机器视觉研究的早期，由于内存和计算能力非常有限，而且研究成本十分高，因此视觉研究人员把精力主要集中在研究输入图像仅包含两个灰度值的二值图像视觉系统上。人们注意到，人类视觉在理解仅由两个灰度值组成的线条、轮廓影像或其他图像时没有任何困难，而且其应用场合很多，这一点对研究二值图像视觉系统的研究人员来说是一个极大的鼓舞。

随着计算机计算能力的不断增强和计算成本的不断下降，人们普遍开始研究基于灰度图像、彩色图像和深度图像的视觉系统。尽管如此，二值图像视觉系统还是十分有用的，其原因如下。

（1）计算二值图像特性的算法非常简单，容易理解和实现，并且计算速度很快。

（2）二值图像视觉系统所需的内存小，对计算设备要求低。工作在 256 个灰度级的视觉系统所需内存是工作在相同大小二值图像视觉系统所需内存的 8 倍。利用游程长度编码等技术还可使所需内存进一步减少。由于二值图像视觉系统中的许多运算是逻辑运算而不是算术运算，因此其所需的处理时间很短。

（3）许多二值图像视觉系统技术也可以用于灰度图像视觉系统。在灰度或彩色图像中，表示一个目标或物体的一种简易方法就是使用物体模板（mask），物体模板就是一幅二值图像，其中 1 表示目标上的点，0 表示其他点。在物体从背景中分离出来后，为了进行决策，还需要求取物体的几何和拓扑特性，这些特性可以由它的二值图像计算出来。因此，尽管我们基于二值图像讨论这些方法，但它们的应用并不限于二值图像。

一般来说，当物体轮廓足以用来识别物体且周围环境可以适当地控制时，二值图像视觉系统是非常有用的。当使用特殊的照明技术和背景，并且场景中只有少数物体时，物体就可以很容易地从背景中分离出来，并可得到较好的轮廓。许多工业场合属于这种情况。二值图像视觉系统的输入一般是灰度图像，通常使用阈值法先将图像变成二值图像，以便把物体从背景中分离出来，其中的阈值取决于照明条件和物体的反射特性。二值图像可用来计算特定任务中物体的几何和拓扑特性，在许多应用中，这种特性对识别物体来说是足够的。二值图像视觉系统已经在光学字符识别、染色体分析和工业零件的识别中得到了广泛应用。

图像的二值化处理就是将图像上的点的灰度值设为 0 或 255，也就是将整个图像呈现出明显的黑白效果，即将 256 个亮度等级的灰度图像通过适当的阈值选取获得仍然可以反映图像整体和局部特征的二值化图像。图像的集合性质只与像素值为 0 或 255 的点的位置有关，不再涉及像素的多级值，使处理变得简单，而且数据的处理和压缩量变小。为了得到理想的二值图像，一般采用封闭、连通的边界定义不交叠的区域。所有灰度值大于或等于阈值的像素被判定属于特定物体，其灰度值为 255；否则这些像素点被排除在物体区域以外，灰度值为 0，表示背景或之外的物体区域。

如果某特定物体在内部有均匀一致的灰度值，并且其处在一个具有其他等级灰度值的均匀背景下，使用阈值法就可以得到比较好的分割效果。如果物体同背景的差别不表现在灰度值上（如纹理不同），则可以将这个差别特征转换为灰度的差别，然后利用阈值选取技术来分割该图像。通过动态调节阈值，实现图像的二值化，可动态观察其分割图像的具体结果。

2）Blob 分析

Blob 又称为图像连通域，或者斑点。对图像进行 Blob 分析，就是对空间上连接在一起的像素点进行特征分析。Blob 在图像中通常是一块斑点。

Blob 分析的目的在于对图像中的二维形状进行检测和分析，得到诸如目标位置、形状、方向和目标间的拓扑关系（包含关系）等信息。根据这些信息可对目标进行识别。在某些应用中我们不仅需要利用二维形状特征，还要对它们之间的特征关系进行 Blob 分析。

Blob 分析主要包括以下内容。

（1）图像分割：将图像中的目标和背景分离。

（2）去噪：消除或减弱噪声对目标的干扰。

（3）场景描述：对目标之间的拓扑关系进行描述。

（4）特征量计算：计算目标的二维形状特征。

Blob 分析主要适用于以下机器视觉应用：二维目标图像、高对比度图像、存在/缺席检测、数值范围和旋转不变性需求。

Blob 分析不适用于以下机器视觉应用：低对比度图像、不能够用两个灰度值表示的特征、图形检测需求。

3. 实验步骤

使用 VisionPro 进行钢管数量视觉检测的一般步骤如表 6-7 所示。

表 6-7　使用 VisionPro 进行钢管数量视觉检测的一般步骤

序号	操作步骤	示　意　图
1	打开 VisionPro 8.2	
2	选择 Image Source 图像采集工具	
3	单击"图像数据库"按钮。 （1）采集图像来源于硬盘中已经保存好的图片。 （2）相应的设置包括：选择文件、选择文件夹，设置取相速率。在"缩略图预览"选项组中有选取的图片缩略图。	

序号	操作步骤	示 意 图
3	（3）在本任务中，将读入一张仓库存放的钢管堆照片。单击"图像数据库"按钮，之后单击"选择文件"按钮。 （4）图片中显示的是读入刚刚选中的图片后的结果。单击"运行"按钮后，会在右侧显示栏展示图片处理的结果	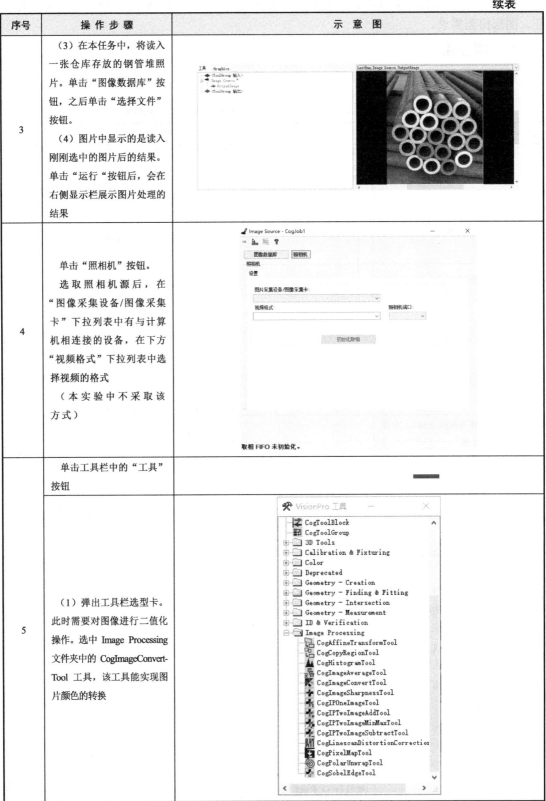
4	单击"照相机"按钮。 选取照相机源后，在"图像采集设备/图像采集卡"下拉列表中有与计算机相连接的设备，在下方"视频格式"下拉列表中选择视频的格式 （本实验中不采取该方式）	
5	（1）弹出工具栏选型卡。此时需要对图像进行二值化操作。选中 Image Processing 文件夹中的 CogImageConvert-Tool 工具，该工具能实现图片颜色的转换	

续表

序号	操作步骤	示意图
5	（2）将该工具拖动到图片处理流程框中，便将图片颜色转换工具放入图片处理流程	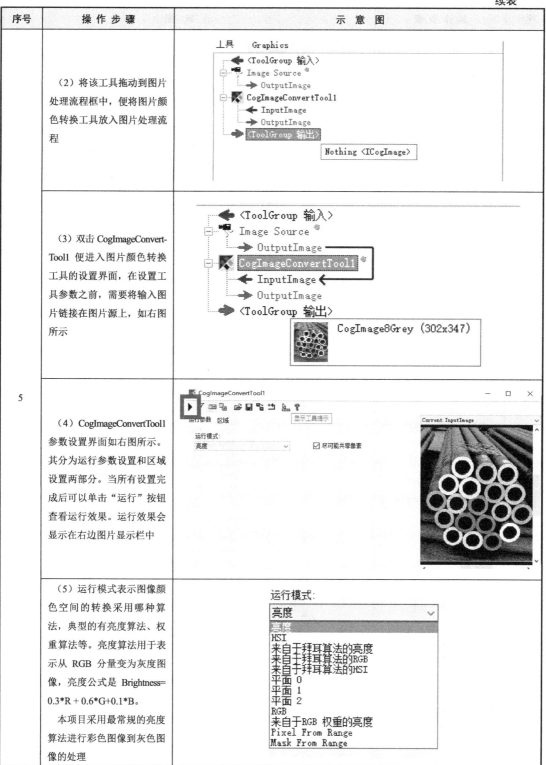
	（3）双击 CogImageConvert-Tool1 便进入图片颜色转换工具的设置界面，在设置工具参数之前，需要将输入图片链接在图片源上，如右图所示	
	（4）CogImageConvertTool1 参数设置界面如右图所示。其分为运行参数设置和区域设置两部分。当所有设置完成后可以单击"运行"按钮查看运行效果。运行效果会显示在右边图片显示栏中	
	（5）运行模式表示图像颜色空间的转换采用哪种算法，典型的有亮度算法、权重法等。亮度算法用于表示从 RGB 分量变为灰度图像，亮度公式是 Brightness= $0.3*R + 0.6*G + 0.1*B$。本项目采用最常规的亮度算法进行彩色图像到灰色图像的处理	

序号	操作步骤	示意图
5	（6）单击"运行"按钮后，图片显示窗口为 LastRun.OutputImage 窗口，显示通过亮度算法处理后的图片，其为特征比较明显的灰度图像	
	（7）在进行图像颜色变换时，可以选择进行整个图像变换或者进行区域部分的图像变换。本任务选择整个图像变换	
6	弹出工具栏选型卡。此时需要对图像进行二值化操作。（1）选中 CogBlobTool，对图片进行形态学处理及 Blob 分析	
	（2）将该工具拖动到图片处理流程框中，便将 Blob 分析工具放入图片处理流程。CogBlobTool1 工具的图像输入来自 CogImage	

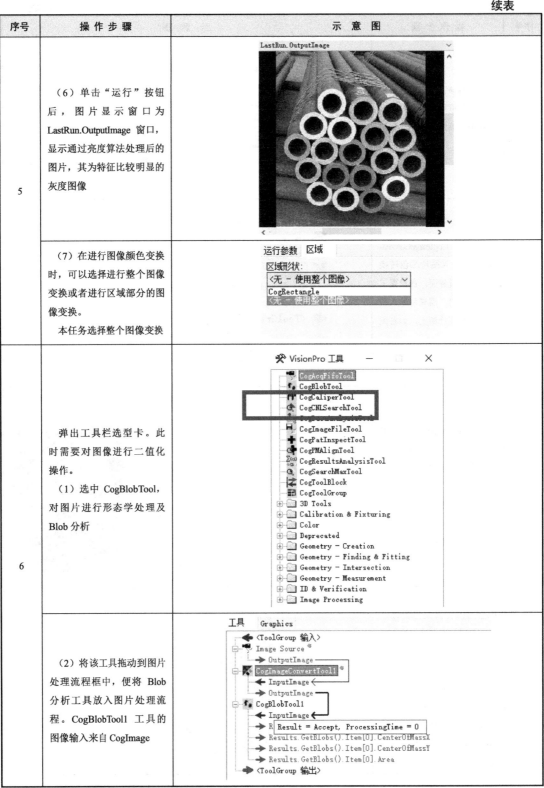

续表

序号	操作步骤	示意图
6	（3）双击打开 CogBlob-Tool 工具，设置详细参数。 其中，设置界面包括分段设置和连通性设置。 分段设置是对图片进行二值化操作。 本任务是对钢管中间黑色圆形特征进行提取识别。观察发现，黑色特征易于用二值化方法来实现与背景分离。所以在"分段"选区中选择"硬阈值（动态）"模式，极性为"白底黑点"。在"连通性"选区中选择"灰度"模式 （4）设定区域：工具实现的区域有很多，有圆形、矩形、正方形等。对于该任务，选择整个图像作为处理区域 （5）"测得尺寸"选项卡下面有很多参数需要设置。这里设置的参数将会用来识别具体的钢管图片。 "面积"表示单个 Blob 的像素面积，观察得知单个钢管内源区域面积在 1000 像素点左右，所以设置面积为过滤条件，包含在面积为 1000 左右的 Blob	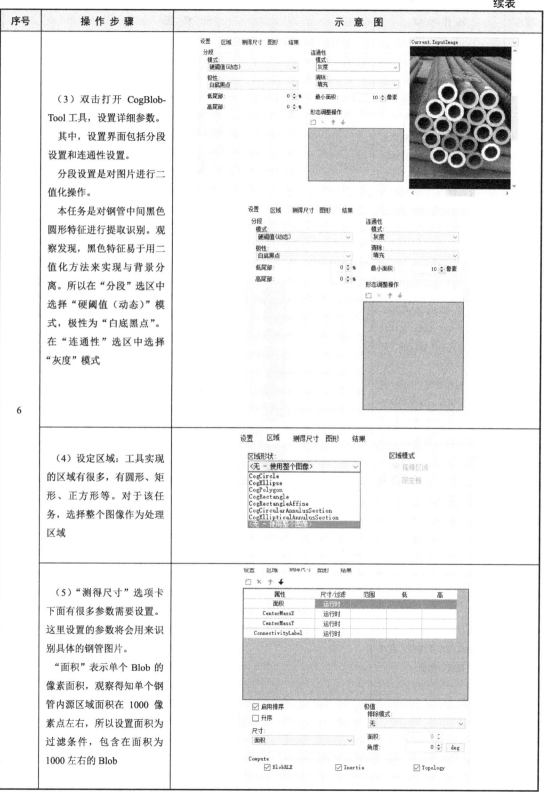

序号	操作步骤	示意图
6	（6）设置面积属性，过滤掉没有包含在如右图所示范围内的 Blob。 运行过滤前后对比结果如右图所示。可以很明显地看到，运行面积过滤后，大部分的非钢管 Blob 都已经滤出，只剩下较少的干扰区域	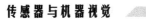
	（7）在面积过滤后留下的 Blob 中可以看到我们想要的钢管圆 Blob，但是还有其他的不规则区域，怎样对这些不规则的干扰区域进行过滤呢？ （8）观察发现，Blob 有非常多的属性。观察到钢管的 Blob 是接近于圆的斑点，而其他非钢管的 Blob 是其他不规则形状。于是可以利用 Blob 连通性里面的圆度进行处理	
7	单击"新增"按钮，则显示 Blob 的许多属性。现在添加"延长"属性	InertiaMax 延长 角度 非环性 AcircularityRms ImageBoundCenterX ImageBoundCenterY ImageBoundMinX ImageBoundMaxX ImageBoundMinY ImageBoundMaxY ImageBoundWidth ImageBoundHeight ImageBoundAspect MedianX MedianY BoundCenterX BoundCenterY

对于序号6示意图中的属性表：

属性	尺寸/过滤	范围	低	高
面积	过滤	包含	500	1400
CenterMassX	运行时			
CenterMassY	运行时			
ConnectivityLabel	运行时			

图中文字：) = 99, Perimeter=4210, Area=30560, Center

续表

序号	操作步骤	示　意　图
7	加入"延长"属性后，单击"运行"按钮	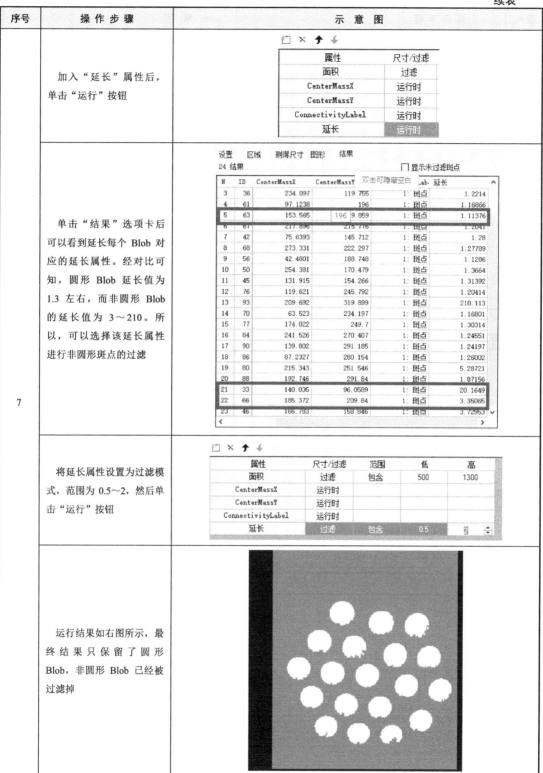
	单击"结果"选项卡后可以看到延长每个 Blob 对应的延长属性。经对比可知，圆形 Blob 延长值为 1.3 左右，而非圆形 Blob 的延长值为 3～210。所以，可以选择该延长属性进行非圆形斑点的过滤	
	将延长属性设置为过滤模式，范围为 0.5～2，然后单击"运行"按钮	
	运行结果如右图所示，最终结果只保留了圆形 Blob，非圆形 Blob 已经被过滤掉	

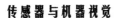

续表

序号	操作步骤	示意图
7	斑点属性列表如右图所示。可以看到最终结果为 19 个 Blob，也就是最终有 19 个圆形钢管	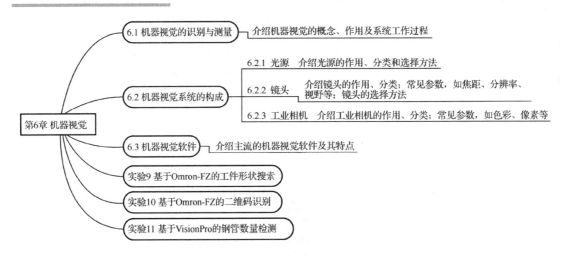

知识梳理与总结 6

第6章 机器视觉

- 6.1 机器视觉的识别与测量 —— 介绍机器视觉的概念、作用及系统工作过程
- 6.2 机器视觉系统的构成
  - 6.2.1 光源　介绍光源的作用、分类和选择方法
  - 6.2.2 镜头　介绍镜头的作用、分类；常见参数，如焦距、分辨率、视野等；镜头的选择方法
  - 6.2.3 工业相机　介绍工业相机的作用、分类；常见参数，如色彩、像素等
- 6.3 机器视觉软件 —— 介绍主流的机器视觉软件及其特点
- 实验9 基于Omron-FZ的工件形状搜索
- 实验10 基于Omron-FZ的二维码识别
- 实验11 基于VisionPro的钢管数量检测

习题 6

扫一扫看习题 6 参考答案

1．机器视觉系统主要由哪些部分组成？

2．如何选择合适的光源？

3．如何选择合适的镜头？

4．工业相机的主要参数有哪些？如何选择合适的工业相机？

5．主流的机器视觉软件有哪些？

6．机器视觉系统的作用有哪些？它们分别适用于什么场合？

附录 A　镍铬-镍硅（K型）热电偶分度表

温度/℃	0	1	2	3	4	5	6	7	8	9
	热电动势/μV									
0	0	39	79	119	158	198	238	277	317	357
10	397	437	477	517	557	597	637	677	718	758
20	798	838	879	919	960	1000	1041	1081	1122	1162
30	1203	1244	1285	1325	1366	1407	1448	1489	1529	1570
40	1611	1652	1693	1734	1776	1817	1858	1899	1940	1981
50	2022	2064	2105	2146	2188	2229	2270	2312	2353	2394
60	2436	2477	2519	2560	2601	2643	2684	2726	2767	2809
70	2850	2892	2933	2975	3016	3058	3100	3141	3183	3224
80	3266	3307	3349	3390	3432	3473	3515	3556	3598	3639
90	3681	3722	3764	3805	3847	3888	3930	3971	4012	4054
100	4095	4137	4178	4219	4261	4302	4343	4384	4426	4467
110	4508	4549	4590	4632	4673	4714	4755	4796	4837	4878
120	4919	4960	5001	5042	5083	5124	5164	5205	5246	5287
130	5327	5368	5409	5450	5490	5531	5571	5612	5652	5693
140	5733	5774	5814	5855	5895	5936	5976	6016	6057	6097
150	6137	6177	6218	6258	6298	6338	6378	6419	6459	6499
160	6539	6579	6619	6659	6699	6739	6779	6819	6859	6899
170	6939	6979	7019	7059	7099	7139	7179	7219	7259	7299
180	7338	7178	7418	7458	7498	7538	7578	7618	7658	7697
190	7737	7777	7817	7857	7897	7937	7977	8017	8057	8097
200	8137	8177	8216	8256	8296	8336	8376	8416	8456	8497
210	8537	8577	8617	8657	8697	8737	8777	8817	8857	8898
220	8938	8978	9018	9058	9099	9139	9179	9220	9260	9300
230	9341	9381	9421	9462	9502	9543	9583	9624	9664	9705
240	9745	9786	9826	9867	9907	9948	9989	10 029	10 070	10 111
250	10 151	10 192	10 233	10 274	10 315	10 355	10 396	10 437	10 478	10 519
260	10 560	10 600	10 641	10 682	10 723	10 764	10 805	10 846	10 887	10 928
270	10 969	11 010	11 051	11 093	11 134	11 175	11 216	11 257	11 298	11 339
280	11 381	11 422	11 463	11 504	11 546	11 587	11 628	11 669	11 711	11 752
290	11 793	11 835	11 876	11 918	11 959	12 000	12 042	12 083	12 125	12 166
300	12 207	12 249	12 290	12 332	12 373	12 415	12 456	12 498	12 539	12 581
310	12 623	12 664	12 706	12 747	12 789	12 831	12 872	12 914	12 955	12 997

续表

温度/℃	0	1	2	3	4	5	6	7	8	9
	热电动势/μV									
320	13 039	13 080	13 122	13 164	13 205	13 247	13 289	13 331	13 372	13 414
330	13 456	13 497	13 539	13 581	13 623	13 665	13 706	13 748	13 790	13 832
340	13 874	13 915	13 957	13 999	14 041	14 083	14 125	14 167	14 208	14 250
350	14 292	14 334	14 376	14 418	14 460	14 502	14 544	14 586	14 628	14 670
360	14 712	14 754	14 796	14 838	14 880	14 922	14 964	15 006	15 048	15 090
370	15 132	15 174	15 216	15 258	15 300	15 342	15 384	15 426	15 468	15 510
380	15 552	15 594	15 636	15 679	15 721	15 763	15 805	15 847	15 889	15 931
390	15 974	16 016	16 058	16 100	16 142	16 184	16 227	16 269	16 311	16 353
400	16 395	16 438	16 480	16 522	16 564	16 607	16 649	16 691	16 733	16 776
410	16 818	16 860	16 902	16 945	16 987	17 029	17 072	17 114	17 156	17 199
420	17 241	17 283	17 326	17 368	17 410	17 453	17 495	17 537	17 580	17 622
430	17 664	17 707	17 749	17 792	17 834	17 876	17 919	17 961	18 004	18 046
440	18 088	18 131	18 173	18 216	18 258	18 301	18 343	18 385	18 428	18 470
450	18 513	18 555	18 598	18 640	18 683	18 725	18 768	18 810	18 853	18 895
460	18 938	18 980	19 023	19 065	19 108	19 150	19 193	19 235	19 278	19 320
470	19 363	19 405	19 448	19 490	19 533	19 576	19 618	19 661	19 703	19 746
480	19 788	19 831	19 873	19 916	19 959	20 001	20 044	20 086	20 129	20 172
490	20 214	20 257	20 299	20 342	20 385	20 427	20 470	20 512	20 555	20 598
500	20 640	20 683	20 725	20 768	20 811	20 853	20 896	20 938	20 981	21 024
510	21 066	21 109	21 152	21 194	21 237	21 280	21 322	21 365	21 407	21 450
520	21 493	21 535	21 578	21 621	21 663	21 706	21 749	21 791	21 834	21 876
530	21 919	21 962	22 004	22 047	22 090	22 132	22 175	22 218	22 260	22 303
540	22 346	22 388	22 431	22 473	22 516	22 559	22 601	22 644	22 687	22 729
550	22 772	22 815	22 857	22 900	22 942	22 985	23 028	23 070	23 113	23 156
560	23 198	23 241	23 284	23 326	23 369	23 411	23 454	23 497	23 539	23 582
570	23 624	23 667	23 710	23 752	23 795	23 837	23 880	23 923	23 965	24 008
580	24 050	24 093	24 136	24 178	24 221	24 263	24 306	24 348	24 391	23 434
590	24 476	24 519	24 561	24 604	24 646	24 689	24 731	24 774	24 817	24 859
600	24 902	24 944	24 987	25 029	25 072	25 114	25 157	25 199	25 242	25 284
610	25 327	25 369	25 412	25 454	25 497	25 539	25 582	25 624	25 666	25 709
620	25 751	25 794	25 836	25 879	25 921	25 964	26 006	26 048	26 091	26 133
630	26 176	26 218	26 260	26 303	26 345	26 387	26 430	26 472	26 515	26 557
640	26 599	26 642	26 684	26 726	26 769	26 811	26 853	26 896	26 938	26 980
650	27 022	27 065	27 107	27 149	27 192	27 234	27 276	27 318	27 361	27 403

续表

温度/℃	0	1	2	3	4	5	6	7	8	9
	热电动势/μV									
660	27 445	27 487	27 529	27 572	27 614	27 656	27 698	27 740	27 783	27 825
670	27 867	27 909	27 951	27 993	28 035	28 078	28 120	28 162	28 204	28 246
680	28 288	28 330	28 372	28 414	28 456	28 498	28 540	28 583	28 625	28 667
690	28 709	28 751	28 793	28 835	28 877	28 919	28 961	29 002	29 044	29 086
700	29 128	29 170	29 212	29 254	29 296	29 338	29 380	29 422	29 464	29 505
710	29 547	29 589	29 631	29 673	29 715	29 756	29 798	29 840	29 882	29 924
720	29 965	30 007	30 049	30 091	30 132	30 174	30 216	30 257	30 299	20 341
730	30 383	30 424	30 466	30 508	30 549	30 591	30 632	30 674	30 716	30 757
740	30 799	30 840	30 882	30 924	30 965	31 007	31 048	31 090	31 131	31 173
750	31 214	31 256	31 297	31 339	31 380	31 422	31 463	31 504	31 546	31 587
760	31 629	31 670	31 712	31 753	31 794	31 836	31 877	31 918	31 960	32 001
770	32 042	32 084	32 125	32 166	32 207	32 249	32 290	32 331	32 372	32 414
780	32 455	32 496	32 537	32 578	32 619	32 661	32 702	32 743	32 784	32 825
790	32 866	32 907	32 948	32 990	33 031	33 072	33 113	33 154	33 195	33 236
800	33 277	33 318	33 359	33 400	33 441	33 482	33 523	33 564	33 604	33 645
810	33 686	33 727	33 768	33 809	33 850	33 891	33 931	33 972	34 013	34 054
820	34 095	34 136	34 176	34 217	34 258	34 299	34 339	34 380	34 421	34 461
830	34 502	34 543	34 583	34 624	34 665	34 705	34 746	34 787	34 827	34 868
840	34 909	34 949	34 990	35 030	35 071	35 111	35 152	35 192	35 233	35 273
850	35 314	35 354	35 395	35 436	35 476	35 516	35 557	35 597	35 637	35 678
860	35 718	35 758	35 799	35 839	35 880	35 920	35 960	36 000	36 041	36 081
870	36 121	36 162	36 202	36 242	36 282	36 323	36 363	36 403	36 443	36 483
880	36 524	36 564	36 504	36 644	36 684	36 724	36 764	36 804	36 844	36 885
890	36 925	36 965	37 005	37 045	37 085	37 125	37 165	37 205	37 245	37 285
900	37 325	37 365	37 405	37 445	37 484	37 524	37 564	37 604	37 644	37 684
910	37 724	37 764	37 803	37 843	37 883	37 923	37 963	38 002	38 042	38 082
920	38 122	38 162	38 201	38 241	38 281	38 320	38 360	38 400	38 439	38 479
930	38 519	38 558	38 598	38 638	38 677	38 717	38 756	38 796	38 836	38 875
940	38 915	38 954	38 994	39 033	39 073	39 112	39 152	39 191	39 231	39 270
950	39 310	39 349	39 388	39 428	39 487	39 507	39 546	39 585	39 625	39 664
960	39 703	39 743	39 782	39 821	39 881	39 900	39 939	39 979	40 018	40 057
970	40 096	40 136	40 175	40 214	40 253	40 292	40 332	40 371	40 410	40 449
980	40 488	40 527	40 566	40 605	40 645	40 684	40 723	40 762	40 801	40 840
990	40 879	40 918	40 957	40 996	41 035	41 074	41 113	41 152	41 191	41 203

附录 B　热电阻 Pt100 分度表

温度/℃	0	1	2	3	4	5	6	7	8	9
	电阻/Ω									
−200	18.52									
−190	22.83	22.40	21.97	21.54	21.11	20.68	20.25	19.82	19.38	18.95
−180	27.10	26.67	26.24	25.82	25.39	24.97	24.54	24.11	23.68	23.25
−170	31.34	30.91	30.49	30.07	29.64	29.22	28.80	28.37	27.95	27.52
−160	35.54	35.12	34.70	34.28	33.86	33.44	33.02	32.60	32.18	31.76
−150	39.72	39.31	38.89	38.47	38.05	37.64	37.22	36.80	36.38	35.96
−140	43.88	43.46	43.05	42.63	42.22	41.80	41.39	40.97	40.56	40.14
−130	48.00	47.59	47.18	46.77	46.36	45.94	45.53	45.12	44.70	44.29
−120	52.11	51.70	51.29	50.88	50.47	50.06	49.65	49.24	48.83	48.42
−110	56.19	55.79	55.38	54.97	54.56	54.15	53.75	53.34	52.93	52.52
−100	60.26	59.85	59.44	59.04	58.63	58.23	57.82	57.41	57.01	56.60
−90	64.30	63.90	63.49	63.09	62.68	62.28	61.88	61.47	61.07	60.66
−80	68.33	67.92	67.52	67.12	66.72	66.31	65.91	65.51	65.11	64.70
−70	72.33	71.93	71.53	71.13	70.73	70.33	69.93	69.53	69.13	68.73
−60	76.33	75.93	75.53	75.13	74.73	74.33	73.93	73.53	73.13	72.73
−50	80.31	79.91	79.51	79.11	78.72	78.32	77.92	77.52	77.12	76.73
−40	84.27	83.87	83.48	83.08	82.69	82.29	81.89	81.50	81.10	80.70
−30	88.22	87.83	87.43	87.04	86.64	86.25	85.85	85.46	85.06	84.67
−20	92.16	91.77	91.37	90.98	90.59	90.19	89.80	89.40	89.01	88.62
−10	96.09	95.69	95.30	94.91	94.52	94.12	93.73	93.34	92.95	92.55
−0	100	99.61	99.22	98.83	98.44	98.04	97.65	97.26	96.87	96.48
0	100	100.39	100.78	101.17	101.56	101.95	102.34	102.73	103.12	103.51
10	103.90	104.29	104.68	105.07	105.46	105.85	106.24	106.63	107.02	107.40
20	107.79	108.18	108.57	108.96	109.35	109.73	110.12	110.51	110.90	111.29
30	111.67	112.06	112.45	112.83	113.22	113.61	114.00	114.38	114.77	115.15
40	115.54	115.93	116.31	116.70	117.08	117.47	117.86	118.24	118.63	119.01
50	119.40	119.78	120.17	120.55	120.94	121.32	121.71	122.09	122.47	122.86
60	123.24	123.63	124.01	124.39	124.78	125.16	125.54	125.93	126.31	126.69
70	127.08	127.46	127.84	128.22	128.61	128.99	129.37	129.75	130.13	130.52
80	130.90	131.28	131.66	132.04	132.42	132.80	133.18	133.57	133.95	134.33

续表

温度/℃	0	1	2	3	4	5	6	7	8	9
	电阻/Ω									
90	134.71	135.09	135.47	135.85	136.23	136.61	136.99	137.37	137.75	138.13
100	138.51	138.88	139.26	139.64	140.02	140.40	140.78	141.16	141.54	141.91
110	142.29	142.67	143.05	143.43	143.80	144.18	144.56	144.94	145.31	145.69
120	146.07	146.44	146.82	147.20	147.57	147.95	148.33	148.70	149.08	149.46
130	149.83	150.21	150.58	150.96	151.33	151.71	152.08	152.46	152.83	153.21
140	153.58	153.96	154.33	154.71	155.08	155.46	155.83	156.20	156.58	156.95
150	157.33	157.70	158.07	158.45	158.82	159.19	159.56	159.94	160.31	160.68
160	161.05	161.43	161.80	162.17	162.54	162.91	163.29	163.66	164.03	164.40
170	164.77	165.14	165.51	165.89	166.26	166.63	167.00	167.37	167.74	168.11
180	168.48	168.85	169.22	169.59	169.96	170.33	170.70	171.07	171.43	171.80
190	172.17	172.54	172.91	173.28	173.65	174.02	174.38	174.75	175.12	175.49
200	175.86	176.22	176.59	176.96	177.33	177.69	178.06	178.43	178.79	179.16
210	179.53	179.89	180.26	180.63	180.99	181.36	181.72	182.09	182.46	182.82
220	183.19	183.55	183.92	184.28	184.65	185.01	185.38	185.74	186.11	186.47
230	186.84	187.20	187.56	187.93	188.29	188.66	189.02	189.38	189.75	190.11
240	190.47	190.84	191.20	191.56	191.92	192.29	192.65	193.01	193.37	193.74
250	194.10	194.46	194.82	195.18	195.55	195.91	196.27	196.63	196.99	197.35
260	197.71	198.07	198.43	198.79	199.15	199.51	199.87	200.23	200.59	200.95
270	201.31	201.67	202.03	202.39	202.75	203.11	203.47	203.83	204.19	204.55
280	204.90	205.26	205.62	205.98	206.34	206.70	207.05	207.41	207.77	208.13
290	208.48	208.84	209.20	209.56	209.91	210.27	210.63	210.98	211.34	211.70
300	212.05	212.41	212.76	213.12	213.48	213.83	214.19	214.54	214.90	215.25
310	215.61	215.96	216.32	216.67	217.03	217.38	217.74	218.09	218.44	218.80
320	219.15	219.51	219.86	220.21	220.57	220.92	221.27	221.63	221.98	222.33
330	222.68	223.04	223.39	223.74	224.09	224.45	224.80	225.15	225.50	225.85
340	226.21	226.56	226.91	227.26	227.61	227.96	228.31	228.66	229.02	229.37
350	229.72	230.07	230.42	230.77	231.12	231.47	231.82	232.17	232.52	232.87
360	233.21	233.56	233.91	234.26	234.61	234.96	235.31	235.66	236.00	236.35
370	236.70	237.05	237.40	237.74	238.09	238.44	238.79	239.13	239.48	239.83
380	240.18	240.52	240.87	241.22	241.56	241.91	242.26	242.60	242.95	243.29
390	243.64	243.99	244.33	244.68	245.02	245.37	245.71	246.06	246.40	246.75
400	247.09	247.44	247.78	248.13	248.47	248.81	249.16	249.50	245.85	250.19
410	250.53	250.88	251.22	251.56	251.91	252.25	252.59	252.93	253.28	253.62

续表

温度/℃	0	1	2	3	4	5	6	7	8	9
	电阻/Ω									
420	253.96	254.30	254.65	254.99	255.33	255.67	256.01	256.35	256.70	257.04
430	257.38	257.72	258.06	258.40	258.74	259.08	259.42	259.76	260.10	260.44
440	260.78	261.12	261.46	261.80	262.14	262.48	262.82	263.16	263.50	263.84
450	264.18	264.52	264.86	265.20	265.53	265.87	266.21	266.55	266.89	267.22
460	267.56	267.90	268.24	268.57	268.91	269.25	269.59	269.92	270.26	270.60
470	270.93	271.27	271.61	271.94	272.28	272.61	272.95	273.29	273.62	273.96
480	274.29	274.63	274.96	275.30	275.63	275.97	276.30	276.64	276.97	277.31
490	277.64	277.98	278.31	278.64	278.98	279.31	279.64	279.98	280.31	280.64
500	280.98	281.31	281.64	281.98	282.31	282.64	282.97	283.31	283.64	283.97
510	284.30	284.63	284.97	285.30	285.63	285.96	286.29	286.62	286.85	287.29
520	287.62	287.95	288.28	288.61	288.94	289.27	289.60	289.93	290.26	290.59
530	290.92	291.25	291.58	291.91	292.24	292.56	292.89	293.22	293.55	293.88
540	294.21	294.54	294.86	295.19	295.52	295.85	296.18	296.50	296.83	297.16
550	297.49	297.81	298.14	298.47	298.80	299.12	299.45	299.78	300.10	300.43
560	300.75	301.08	301.41	301.73	302.06	302.38	302.71	303.03	303.36	303.69
570	304.01	304.34	304.66	304.98	305.31	305.63	305.96	306.28	306.61	306.93
580	307.25	307.58	307.90	308.23	308.55	308.87	309.20	309.52	309.84	310.16
590	310.49	310.81	311.13	311.45	311.78	312.10	312.42	312.74	313.06	313.39
600	313.71	314.03	314.35	314.67	314.99	315.31	315.64	315.96	316.28	316.60
610	316.92	317.24	317.56	317.88	318.20	318.52	318.84	319.16	319.48	319.80
620	320.12	320.43	320.75	321.07	321.39	321.71	322.03	322.35	322.67	322.98
630	323.30	323.62	323.94	324.26	324.57	324.89	325.21	325.53	325.84	326.16
640	326.48	326.79	327.11	327.43	327.74	328.06	328.38	328.69	329.01	329.32
650	329.64	329.96	330.27	330.59	330.90	331.22	331.53	331.85	332.16	332.48

附录 C　热电阻 Cu50 分度表

温度/℃	0	1	2	3	4	5	6	7	8	9
	电阻/Ω									
−50	39.242									
−40	41.400	41.184	40.969	40.753	40.537	40.322	40.106	39.890	39.674	39.458
−30	43.555	43.349	43.124	42.909	42.693	42.478	42.262	42.047	41.831	41.616
−20	45.706	45.491	45.276	45.061	44.846	44.631	44.416	44.200	43.985	43.770
−10	47.854	47.639	47.425	47.210	46.995	46.780	46.566	46.351	46.136	45.921
−0	50	49.786	49.571	49.356	49.142	48.927	48.713	48.498	48.284	48.069
0	50	50.214	50.429	50.643	50.858	51.072	51.286	51.501	51.715	51.929
10	52.144	52.358	52.572	52.786	53.000	53.215	53.429	53.643	53.857	54.071
20	54.285	54.500	54.714	54.928	55.142	55.356	55.570	55.784	55.998	56.212
30	56.426	56.640	56.854	57.068	57.282	57.496	57.710	57.924	58.137	58.351
40	58.565	58.779	58.993	59.207	59.421	59.635	59.848	60.062	60.276	60.490
50	60.704	60.918	61.132	61.345	61.559	61.773	61.987	62.201	62.415	62.628
60	62.842	63.056	63.270	63.484	63.698	63.911	64.125	64.339	64.553	64.767
70	64.981	65.194	65.408	65.622	65.836	66.050	66.264	66.478	66.692	66.906
80	67.120	67.333	67.547	67.761	67.975	68.189	68.403	68.617	68.831	69.045
90	69.259	69.473	69.687	69.901	70.115	70.329	70.544	70.762	70.972	71.186
100	71.400	71.614	71.828	72.042	72.257	72.471	72.685	72.899	73.114	73.328
110	73.542	73.751	73.971	74.185	74.400	74.614	74.828	75.043	75.258	75.477
120	75.686	75.901	76.115	76.330	76.545	76.759	76.974	77.189	77.404	77.618
130	77.833	78.048	78.263	78.477	78.692	78.907	79.122	79.337	79.552	79.767
140	79.982	80.197	80.412	80.627	80.843	81.058	81.272	81.488	81.704	81.919
150	82.134									

附录 D Proteus 的功能与操作

1. Proteus 整体功能

Proteus 是英国著名的 EDA 工具（仿真软件），从电路原理图布图、代码调试到单片机与外围电路协同仿真，一键切换到 PCB 设计，真正实现了从概念到产品的完整设计，是目前世界上唯一将电路仿真软件、PCB 设计软件和虚拟模型仿真软件三合一的设计平台，其处理器模型支持 8051、HC11、PIC10/12/16/18/24/30、dsPIC33、AVR、ARM、8086 和 MSP430 等，2010 年又增加了 Cortex 和 DSP 系列处理器，并持续增加其他系列处理器模型。在编译方面，它也支持 IAR、Keil 和 MATLAB 等多种编译器。Proteus 软件具有以下功能。

1）智能电路原理图设计

（1）丰富的元器件库：超过 27 000 种元器件，可方便地创建新元器件。

（2）智能的元器件搜索功能：通过模糊搜索可以快速定位需要的元器件。

（3）智能化的自动连线功能：自动连线功能使连接导线简单快捷，大大缩短了绘图时间。

（4）支持总线结构：使用总线器件和总线布线使电路设计简明清晰。

（5）可输出高质量图纸：通过个性化设置，可以生成印刷质量的 BMP 图纸，可以方便地供 Word、PPT 等多种文档使用。

2）完善的电路仿真功能

（1）ProSPICE 混合仿真：基于工业标准 SPICE3F5，实现数字/模拟电路的混合仿真。

（2）超过 27 000 个仿真器件：可以通过内部原型或使用厂家的 SPICE 文件自行设计仿真器件，Labcenter 也在不断地发布新的仿真器件，还可导入第三方发布的仿真元件。

（3）多样的激励源：包括直流、正弦、脉冲、分段线性脉冲、音频（使用 WAV 文件）、指数信号、单频 FM、数字时钟和码流，还支持文件形式的信号输入。

（4）丰富的虚拟仪器：13 种虚拟仪器，面板操作逼真，如示波器、逻辑分析仪、信号发生器、直流电压/电流表、交流电压/电流表、数字图案发生器、频率计/计数器、逻辑探头、虚拟终端、SPI 调试器、I^2C 调试器等。

（5）生动的仿真显示：用色点显示引脚的数字电平，用不同颜色的导线表示其对地电压的大小，结合动态器件（如电机、显示器件、按钮）的使用可以使仿真更加直观、生动。

（6）高级图形仿真功能（ASF）：基于图标的分析可以精确分析电路的多项指标，包括工作点、瞬态特性、频率特性、传输特性、噪声、失真、傅立叶频谱特性等，还可以进行一致性分析。

3）单片机协同仿真功能

（1）支持主流的 CPU 类型：如 ARM7、8051/52、AVR、PIC10/12、PIC16、PIC18、PIC24、dsPIC33、HC11、BasicStamp、8086、MSP430 等，支持的 CPU 类型随着版本升级还在继续增加。

（2）支持通用外设模型：如字符 LCD 模块、图形 LCD 模块、LED 点阵、LED 七段显

示模块、键盘/按键、直流/步进/伺服电机、RS232 虚拟终端、电子温度计等，其 COMPIM（COM 口物理接口模型）还可以使仿真电路通过 PC 串口和外部电路实现双向异步串行通信。

（3）实时仿真：支持 UART/USART/EUSARTs 仿真、中断仿真、SPI/I^{2}C 仿真、MSSP 仿真、PSP 仿真、RTC 仿真、ADC 仿真、CCP/ECCP 仿真。

（4）编译及调试：支持单片机汇编语言的编辑/编译/源码级仿真，内带 8051、AVR、PIC 的汇编编译器，也可以与第三方集成编译环境（如 IAR、Keil 和 Hitech）结合，进行高级语言的源码级仿真和调试。

4）实用的 PCB 设计平台

（1）从电路原理图到 PCB 的快速通道：电路原理图设计完成后，一键便可进入 ARES 的 PCB 设计环境，实现从概念到产品的完整设计。

（2）先进的自动布局/布线功能：支持元器件的自动/人工布局；支持无网格自动布线或人工布线；支持引脚交换/门交换功能使 PCB 设计更为合理。

（3）完整的 PCB 设计功能：最多可设计 16 个铜箔层，2 个丝印层，4 个机械层（含板边），灵活的布线策略供用户设置，自动设计规则检查，三维可视化预览。

（4）多种输出格式的支持：可以输出多种格式的文件，包括 Gerber 文件的导入或导出，便利与其他 PCB 设计工具的互转（如 Protel）和 PCB 的设计和加工。

2．Proteus 软件界面

安装好 Proteus 后，启动 Proteus ISIS，首先出现 ISIS 界面，如图 D-1 所示。

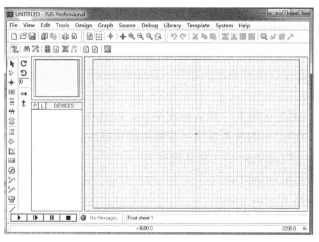

图 D-1 软件主界面

1）文件操作按钮

新建：在默认的模板上新建一个设计文件。

打开：装载一个新设计文件。

保存：保存当前设计。

导入：将一个局部文件导入 ISIS。

导出：将当前选中的对象导出为一个局部文件。

打印：打印当前设计。

打印：打印选中的区域。

2）显示命令按钮

：显示刷新。

：显示/不显示网格点切换。

：显示/不显示手动原点。

：以鼠标所在点的中心进行显示。

：放大。

：缩小。

：查看整张图。

：查看局部图。

3）编辑操作按钮

：撤销最后的操作（Undo）。

：恢复最后的操作（Redo）。

：剪切选中对象（Cut）。

：复制到剪贴板（Copy）。

：复制选中的块对象（Block Copy）。

：移动选中的块对象（Block Move）。

：旋转选中的块对象（Block Rotate）。

：删除选中的块对象（Block Delete）。

：选取元器件，从元器件库中选取各种各样的元器件（Pick Device/Symbol）。

：做元器件，把电路原理图符号封装成元器件（Make Device）。

：PCB 包装元器件，对选中的元器件定义 PCB 包装 （Package Tool）。

：把选中的元器件打散成原始的组件（Decompose）。

4）模式选择按钮

进行操作前要进入相应的模式，默认模式是 ，即选择元器件。若要画总线，则单击 按钮，这时在编辑窗口中画出的线为总线；若要再画非总线的导线，则单击 按钮即可。

：选择元器件（Component）（默认选择）。

：放置连接点（Junction Dot）。

：放置电线标签（Write Label）。

：放置文本（Text Script）。

：画子电路（Sub-Circuit）。

：即时编辑模式（Instant Edit Mode）。

5）小工具箱按钮

：终端（Terminal），有 V_{CC}、地、输出、输入等各种终端。

：元器件引脚（Device Pin），用于绘制各种引脚。

：仿真图表（Simulation Graph），用于各种分析，如 Noise Analysis。

：信号发生器（Generator）。

╱：电压探针（Voltage Probe），用于图表仿真分析。

╱：电流探针（Current Probe），用于图表仿真分析。

▤：虚拟仪表（Virtual Instruments），有示波器等。

6）2D 绘图按钮

╱：画各种直线（Line）。

▣：画各种方框（Box）。

●：画各种圆（Circle）。

◗：画各种圆弧（Arc）。

∞：画各种多边形（2D Path）。

A：画各种文本（Text）。

▣：画符号（Symbol）。

╈：画原点（Marker）。

7）转向按钮

C：元件向右旋转 90°。

つ：元件向左旋转 90°。

↔：元件水平翻转。

↕：元件垂直翻转。

使用方法：先右击元件，再单击相应的旋转按钮。

8）仿真运行控制按钮

▶ ▐▶ ▐▐ ▮：仿真运行控制按钮，从左至右依次是"运行"按钮、"单步运行"按钮、"暂停"按钮、"停止"按钮。

9）文件

（1）建立和保存文件。

可以通过文件菜单（File）或工具按钮建立和保存设计文件。

（2）Proteus 文件类型。

设计文件（*.DSN）：包含一个电路所有的信息。

备份文件（*.DBK）：保存覆盖现有的设计文件时会产生备份。

局部文件（*.SEC）：设计图的一部分，可输出为一个局部文件，以后可以导入到其他的图中。在文件菜单中以导入（Import）、导出（Export）命令来操作。

库文件（*.LIB）：元器件和库。

模型文件（*.MOD）。

10）鼠标操作

（1）放置对象：单击鼠标左键一次（简称单击），放置元器件、连线。

（2）选中对象：单击鼠标右键一次（简称右击），选择元器件、连线和其他对象，此时选中的操作对象以高亮红色显示。

（3）删除对象：连续快速单击鼠标右键两次（简称右双击），删除元器件、连线等。

（4）块选择：按住鼠标右键拖出方框，选中方框中的多个对象及其连线。

（5）编辑对象：先单击鼠标右键后单击鼠标左键（简称先右击后左击），编辑对象属性。

（6）移动对象：先右击选中对象，按住鼠标左键移动，拖动元器件、连线等。

（7）缩放对象：滚动鼠标中键，以鼠标停留点为中心，缩放电路。

3. 电容充放电实验

1）打开软件

在桌面上选择"开始"→"程序"→proteus 7 professional 命令，双击 图标，打开应用程序，程序编辑界面如图 D-1 所示。

2）元件拾取

本实验的元件清单如表 D-1 所示。

表 D-1 本实验的元件清单

元 件 名	类	子 类	备 注	数 量	参 数
CAPACITOR	Capacitors	Animated	电容，可动态显示电荷	1	1000 μF
RES	Resistors	Generic	电阻	2	1 kΩ，100 Ω
LAMP	Optoelectronics	Lamps	灯泡，可显示灯丝烧断	1	12 V
SW-SPDT	Switches and Relays	Switches	两位开关，可单击操作	1	
BATTERY	Simulator Primitives	Sources	电池	1	12 V

元件拾取方法如下。

按类别拾取：例如，要拾取电容 CAPACITOR，先选择大类 Capacitors，再选择小类 Animated（可动画演示），最后在 Results 列表框中，双击选择 CAPACITOR，如图 D-2 所示。

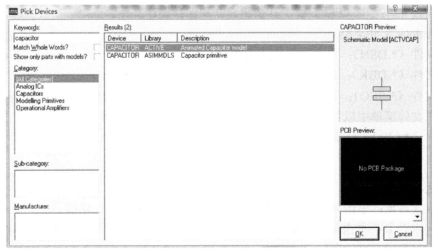

图 D-2 按类别拾取元件

按名称拾取：在 Keywords 文本框中直接输入"capacitor"，找到两个结果，如图 D-3 所示，双击第一个结果（Animated Capacitor model）即可。

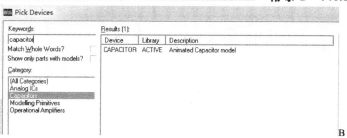

图 D-3　按名称拾取元件

3）放置元件

按照拾取电容的方法，将所有元件都选择到对象选择器中。单击对象选择器中的某一元件名，把鼠标指针移动到图形编辑区，双击，元件即被放置到图形编辑区中。放置元件后的界面如图 D-4 所示。

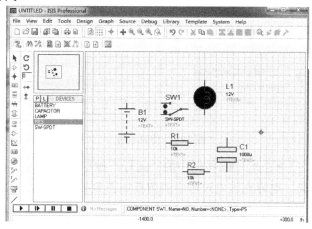

图 D-4　放置元件

4）元件调整和参数修改

选中元件：在元件上单击。取消选择：在元件外的区域单击。删除元件：在选中的元件上右击。将元件按图 D-5 布置好。

单击 File→Save design as，将文件保存为 CAP.DSN 格式。双击 R1，在弹出的 Edit 对话框中，将 R_1 的阻值改为 1 kΩ；将 R_2 的阻值改为 100 Ω。

5）电路连接

单击图形编辑区元件的一个端点，拖动到要连接的另外一个元件的端点，先松开鼠标，再单击一次，即可完成连线。连接好的电路原理图如图 D-6 所示。连线完成后，如果想再回到拾取元件状态，单击 图标即可。

6）电路动态仿真

打开 System 菜单，选择 Set Animation Options 命令，在弹出的对话框中设置仿真时的电压及电流的方向和颜色：勾选 Show Wire Voltage by Colour?和 Show Wire Current with Arrows?复选框，即选择以红、蓝两色来表示电压的高低，以箭头方向表示电流流向，如图 D-7 所示。

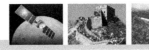

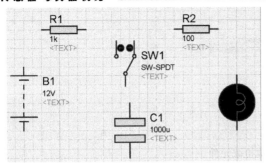

图 D-5　布置元件

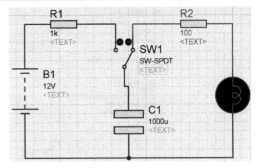

图 D-6　连接好的电路原理图

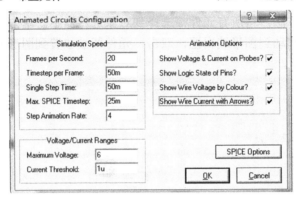

图 D-7　仿真设置

单击左下角的 <u>▷ ▷▷ Ⅱ ■</u> 按钮中的"运行"按钮，开始仿真。单击双向开关，即可完成电容充放电实验。电容充放电过程中的仿真如图 D-8 和图 D-9 所示。

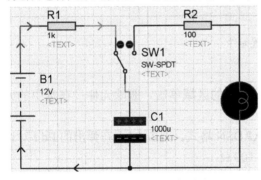

图 D-8　电容充电过程中的仿真

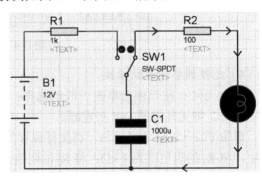

图 D-9　电容放电过程中的仿真

附录 E　THSCCG-2 型传感器检测技术实训装置

"THSCCG-2 型传感器检测技术实训装置"完全采用实用的传感器元部件、模块化设计，紧密结合现代传感器和检测技术的发展，使学员对传感器和检测技术的现状和未来有较为全面的了解和认识；其不仅适合职业教育的检测技术、仪器仪表，以及自动控制等专业的实训，还适合工业电气、机电一体化机电设备安装、电动电气等方面的技术人员培训。

1. 设备构成

实训装置由主控台、传感器及信号处理实训模块、数据采集卡组成。

1）实训台部分

（1）四组直流稳压电源：+24 V、±12 V、+5 V、0～5 V 可调，有短路保护功能。

（2）恒流源：0～20 mA 连续可调，最大输出电压 12 V。

（3）数字式直流电压表：量程为 0～20 V，分为 200 mV、2 V、20 V 三档、精度为 0.5 级。

（4）数字式直流毫安表：量程为 0～20 mA，三位半数字显示、精度为 0.5 级，有内测和外测功能。

（5）频率/转速表：频率测量范围为 1～9999 Hz，转速测量范围为 1～9999 r/min。

（6）计时器：0～9999 s，精确到 0.1 s。

（7）PID 调节仪：具有多种输入输出规格，人工智能调节及参数自整定功能，先进控制算法。

2）实训模块

（1）温度传感器实训模块。

（2）转速传感器实训模块。

（3）液位/流量传感器实训模块。

（4）金属应变传感器实训模块。

（5）气敏、湿敏传感器实训模块。

（6）红外传感器实训模块。

（7）超声位移传感器实训模块。

（8）增量式编码器实训模块。

（9）光栅位移传感器实训模块。

（10）传感信号调理/转换实训模块。

3）数据采集卡及软件

高速 USB 数据采集卡：4 路模拟量输入，2 路模拟量输出，8 路开关量输入输出，14 位 A/D 转换，A/D 采样速度最大为 400 kHz。

上位机软件：本软件配合 USB 数据采集卡使用，实时采集数据，对数据进行动态或静态处理和分析，具有双通道虚拟示波器、虚拟函数信号发生器、脚本编辑器等功能。

2. 实训内容

本装置的实训项目共 23 项，涉及压力、位移、温度、转速、浓度等常见物理量的检测。通过这些实训项目，学生能够更全面地学习和掌握信号传感、信号处理、信号转换的整个过程。

参 考 文 献

[1] 常慧玲. 传感器与自动检测[M]. 2 版. 北京：电子工业出版社，2012.

[2] 朱志伟，刘红兵，赫焕丽. 传感器原理与检测技术[M]. 2 版. 南京：南京大学出版社，2017.

[3] 蒋正炎，许妍妩，莫剑中. 工业机器人视觉技术及行业应用[M]. 北京：高等教育出版社，2018.

[4] 张洪润. 传感器应用设计 300 例：上册[M]. 北京：北京航空航天大学出版社，2008.

[5] 谢永超，严俊，房晓丽. 传感器与车辆检测技术[M]. 北京：北京希望电子出版社，2019.

反侵权盗版声明

电子工业出版社依法对本作品享有专有出版权。任何未经权利人书面许可，复制、销售或通过信息网络传播本作品的行为，歪曲、篡改、剽窃本作品的行为，均违反《中华人民共和国著作权法》，其行为人应承担相应的民事责任和行政责任，构成犯罪的，将被依法追究刑事责任。

为了维护市场秩序，保护权利人的合法权益，我社将依法查处和打击侵权盗版的单位和个人。欢迎社会各界人士积极举报侵权盗版行为，本社将奖励举报有功人员，并保证举报人的信息不被泄露。

举报电话：（010）88254396；（010）88258888

传　　真：（010）88254397

E-mail：　dbqq@phei.com.cn

通信地址：北京市海淀区万寿路173信箱
　　　　　电子工业出版社总编办公室

邮　　编：100036